Hubert Frank

Fuzzy Methoden in der Wirtschaftsmathematik

Hubert Frank

Fuzzy Methoden in der Wirtschaftsmathematik

Eine Einführung

Die Deutsche Bibliothek – CIP-Einheitsaufnahme
Ein Titeldatensatz für diese Publikation ist bei
Der Deutschen Bibliothek erhältlich.

Prof. Dr. Hubert Frank
Universität Dortmund
Fachbereich Mathematik
Vogelpothsweg 87
44227 Dortmund

E-Mail: Hubert.Frank@mathematik.uni-dortmund.de

1. Auflage Juli 2002

Der Verlag Vieweg ist ein Unternehmen der Fachverlagsgruppe BertelsmannSpringer.
www.vieweg.de

Umschlaggestaltung: Ulrike Weigel, www.CorporateDesignGroup.de

Gedruckt auf säurefreiem und chlorfrei gebleichtem Papier

ISBN-13: 978-3-528-03195-4 e-ISBN-13: 978-3-322-80232-3
DOI: 10.1007/978-3-322-80232-3

Vorwort

In der Wirtschaftsmathematik sind zu den bisher bewährten Methoden, insbesondere der Stochastik, neue mathematische Methoden hinzugekommen, die eine effiziente und wirkungsvolle Ergänzung zum Bisherigen liefern. Dies gilt vor allem für die Methoden der Fuzzy Technologie, die bereits im Controlling von Maschinen und Fertigungsprozessen mit großem Erfolg eingesetzt werden. In vielen Fällen sind Wahrscheinlichkeiten nicht das geeignete Beschreibungsmittel für Unschärfe und Ungenauigkeit. Genau diese Lücke füllt die neue Fuzzy Methodik.

Ziel dieses Buches ist es aufzuzeigen, dass die Fuzzy Methoden ein mathematisch korrektes und zuverlässiges Werkzeug zur Handhabung von unscharf beschriebenen Informationen sind, und Anleitungen für deren Einsatz in der Wirtschaftsmathematik zu geben.

Die Stoffauswahl ist so getroffen, dass wichtige Begriffe und Methoden behandelt werden und kein unnötiger Balast mit möglichen Varianten eingebracht wird. Für die Vielfalt der Anwendungsmöglichkeiten muss auf die Literatur verwiesen werden. Der Aspekt, eine möglichst einfache und dennoch umfassende Entwurfstechnik bereitzustellen, ist das Hauptanliegen dieses Buches.

Im 1. Kapitel werden zunächst die Modellierungen von unscharfen Informationen als Fuzzy Mengen und deren Verknüpfung mit UND und ODER dargestellt. Für die Beschreibung und Weitergabe von unscharfen Informationen ist es wichtig, einen geeigneten Begriff der Ähnlichkeit von Fuzzy Mengen zu benutzen und Aussagen über die Fuzziness im Sinne eines Unschärfemaßes zu machen. Letzteres erfolgt in Verallgemeinerung der physikalischen Entropie. Bereits mit diesen einfachen Mitteln kann man mächtige mathematische Werkzeuge auf Fuzzy Mengen verallgemeinern wie Clusteralgorithmen auf Datenmengen, Optimierungslösungen und auf Regression beruhende Prognose. Außerdem bietet das Konzept der Fuzzy Relation eindrucksvoll Möglichkeiten für Multikriteria- und Gruppen-Entscheidungen an.

Die mathematische Modellierung von umgangssprachlich beschriebenen Problemstellungen und Expertensystemen bedarf einer sorgfältigen mathematischen Vorbereitung. Die mathematischen Grundlagen hierzu werden im 2. Kapitel im Sinne einer Verallgemeinerung der mathematischen Aussagenlogik erbracht. Die Untersuchungen auf der Basis von Fuzzy Wahrheitswerten verdeutlichen, dass für ein auf Regeln basiertes Schließen von Fakten auf Folgerungen nicht jeder in der Mathematik vorfindbare Operator zur Modellierung herangezogen werden kann. Der zentrale Knackpunkt ist der Modus Ponens – die Ersetzungsregel –, die eine „schlüssige" Regel auf den Wahrheitswerten sein muss.

Im 3. Kapitel liegen dann diese Ergebnisse der Herleitung von Entwurfskonzepten für die Modellierung mit Fuzzy Logik zugrunde. Die hergeleitete Entwurfsanleitung ist überzeugend einfach und besteht darin, dass aus drei Operatorenpaaren zunächst ein für die Problemstellung passendes Paar ausgewählt wird. Daraus ergibt sich ein sogenanntes Inferenzschema, mit dem sowohl die Fuzzy Wahrheitswerte der Aussagen über unscharfe Informationen als auch die Zugehörigkeitswerte der dazu modellierten Fuzzy Mengen berechnet werden. Die Feineinstellung wird dann mittels ordnungserhaltender Automorphismen des Einheitsintervalls der Fuzzy Wahrheitswerte bewerkstelligt. Diese einfache Modellierungsanleitung ist ein Novum und bringt Licht in das Dickicht der veröffentlichten Fallbeispiele. Jetzt können damit Spreu und Weizen getrennt werden.

Dieses Buch ist aus Vorlesungen an der Universität Dortmund entstanden. Für Anregungen und Korrekturen danke ich vor allem meiner ehemaligen Assistentin, Frau Dr. Petra Neuhaus-Hanisch.

Dortmund im März 2002 *H. Frank*

Inhaltsverzeichnis

Inhaltsverzeichnis

1 Fuzzy Mengen und Entscheidungssysteme

1.1 Naive Fuzzy Mengenlehre

In der klassischen Mengenlehre ist die Teilmenge einer Menge dadurch wohldefiniert, dass für jedes Element der Menge eindeutig gesagt ist, ob es zur Teilmenge gehört oder nicht gehört. Man spricht dabei vom Zweiwertigkeitsprinzip der Zugehörigkeit. Diese Zweiwertigkeit tritt auch in der mathematischen Logik in der Form „wahr oder falsch" auf. Die klassische Mengenlehre und die mathematische Logik erweisen sich bei tiefergehender Betrachtung als deckungsgleich.

In Problemstellungen der Praxis ist keineswegs immer mit Sicherheit zu sagen, ob ein Objekt oder eine Information zu einer betrachteten Teilmenge gehört oder nicht gehört. Man denke etwa an die Aussage über die Stabilität einer Währung. Wer kann schon mit absoluter Sicherheit sagen, dass der EURO gerade stabil oder nicht stabil ist. Für die Problembeschreibung sind Zwischenstufen zwischen „wahr" und „falsch" geeignet. Dies fordert uns dazu heraus, die klassische Mengenlehre zu relaxieren, indem wir das Zugehörigkeitsprinzip relaxieren und Zugehörigkeitsstufen zwischen „wahr" und „falsch", oder mathematisch ausgedrückt zwischen Werten 1 und 0 zuzulassen. Hierzu gehört dann allerdings auch eine mathematische Logik, die in gleicher Weise relaxiert ist und dann als **Mehrwertige Logik** bezeichnet wird.

Mit Mehrwertiger Logik hat sich zunächst der Mathematiker Lukasiewicz in den zwanziger Jahren befaßt. Die Anwendung auf die Verarbeitung unscharf beschriebener Informationen erfolgte unabhängig von den Untersuchungen von Lukasiewicz durch Lotfi A. Zadeh 1965, der die „fuzzy set theory" begründete.

Wir betrachten zunächst das Intervall $[3,4]\in\mathbb{R}$ der reellen Zahlen zwischen 3 und 4. Diese Teilmenge der reellen Zahlen ist hart definiert und kann durch eine Funktion auf $\mathbb{R}$ beschrieben werden, die wir **charakteristische Funktion** χ nennen.

$$\chi(x) := \begin{cases} 1 & \text{für} \quad x \in [3,4] \\ 0 & \quad\quad \text{sonst} \end{cases}$$

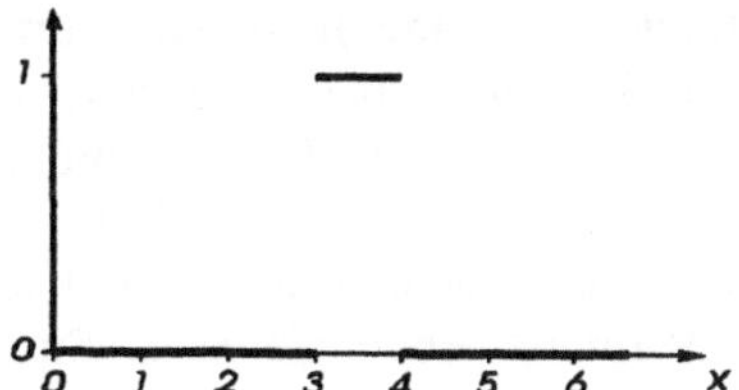

Es liegt daher der naive Ansatz nahe, eine Menge mit relaxierten Zugehörigkeitswerten durch eine charakteristische Funktion zu beschreiben, die Werte zwischen 0 und 1 annehmen kann.

1.1.1 Definition

Es sei eine Grundmenge G gegeben. Wir nennen eine Abbildung

$$f:\ G \rightarrow [0,1]$$

eine **Fuzzy Menge** in G.

Bemerkung:
Die Abbildung f wird auch als **Zugehörigkeitsfunktion** der Fuzzy Menge bezeichnet, die jedem Element $x \in G$ den **Zugehörigkeitsgrad** f(x) aus dem Intervall [0, 1] zuordnet. Wir werden im Folgenden nicht zwischen der Zugehörigkeitsfunktion und der dadurch definierten Teilmenge $\{(x,f(x)) | x \in G\}$ von $G \times \mathbb{R}$ sprachlich unterscheiden. Existiert genau ein Element $a \in G$ mit $f(a) = 1$ und gilt für alle $x \in G \setminus \{a\}$ $f(x)=0$, so heißt die Fuzzy Menge f auch ein **Singleton** und wir schreiben kurz $\{a/1\}$. Wir schreiben eine Fuzzy Menge auf einer endlichen Menge G in Verallgemeinerung der Singletons auch als Menge in der Form $\{f(x)/x \mid x \in G\}$.

Bemerkung:
Ist der Zugehörigkeitsgrad $f(x)=1$ für ein Element x der Fuzzy Menge f, so liegt der Fall der klassischen Mengenlehre des Elementseins vor. Ist $f(x)=0$, so gehört das Element $x \in G$ nicht der Fuzzy Menge f an.

1.1.1.1 **Beispiel:** Die Menge der reellen Zahlen viel größer als 1

Mathematisch wird diese Menge mittles des Symbols >> belegt durch

$$M := \{x \mid x \in \mathbb{R},\ x >> 1\}$$

und durch unterschiedliche Zugehörigkeitsunktionen beschrieben. Drei Beispiele für Zugehörigkeitsfunktionen sind in der untenstehenden Abbildung zu sehen. Allen Funktionen ist gemeinsam, daß die Funktionswerte sich für große x immer mehr der 1 nähern, allerdings unterschiedlich schnell. Das Annähern an die 1 ist eine Sache der individuellen problemorientierten Betrachtungsweise. Es ist für alle drei Beispiele die unten definierte Höhe gleich 1. Sie sind jedoch subnormale Fuzzy Mengen (siehe Definition 1.1.4).

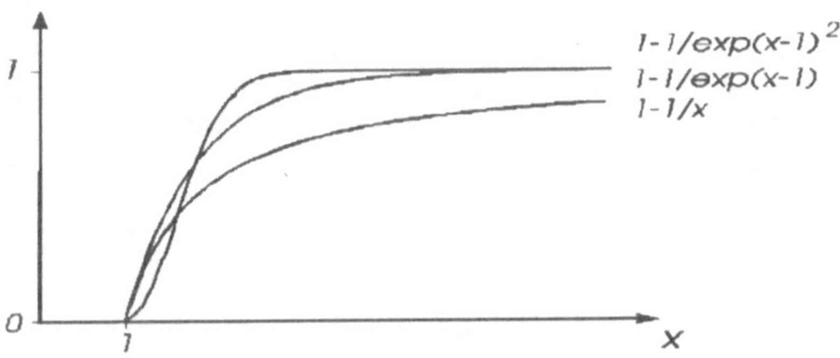

1.1.1.2 Beispiel: Grauwertbild

Ordnen wir den Graustufen eines Grauwertbildes Werte zwischen 0 und 1 zu, so ist ein Grauwertbild eine Fuzzy Menge auf der Grundmenge der Bildpunkte. In diesem Sinne kann jedes Bildmuster als Gegenstand der Fuzzy Mengenlehre betrachtet werden. Es bietet sich daher an, Mustererkennung auf der Basis von Fuzzy Mengen zu betreiben.

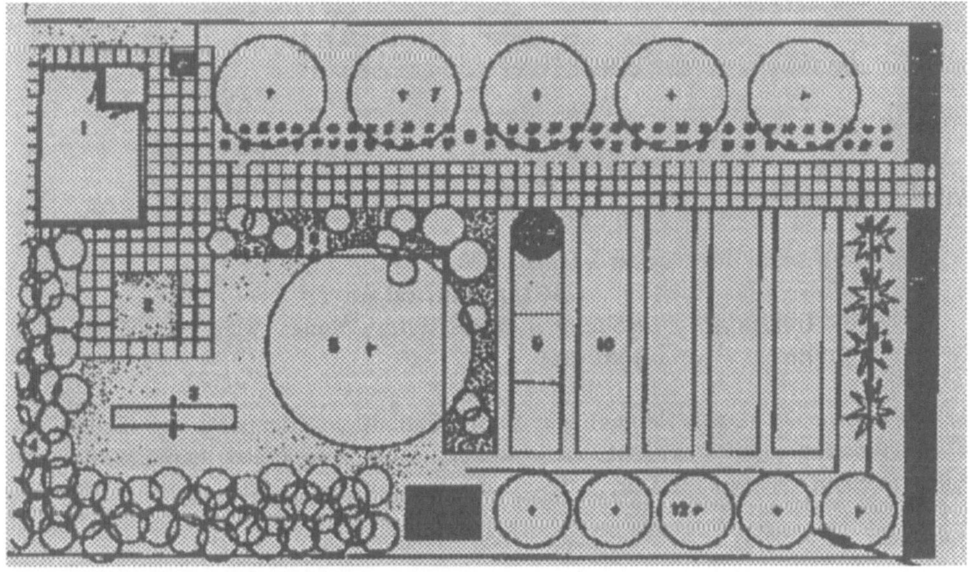

1.1.1.3 Beispiel: Wahrscheinlichkeiten

Wahrscheinlichkeiten sind in diesem Sinne ebenfalls Fuzzy Mengen auf der Grundmenge der Ereignisse. Es zeigt sich jedoch, dass sie in dieser naiven Weise keine brauchbaren Fuzzy Mengen abgeben (siehe [SEI99]). Z.B. erwartet man kein Ereignis der Wahrscheinlichkeit 1.

1.1.2 Definition

Eine Fuzzy Menge f in G heißt **leer**, wenn f(x)= 0 für alle x aus G.
Eine Fuzzy Menge f in G heißt **universell**, wenn f(x)=1 für alle x aus G.

Bemerkung:
Die leere und die universelle Menge sind Mengen im Sinne der klassischen Mengenlehre.

1.1.3 Definition

Ist f eine Fuzzy Menge in G, so heißt

$$supp(f) := T(f) := \{x \mid x \in G, f(x) > 0\}$$

der **Träger** (oder der Support) der Fuzzy Menge f in G und

$$kern(f) := \{x \mid x \in G, f(x) = 1\}$$

der **Kern** oder die **Toleranz** der Fuzzy Menge f in G.

1.1.4 Definition

Ist f eine Fuzzy Menge in G, so heißt

$$\mathbf{H(f) := sup\{f(x) \mid x \in G\}}$$

die **Höhe** von f. f heißt eine **normale Fuzzy Menge**, wenn ein $x \in G$ existiert mit f(x)=1, sonst **subnormal**.

In einer normalen Fuzzy Menge gibt es mindestens ein Elemente aus G, das die Elementbeziehung der klassischen Mengenlehre erfüllt. Für H(f) =1 muß das nicht der Fall sein (siehe Beispiel 1.1.1.1).

1.1.4.1 Beispiel: Fuzzy 5

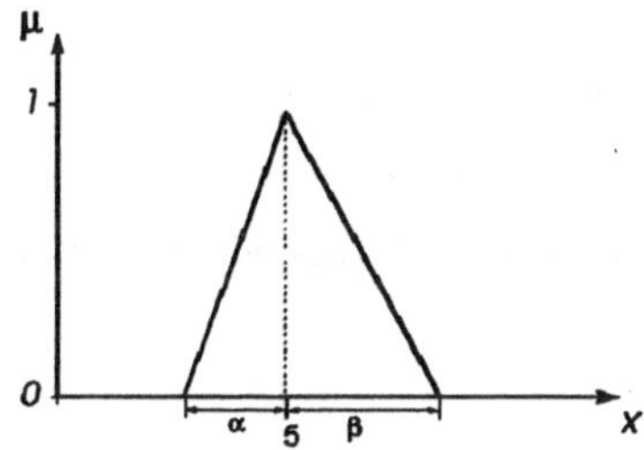

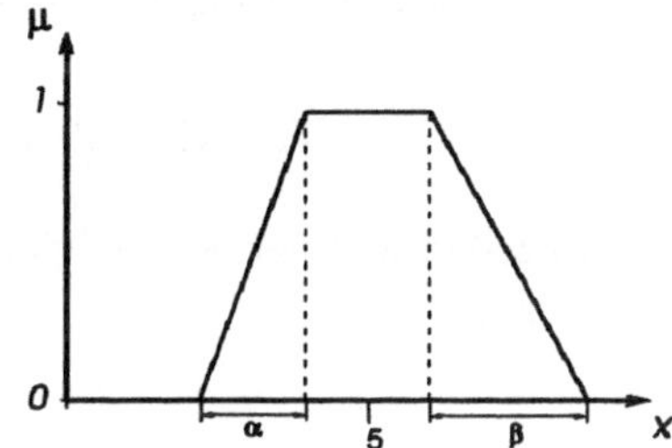

In den voranstehenden Abbildungen ist die Fuzzy Zahl 5 jeweils als normale Fuzzy Menge mit punktförmiger und mit intervallförmiger Toleranz modelliert. In den Zonen α und β liegen die Zugehörigkeitswerte der jeweiligen Fuzzy Mengen zwischen 0 und 1.

Wie in der klassischen Mengenlehre können wir auch Fuzzy Teilmengen von Fuzzy Mengen erklären.

1.1.5 Definition

Eine Fuzzy Menge f heißt **Fuzzy Teilmenge** einer Fuzzy Menge g auf der Grundmenge G, wenn gilt:

$$f(x) \leq g(x) \quad \text{für alle x aus G.}$$

Wir schreiben hierfür sowohl $f \subseteq g$ als auch $f \leq g$.

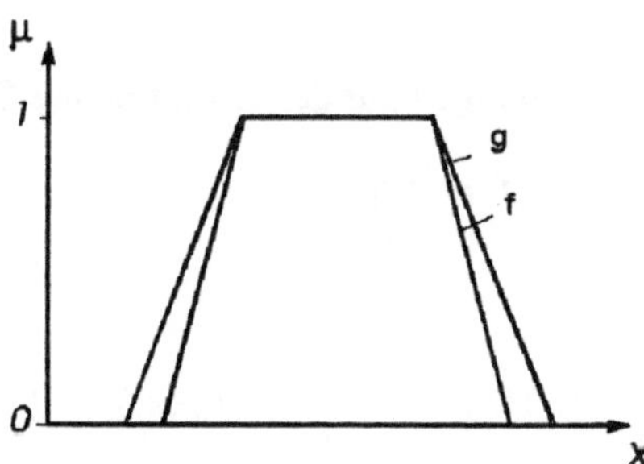

Im Folgenden benötigen wir diejenigen Teilmengen der Grundmenge G, auf denen eine Fuzzy Menge einen Mindestwert der Zugehörigkeit annimmt.

1.1.6 Definition

Es sei f eine Fuzzy Menge auf der Grundmenge G und $\alpha \in]0,1]$. Dann heißt (die klassische) Menge f_α mit

$$f_\alpha : G \to [0,1], \quad f_\alpha(x) := \begin{cases} 1 & \text{für } f(x) \geq \alpha \\ 0 & \text{sonst} \end{cases}$$

der **α-Schnitt der Fuzzy Menge** f oder der Schnitt der Fuzzy Menge f in der Höhe α.

1.1.6.1 Beispiele α-Schnitte

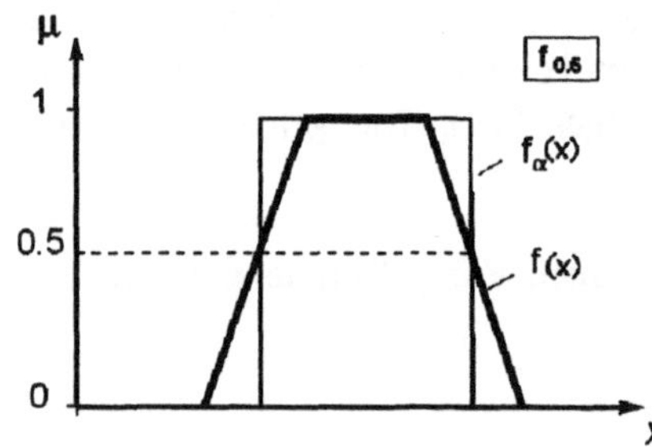

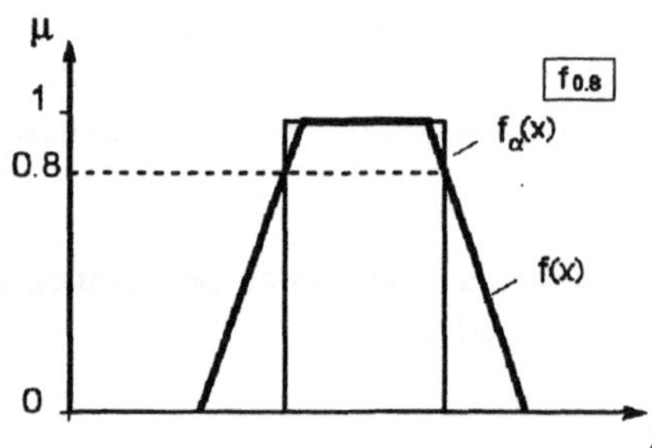

Für spätere Beweise ist es zweckmäßig zu wissen, dass eine Fuzzy Menge aus der Menge ihrer α-Schnitte aufgebaut werden kann. Es gilt der

1.1.7 Zerlegungssatz

Es gilt für eine Fuzzy Menge f auf der Grundmenge G:

$$f = \sup_{0<\alpha\leq 1} (\alpha f_\alpha)$$

Beweis:

$$\sup_{0<\alpha\leq 1} (\alpha f_\alpha)(x) = \sup_{0<\alpha\leq f(x)} (\alpha\ f_\alpha(x)) = f(x)$$

□

Eine wichtige Anwendung der Fuzzy Mengen sind die **Fuzzy Zahlen** auf der Menge der reellen Zahlen $\mathbb{R}$. Mit Hilfe von Fuzzy Zahlen können wir viele mathematische Verfahren im Sinne der Fuzzy Mengen relaxieren und bei der mathematischen Modellbildung in Problemstellungen einbringen. Im Beispiel 1.1.4.1 haben wir zwei unterschiedliche Modellierungen der Zahl 5 als Fuzzy Mengen angegeben. Diese Modellierungen sind stückweise lineare Funktionen.

Am Ende dieses Abschnittes werden wir den Begriff der Fuzzy Ähnlichkeit für Fuzzy Mengen einführen. Dabei zeigt sich, daß die Linearität der Zugehörigkeitsfunktion im Sinne der Fuzzy Mengen ohne Bedeutung ist. Die linearen Teilstücke können durch beliebige monotone Funktionen ersetzt werden, ohne dass dadurch die Modellierung wesentlich beeinflußt wird. Es genügt daher, die Fuzzy Zahlen auf $\mathbb{R}$ als dreiecksförmige oder trapezförmige Fuzzy Mengen einzuführen.

1.1.8 Definition

Die Abbildung $\mu : \mathbb{R} \to [0,1]$ mit

$$\mu(x) := \begin{cases} 1 & \text{für} \quad x = z \\ \dfrac{x - m_1}{z - m_1} & \text{für} \quad x \in [m_1, z[\quad m_1 < z \\ \dfrac{-x + m_2}{-z + m_2} & \text{für} \quad x \in]z, m_2] \quad z < m_2 \\ 0 & \text{sonst} \end{cases}$$

heißt **dreiecksförmige Fuzzy Zahl z in** $\mathbb{R}$ und wir schreiben $(z;m_1,m_2)$.

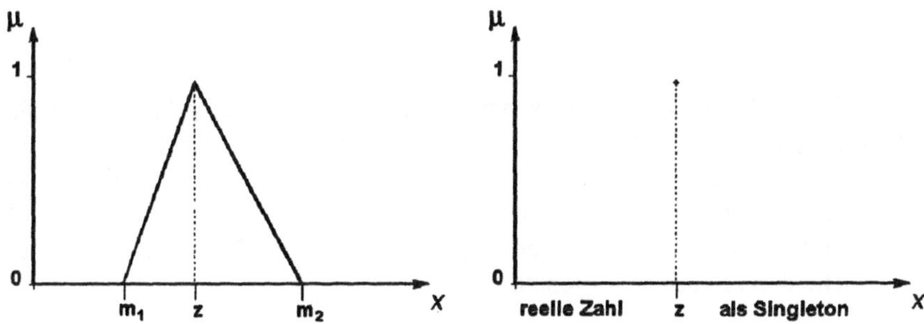

Ist der Träger von $(z;m_1,m_2)$ symmetrisch zum Kern z, also $z-m_1 = m_2-z = c$, so schreiben wir kurz (z,c) und nennen (z,c) mit $c \geq 0$ eine **symmetrische**

dreiecksförmige Fuzzy Zahl oder kurz eine **Fuzzy Zahl.** Eine Fuzzy Zahl (z,c) mit c=0 heißt **Singleton.**

Die Zugehörigkeitsfunktion einer Fuzzy Zahl (z,c) mit c>0 ist

1.1.8.1 $$\mu_z(t) = \max\{0, 1- |z-t|c^{-1}\} \quad \text{für } t\in\mathbb{R}$$

Wir werden nur diesen Typ von Fuzzy Zahlen benutzen. Für wichtige Anwendungen wie etwa die Fuzzy Lineare Regression genügt der Ansatz mit Fuzzy Zahlen. Für Fuzzy Zahlen können wir in einfacher Weise Addition, Subtraktion und Multiplikation erklären, so daß das Resultat jeweils wieder eine Fuzzy Zahl ist. Wir benutzen die Zeichen +, -, · wie für die entsprechenden Rechenoperationen auf den reellen Zahlen $\mathbb{R}$.

1.1.9 Definition

Sind (z_1,c_1) und (z_2,c_2) Fuzzy Zahlen, so ist die **Addition** definiert durch
$$(z_1,c_1) + (z_2,c_2) := (z_1+z_2,c_1+c_2),$$
die Subtraktion durch
$$(z_1,c_1) - (z_2,c_2) := (z_1-z_2,c_1+c_2)$$
und die **Multiplikation** durch
$$(z_1,c_1) \cdot (z_2,c_2) := (z_1 \cdot z_2 , |z_2|c_1+|z_1|c_2)$$

Das Resultat ist jeweils wieder eine Fuzzy Zahl. Für Singletons stimmen die so definierten Rechenoperationen mit denen auf den reellen Zahlen $\mathbb{R}$ überein. Für das Produkt von einem Singleton (a,0) und einer Fuzzy Zahl (z,c) schreiben wir vereinfacht:

1.1.9.1 $$a\,(z,c) := (a,0) \cdot (z,c) = (az,|a|c)$$

Für die Fuzzy Mengentheorie als neues Beschreibungsmittel für unscharfe Informationen ist es wichtig, ein Kriterium dafür zu haben, wann Fuzzy Mengen als ungefähr gleich zu betrachten sind. Oder anders ausgedrückt: Man möchte wissen, wie unterschiedlich ein und dieselbe unscharfe Information als Fuzzy Menge definiert sein darf, ohne dass sich dadurch in einem Entscheidungsverfahren der Fuzzy Logik wesentlich verschiedene Resultate ergeben.

Wir betrachten hierzu zunächst das Beispiel 1.1.1.1 der reellen Zahlen viel größer als 1. Die mathematischen Modellierungen sind grundlegend verschieden, obgleich der gleiche Sachverhalt offensichtlich richtig modelliert wird. Dieses Beispiel zeigt, dass es nicht sinnvoll ist, eine Gleichheit für Fuzzy Mengen über die Gleichheit für Funktionen zu definieren. Wir werden vielmehr eine Verallgemeinerung des Gleichheitsbegriffs auf Fuzzy Mengen als Fuzzy Ähnlichkeit so einführen, daß für den Kern ähnlicher Fuzzy Mengen gerade die Gleichheit im Sinne der klassischen Mengenlehre eintritt.

1.1.10 Definition

Zwei Fuzzy Mengen f und g auf der Grundmenge G heißen **fuzzy ähnlich**, wenn es zu jedem $\alpha \in]0,1[$ Werte α_i mit $\alpha < \alpha_i \leq 1$ $(i = 1,2)$ gibt, so dass gilt:

1.1.10.1 $\quad$ $\text{supp}\,(\alpha_1 f)_\alpha \subseteq \text{supp}\, g_\alpha\,, \quad \text{supp}\,(\alpha_2 g)_\alpha \subseteq \text{supp}\, f_\alpha$

Wir schreiben: $\mathbf{f \sim g}$.

1.1.10.2 Beispiel

Wir betrachten aus dem Beispiel 1.1.1.1 die Funktionen

$$f(x) = 1 - \frac{1}{x} \quad \text{für } x \leq 1$$

$$g(x) = 1 - \exp(1-x) \text{ für } x \leq 1$$

Wegen $f \leq g$ ist die erste Mengenenthaltung in 1.1.10.1 für $\alpha_1 = 1$ und alle $\alpha \in]0,1[$ erfüllt.

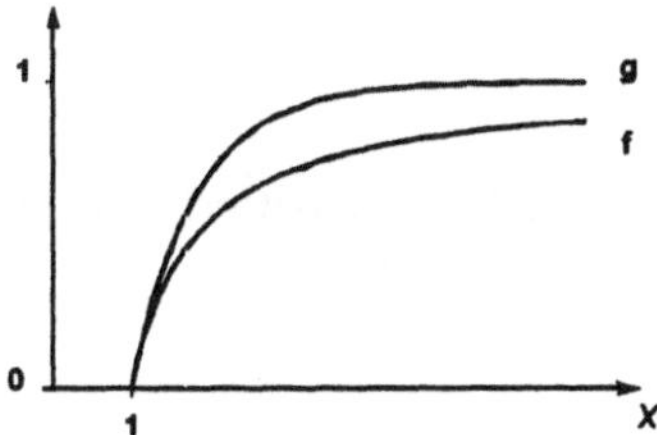

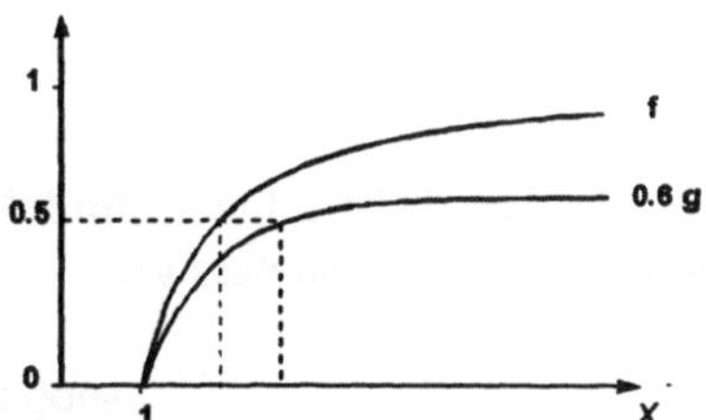

Wir haben daher nur noch die zweite Beziehung in 1.1.10.1 zu beweisen. Ist $t_0 \in]1,\infty[$ die Stelle mit $f(t_0) = \alpha \in]0,1[$, so gilt wegen der strengen Monotonie

$$f(t_0) \leq f(x) \quad \text{für } t_0 \leq x$$

also

$$\text{supp}\, f_\alpha = \{x \mid t_0 \leq x\}$$

Da $g(x) > \alpha = f(t_0)$ gilt und g ebenfalls streng monoton ist, erhalten wir die Ungleichungen

$$\alpha = f(t_0) < g(t) \leq g(x) \quad \text{für alle } x \in \text{supp } f_\alpha .$$

Wir setzen $\alpha_2 := \alpha / g(t_0)$. Dann gilt wegen $g(t_0) < 1$

$$\alpha < \alpha_2 \leq 1 \text{ und } f(t_0) = \alpha = \alpha_2\, g(t_0) \leq \alpha_2\, g(x) \quad \text{für alle } x \in \text{supp } f_\alpha ,$$

also

$$\text{supp } (\alpha_2\, g)_\alpha \subseteq \text{supp } f_\alpha$$

In der voranstehenden Abbildung ist für die Stelle $t_0 = 2$ und $\alpha = 0.5$ der Wert $\alpha_2 = 0.6$ gesetzt, da für $g(t_0)$ wegen der Monotonie auch ein kleinerer Wert, als im Beweis verwendet wurde, zur Konstruktion von α_2 verwendet werden darf.

Die Funktionen f und g der Modellierungen der Menge der Zahlen, die viel größer als 1 sind, sind also fuzzy ähnlich. Entsprechend läßt sich die Fuzzy Ähnlichkeit auch für die anderen Paare im Beispiel 1.1.1.1 nachweisen. Fuzzy gesehen sind sich die Experten der Modellierungen daher einig.

1.1.11 Satz

Für zwei fuzzy ähnliche Mengen f und g auf der Grundmenge G gilt:

$$\text{kern (f)} = \text{kern (g)}.$$

Beweis:

Es sei $0 < \alpha < 1$. Ist g fuzzy ähnlich zu f auf der Grundmenge G, so exisitiert zu α ein α_1 mit $\alpha < \alpha_1 \leq 1$, so dass gilt:

$$\text{supp } (\alpha_1\, f)_\alpha \subseteq \text{supp } g_\alpha$$

also

$$x \in \text{supp } g_\alpha \quad \text{für } \alpha \leq \alpha_1\, f(x)$$

Für limes $\alpha = 1$ folgt hieraus

$$x \in \text{kern(g) für } 1 \leq f(x), \text{ also kern(f)} \subseteq \text{kern(g)}.$$

Entsprechend folgt die andere Enthaltensseinsbeziehung. □

1.1.12 Definition

Zwei Fuzzy Mengen f und g auf der Grundmenge G heißen **streng fuzzy ähnlich**, wenn die Paare f, g und f^c, g^c jeweils fuzzy ähnlich sind.
Wir schreiben: $\mathbf{f \approx g}$.

1.1.12.1 Beispiel

Die unterschiedlichen Paare von Fuzzy Mengen der reellen Zahlen viel größer als 1 aus Beispiel 1.1.1.1 sind auf der Grundmenge $x > 1$ jeweils streng fuzzy ähnlich.

Bemerkung:

Die Fuzzy Ähnlichkeit und die strenge Fuzzy Ähnlichkeit sind Äquivalenzrelationen auf der Menge der Fuzzy Mengen der Grundmenge G. Die Fuzzy Ähnlichkeit ist eine echte Verallgemeinerung der Gleichheit von klassischen Mengen, wie der voran stehende Satz 1.1.11 zeigt. Dieser Satz ist nicht umkehrbar, da zwei fuzzy ähnliche Fuzzy Mengen zwar denselben Kern aber unterschiedliche Träger haben können, wie die Abbildung zur Definition 1.1.5 zeigt.

Merke: Die Fuzzy Ähnlichkeit faßt unterschiedliche Modellierungen ein und derselben Begriffsbildung zu einer Informationsklasse zusammen, die bei Fuzzy Entscheidungssystemen wieder auf eine Informationsklasse abgebildet wird.

1.2 Operatoren auf Fuzzy Mengen

Da Fuzzy Mengen im mathematischen Sinne Funktionen auf einer fest vorgegebenen Grundmenge G sind, deren Bildbereich auf das abgeschlossene Intervall [0,1] beschränkt ist, können beliebige Operatoren aus der Analysis eingesetzt werden.

1.2.1 Definition

Sind f und g zwei Fuzzy Mengen auf der Grundmenge G, dann heißt

$$f \cup g : G \rightarrow [0,1] \text{ mit } (f \cup g)(x) := \max\{f(x), g(x)\}, \quad x \in G$$

Vereinigung der Fuzzy Mengen f und g und

$$f \cap g : G \rightarrow [0,1] \text{ mit } (f \cap g)(x) := \min\{f(x), g(x)\}, \quad x \in G$$

Durchschnitt der Fuzzy Mengen f und g.

Die Fuzzy Menge

$$f^c : G \rightarrow [0,1] \text{ mit } f^c(x) := 1 - f(x), \quad x \in G$$

heißt (naives) **Komplement** der Fuzzy Menge f auf der Grundmenge G.

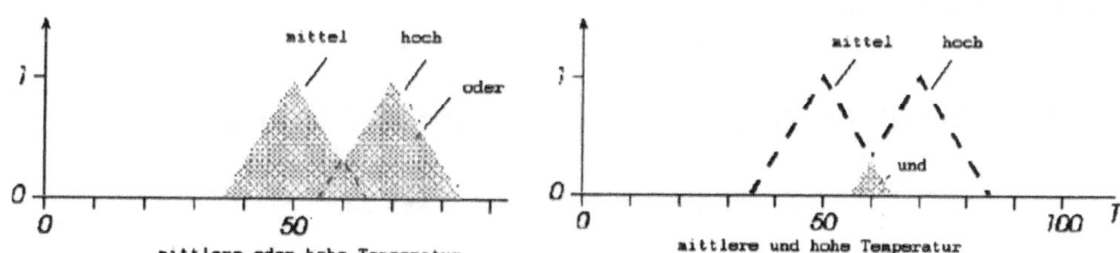

Bemerkung:
Die logischen Verknüpfungen ODER und UND können in der Fuzzy Logik mit den voran stehenden Definitionen Vereinigung und Durchschnitt belegt werden. In der voran stehenden Abbildung sind die Fuzzy Mengen „Temperatur mittel“ und „Temperatur hoch“ mit diesen so belegten Verknüpfungen miteinander verbunden.

Bemerkung:
Die hier gegebene Komplementdefinition ist verschieden von derjenigen in einer booleschen Algebra (klassische Mengenlehre), wo die Gesetze gelten müssen:

$$A \cap A^c = \varnothing \text{ und } A \cup A^c = G \quad \text{für eine Teilmenge A von G.}$$

Dies belegen wir mit dem nachfolgenden

1.2.1.1 Beispiel

$G = [0,1], \; f : G \to [0,1]$ mit $f(x) := \min\{(x,1-x\}, \; x \in G$

Es gilt: $f \cap f^c = f \neq 0$ und $f \cup f^c = f^c \neq 1.$

Den Durchschnitt und die Vereinigung von Fuzzy Mengen auf derselben Grundmenge G können wir auch durch andere Operatoren der Analysis beschreiben.

1.2.2 Definition

Sind f und g zwei Fuzzy Mengen auf der Grundmenge G, so heißt

$f * g : G \to [0,1]$ mit $(f * g)(x) = f(x)\, g(x)$ für $x \in G$

das algebraische Produkt von f und g und

$f \oplus g : G \to [0,1]$ mit $(f \oplus g)(x) = f(x) + g(x) - f(x)\, g(x)$ für $x \in G$

die **direkte Summe** von f und g.

$f \cap g := f * g$ und $f \cup g := f \oplus g$ heißen der **probabilistische Durchschnitt und die probabilistische Vereinigung** der Fuzzy Mengen f und g.

Während wir ohne weiteres sehen, daß der probabilistische Durchschnitt zweier Fuzzy Mengen wieder eine Fuzzy Menge ist, ist diese Eigenschaft für die probabilistische Vereinigung zu beweisen:

Wegen $0 \leq y \leq 1$ folgt:

$$y + z - y\,z = y + z\,(1 - y) \geq = 0\,.$$

Wegen der Identität $(y + (1 - y))\,(z + (1 - z)) = 1$ folgt durch Rechnung

$$y + z - y\,z \;\leq\; y + z - y\,z + (1 - y)(1 - z) = 1.$$

Daher sind $f * g$ und $f \oplus g$ wieder Fuzzy Mengen auf G.

Weiterhin folgen aus den Ungleichungen:

$$0 \leq \max(0, x + y - 1) \leq x\,y \leq \min(x,y)$$
$$1 \geq \min(1, x + y) \geq x + y - x\,y \geq \max(x,y)$$

für die Fuzzy-Mengen f und g auf der Grundmenge G die Beziehungen:

1.2.2.1 $\quad f * g \subseteq \min(f,g) \subseteq \max(f,g) \subseteq f \oplus g$

In direkter Anlehnung an die Verknüpfungen UND und ODER der klassischen Mathematischen Logik hat Lukasiewicz (siehe [LUK20]) die nachfolgenden Operatoren definiert:

1.2.3 Definition

Sind f und g Fuzzy Mengen auf einer Grundmenge G, dann heißen die Verknüpfungsoperatoren

T_L (f,g): G → [0,1] mit
$T_L(f,g) := \max(f + g - 1, 0)$

das **Lukasiewicz UND** und

$S_L(f,g)$: G → [0,1] mit
$S_L(f,g) := \min(f + g, 1)$

das **Lukasiewicz ODER**.

Lukasiewicz UND und ODER

Es gibt viele weitere Operatoren, mit denen Fuzzy Mengen verknüpft werden können (siehe [K+F94]). Darunter gibt es eine große Klasse von Operatoren, die als Durchschnitt und Vereinigung für die Fuzzy Logik zur Beschreibung von UND und ODER in Frage kommen. Dies ist die Klasse der sogenannten T-Normen und T-Konormen, wobei die letzteren auch als S-Normen bezeichnet werden. Diese Klasse von Operatoren behandeln wir im Abschnitt 3.6.

Neben den Operatoren für die logischen Verknüpfungen und die Verneinung durch das naive Komplement sind solche Operatoren für die mathematische Modellierung im Sinne der Fuzzy Logik von Bedeutung, die eine Information im Sinne von ‚sehr', ‚mehr oder weniger', ‚annähernd' oder anderen sprachlichen Attributen modifizieren können.

Die hier angegebenen Modifikationen sind so gestaltet, daß sie als Resultat jeweils streng fuzzy ähnliche Fuzzy Mengen der gegebenen Fuzzy Mengen erzeugen, deren Unschärfe (siehe nachfolgenden Abschnitt 1.4) sich jedoch bei der Modifikation ändert.

1.2.4 Definition

Ist f eine Fuzzy Menge auf der Grundmenge G, dann heißt der Operator

$$\text{CON}: \quad \text{CON}(f(x)) := f(x)^2 \quad \text{für alle } x \in G$$

der **Konzentrationsoperator**.

Der Konzentrationsoperator erzeugt aus der Fuzzy Menge f auf G eine Fuzzy Menge mit gleicher Toleranz und gleicher Einflußbreite, so daß CON(f) streng fuzzy ähnlich zu f ist. Das neben stehende Bild zeigt, daß die Fuzzy Menge CON(f) „schärfer" ist als f (siehe Abschnitt 1.4).

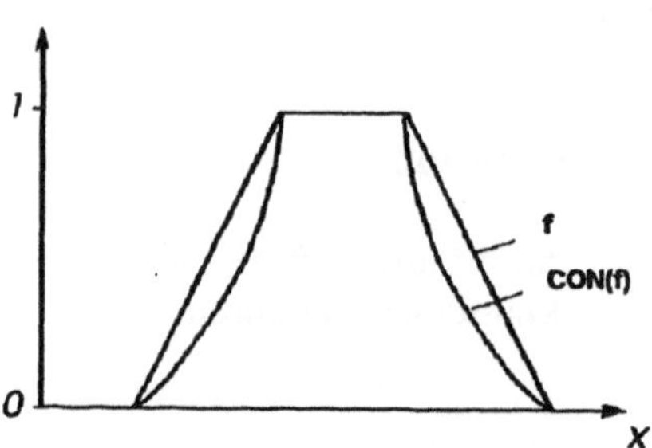

1.2.5 Definition

Ist f eine Fuzzy Menge auf der Grundmenge G, so heißt der Operator

$$\text{DIL}: \quad \text{DIL}(f(x)) := \sqrt{f(x)} \quad \text{für alle } x \in G$$

Dilationsoperator.

Der Dilationsoperator kehrt den Effekt des Konzentrationsoperators um. Auch DIL(f) ist streng fuzzy ähnlich zu f und „unschärfer" als f (siehe Abschnitt 1.4 und die neben stehende Abbildung).

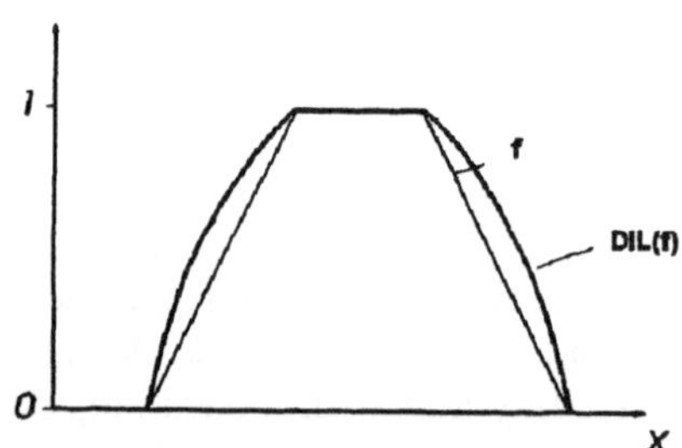

1.2.6 Definiton

Ist f eine Fuzzy Menge auf der Grundmenge G, so heißt der Operator

$$\text{INT}: \quad \text{INT}(f(x)) := \begin{cases} 2\,f(x)^2 & \text{für } f(x) < 0.5 \\ 1-2(1-f(x))^2 & \text{sonst} \end{cases} \quad \text{für alle } x \in G$$

die **Kontrastintensivierung**.

Die Kontrastintensivierung verschärft im oberen Wertebereich zur 1 hin und im unteren Wertebereich zur 0 hin, so daß insgesamt eine Fuzzy Menge INT(f) resultiert, die „schärfer" ist als f (siehe Abschnitt 1.4 und das neben stehende Bild).

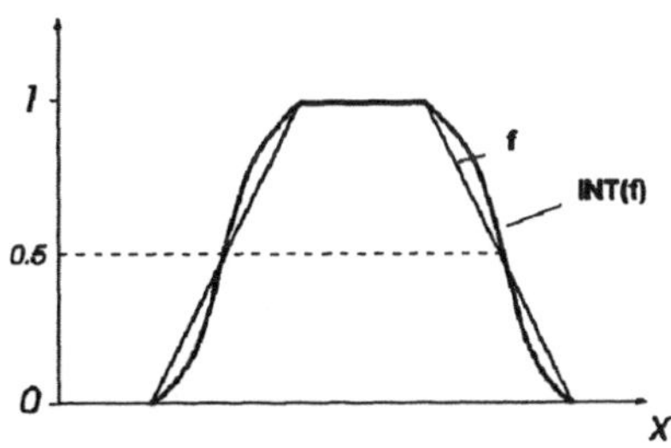

Im sprachlichen Umgang werden dann die Informationen CON(f) auch als „sehr f", DIL(f) als „mehr oder weniger f" und INT(f) als „annähernd f" interpretiert. Es handelt sich dabei zwar um streng fuzzy ähnliche Modifizierungen der ursprünglichen Modellierung, die jedoch verschiedene Unschärfemaße besitzen, wie im nachfolgenden Abschnitt 1.4 gezeigt wird.

Durch die voranstehenden Modifikationsoperatoren werden auch die dreiecks- und trapezförmigen Fuzzy Zahlen als Fuzzy Mengen in eine allgemeinere Form transformiert. Wegen der strengen Fuzzy Ähnlichkeit zu den Originalen können wir uns später auf die speziellen Formen der Fuzzy Zahlen beschränken. Dies erleichtert das Arbeiten mit Fuzzy Modellierungen ganz erheblich.

Merke: Die wesentlichen Verknüpfungen von unscharfen Informationen, UND und ODER, können durch die Operatoren MIN und MAX oder durch die probabilistischen oder die Lukasiewicz Operatoren auf Fuzzy Mengen realisiert werden. Die Modifikationen von unscharfen Informationen mit den Operatoren CON, DIL und INT sind streng fuzzy ähnlich und unterscheiden sich nur in der „Unschärfe". Sie sind also im Sinne von Fuzzy Mengen nicht wesentlich voneinander verschieden.

1.3 Fuzzy Algebren

Analog zur klassischen booleschen Algebra der naiven Mengenlehre kann man eine Algebra der Fuzzy Mengen auf einer gegebenen Grundmenge betrachten. Eine solche Algebra ist dann allerdings nicht mehr boolesch. Außerdem hängt sie von den Definitionen des Durchschnitts, der Vereinigung und der Komplementbildung ab.

Ist G die betrachtete Grundmenge, so gilt in der klassischen Mengenlehre mit den Operatoren $\cap$, $\cup$ und ^{c} das nachfolgende System von Gesetzen:

(K) $A \cap B = B \cap A \ , \ A \cup B = B \cup A$ Kommutativgesetze

(A) $(A \cap B) \cap C = A \cap (B \cap C)$
$(A \cup B) \cup C = A \cup (B \cup C)$ Assoziativgesetze

(I) $A \cap A = A \ , \ A \cup A = A$ Idempotenz

(D) $A \cap (B \cup C) = (A \cap B) \cup (A \cap C)$
$A \cup (B \cap C) = (A \cup B) \cap (A \cup C)$ Distributivgesetze

(E) $A \cap A^c = \varnothing \ , \ A \cup A^c = G$ Ergänzungsgesetz

(S) $A \cap \varnothing = \varnothing \ , \ A \cup \varnothing = A \ , \ A \cap G = A \ , \ A \cup G = G$

(IN) $(A^c)^c = A$ Involution

Außerdem gilt in der klassischen Mengenlehre das

1.3.1 Theorem von de Morgan

Sind A und B Teilmengen einer Grundmenge G, so gilt:

$$(A \cap B)^c = A^c \cup B^c \ , \quad (A \cup B)^c = A^c \cap B^c .$$

Wie Beispiel 1.2.1.1 zeigt, gilt nicht auf Fuzzy Mengen mit der Komplementbildung (1- .) das Ergänzungsgesetz (E) für die im voran gehenden Abschnitt definierten Durchschnitts- und Vereinigungsoperatoren als Minimum und Maximum bzw. als probabilistische Operatoren. (E) ist jedoch für die Lukasiewicz Operatoren erfüllt. Nur die Operatoren Maximum und Minimum erfüllen das Gesetz der Idempotenz (I) und bilden, wie in Abschnitt 3.6 gezeigt wird, das einzige Paar von stetiger T-Norm und S-Norm, das die Idempotenz erfüllt. Hieraus sehen wir, dass die für die Fuzzy Mengenlehre zu erwartende Algebra jeweils von der Kombination der Operatoren für den Durch-schnitt und die Vereinigung abhängt.

Für sämtliche im Abschnitt 1.2 betrachteten Operatorenkombinationen gilt jedoch das Theorem von de Morgan.

Nehmen wir zunächst Minimum und Maximum als Operatoren für den Durchschnitt und die Vereinigung und das Komplement (1- .), so folgt die Aussage des Theorems von de Morgan aus der Gleichung:

$$1 - \min(x,y) = \max(1-x, 1-y) \quad \text{für } x,y \in \mathbb{R}.$$

Für die probabilistischen und die Lukasiewicz Operatoren ergibt sich die Behauptung durch Rechnung.

1.3.2 Definition

Wir nennen eine Algebra auf Fuzzy Mengen mit einer gegebenen Kombination von Operatoren $\cap$ und $\cup$ und der Komplementbildung ^{c} , die die obigen Gesetze (K), (A), (D) und (S) und das de Morgansche Theorem erfüllt, eine **Fuzzy Algebra**.

In einer Fuzzy Algebra gilt das **Dualitätsprinzip**: Vertauschen wir in einer gültigen Beziehung die Operatoren $\cup$ und $\cap$, so erhalten wir wieder eine gültige Beziehung.

Die Fuzzy Mengen auf einer Grundmenge G mit einer Fuzzy Algebra können partiell geordnet werden. Die **partielle Ordnung** $\preceq$ ist definiert durch:

$$f \preceq g\,, \text{ wenn } f \cup g = g \text{ gilt.}$$

1.4 Maße für die Fuzziness

Die Frage nach der Unschärfe einer Fuzzy Menge führt auf die Frage nach einem Maß für die Abweichung einer Fuzzy Menge von einer klassischen Menge. Es zeigt sich, daß die Unschärfe einer Information unmittelbar mit der Entropie einer Information verbunden werden kann. Die Entropie einer Information ist um so größer, je größer ihre Unschärfe ist (siehe [SHA48], [MIL92]).

Informationen können als Binärcodes in einem Rechner aufgezeichnet werden. Hierauf können wir unmittelbar ein Maß einer Information als Länge ihres Binärcodes definieren. n Zeichen lassen sich mit einer Länge m mit $m-1 < \log_2 n \leq m$ ($\log_2$ ist der Logarithmus zur Basis 2) darstellen. Sind n gleichwahrscheinliche Informationen gegeben, d.h. hat jede Information die Wahrscheinlichkeit 1/n, so ist die gewichtete Summe

$$-\sum_{i=1}^{n} 1/n \log_2 1/n = \log_2 n$$

Dem Informationsgehalt von n gleichwahrscheinlichen Informationen der Länge $\log_2 1/n = -\log_2 n$ kann also das Maß $\log_2 n$ zugeordnet werden. Wir können $\log_2 n$ dann als das Maß der gesuchten Information ansehen, die unter n gegebenen gleichwahrscheinlichen Informationen gefunden wird. Wegen der Mittelwertbildung sprechen wir im folgenden vom mittleren Informationsgehalt (siehe auch [MOL71]).

1.4.1.1 Beispiel

Wir betrachten die Menge der vier Zeichen {a,b,c,d}, die wir durch die Binärcodes

a = 00 , b = 01 , c = 10 , d = 11

darstellen können. Die Wahrscheinlichkeiten der Zeichen seien gleich 1/4.

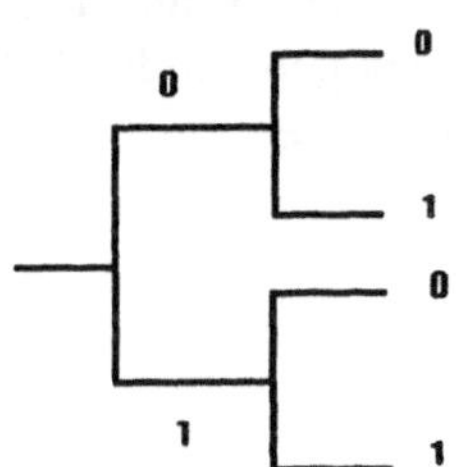

Wir finden die gesuchte Information durch einen Abfragealgorithmus der Länge $\log_2 4 = 2$. Die erste Frage kann sein, ob die erste Zahl eine 0 ist. Abhängig von der Antwort haben wir bei der Abfrage nach der zweiten Zahl dann die Antwort und damit die vorliegende Information a oder b oder c oder d erhalten. Sind nur 3 Informationen a, b, c gegeben, so berechnen wir für den Informationsgehalt $\log_2 3 = 1{,}585$.

1.4.2 Definition

Es seien die Menge $X = \{x_1, \dots, x_n\}$ mit n Elementen und der Wahrscheinlichkeitsvektor $\psi\ \{p_1, \dots, p_n\}$ gegeben. Dann heißt

$$H(p_1, \dots, p_n) := \sum_{i=1}^{n} p_i \log_2 1/p_i = -\sum_{i=1}^{n} p_i \log_2 p_i$$

der **mittlere Informationsgehalt** oder die **Shannon Entropie**. Ist die Menge X eine meßbare Menge mit dem Maß σ und p eine Wahrscheinlichkeitsverteilung auf X, so ist H durch ein Integral über X definiert durch

$$H(X) := -\int p(x) \log_2 p(x)\, d\sigma(x) \quad \text{mit} \quad \int p(x)\, d\sigma(x) = 1$$

Es ist zu beachten, dass $0 \log_2 0 = 0$ gesetzt werden muß.

1.4.2.1 Beispiel

Sei nun die Menge X mit sieben Zeichen $\{A, \dots, G\}$ gegeben, und die Zeichen seien mit folgenden Wahrscheinlichkeiten ausgewählt:

$\psi(A) = 1/4$, $\psi(B) = 1/4$, $\psi(C) = 1/8$, $\psi(D) = 1/8$, $\psi(E) = 1/8$, $\psi(F) = 1/16$, $\psi(G) = 1/16$.

Im Mittel werden dann

$$(1/4)2 + (1/4)2 + (1/8)3 + (1/8)3 + (1/8)3 + (1/16)4 + (1/16)4 = 2{,}625$$

Abfragen benötigt, um das gesuchte Zeichen zu identifizieren.

Die Shannon Entropie läßt sich durch fünf Eigenschaften eindeutig kennzeichnen. Dazu betrachten wir eine Menge X mit n Elementen und einen dazu gehörenden Wahrscheinlichkeitsvektor $\psi_n = \{p_1, \dots, p_n\}$ mit $p_i \geq 0$ und $\sum p_i = 1$. Dann sei

$$H : \psi \rightarrow [0,\infty[\quad \text{mit} \quad \psi = \cup\, \psi_n .$$

Wir fordern die Eigenschaften:

(H1) H ist stetig in allen Argumenten p_i.

(H2) H ist schwach additiv: Sind (1/n, 1/n, ... , 1/n) und (1/s, 1/s, ... , 1/s) zwei Wahrscheinlichkeitsvektoren für jeweils eine Gleichverteilung, so gilt:

$$H(1/ns, \dots, 1/ns) = H(1/n, 1/n, \dots, 1/n) + H(1/s, 1/s, \dots, 1/s)$$

(H3) H ist monoton bei Gleichverteilungen mit $s < n$:

$$H(1/s, \dots, 1/s) < H(1/n, \dots, 1/n) \quad \text{für} \quad s < n$$

(H4) H hat die Verzweigungseigenschaft:
Ist die Menge X in die beiden disjunkten Mengen $A = \{x_1, \dots, x_s\}$ und $B = \{x_{s+1}, \dots, x_n\}$ unterteilt, zu denen die Wahrscheinlichkeitsvektoren $\{p_1, \dots, p_s\}$ und $\{p_{s+1}, \dots, p_n\}$ mit $p_A := \sum p_i$ und $p_B := \sum p_{s+j}$ gehören, dann gilt:

$$H(p_1, \dots, p_n\} = H(p_A, p_B) + p_A H(p_1/p_A, \dots, p_s/p_A) + p_B H(p_{s+1}/p_B, \dots, p_n/p_B)$$

(H5) H ist normalisiert: $H(1/2, 1/2) = 1$.

Durch diese Eigenschaften ist H eindeutig bestimmt (siehe [WC199-299]). Es gilt das

1.4.3 Eindeutigkeitstheorem

Die einzige Funktion $H : \mathbb{R} \to [0, \infty[$, die die Eigenschaften (H1) bis (H5) erfüllt, ist die Shannon Entropie.

Bemerkungen:
H nimmt bei n Informationen das Maximum auf der Gleichverteilung an:

$$H(p_1, \dots, p_n) \leq H(1/n, \dots, 1/n) \quad \text{für alle } n \in \mathbb{N}.$$

Bei gleichwahrscheinlichen Informationen ist also die Shannon Entropie am größten. In diesem Fall ist auch die Unsicherheit über die erhaltene Information am größten und daher die Fuzziness am größten. Für die harten Informationen 0 und 1 ist die Shannon-Entropie 0, also minimal. Die Shannon Entropie zeigt somit Ähnlichkeiten zur Entropie der Thermodynamik.

Will man sich von der Entropiebetrachtung etwas absetzen und mehr den Abstand zu den klassischen Mengen betonen, so bietet sich ein anderer Zugang an, der mehr Möglichkeiten für die Modellierung eines Abstandsmaßes zuläßt.

1.4.3.1 Beispiel

Wir betrachten zunächst zwei Fuzzy Mengen a und b auf der Grundmenge G mit gleichem Träger supp a = supp b. Es soll gelten:

$$a(x) \geq b(x) \quad \text{für jedes } x \in G \text{ mit } a(x) \leq \tfrac{1}{2}$$
$$a(x) \leq b(x) \quad \text{für jedes } x \in G \text{ mit } a(x) > \tfrac{1}{2}$$

Dann haben die Elemente $x \in$ supp a in der Fuzzy Menge a einen geringeren Zugehörigkeitsgrad als in der Fuzzy Menge b, falls sie in der Schnittmenge einer Höhe größer ½ liegen. Sonst kehrt sich diese Aussage um.

Ein Beispiel für ein solches Paar von Fuzzy Mengen haben wir bereits als a = f und b = INT(f) kennengelernt.

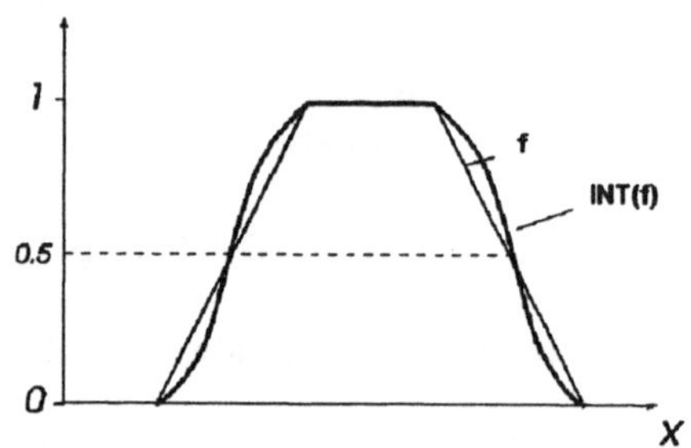

Es handelt sich bei f und INT(f) um zwei streng fuzzy ähnliche Modellierungen derselben Information. Der Unterschied der beiden Modellierungen kann jedoch gemessen werden.

1.4.4 Definition

Es sei $\mathcal{F}(G)$ die Menge aller Fuzzy Mengen auf der Grundmenge G. Dann heißt eine nicht negative Funktion

$$d: \mathcal{F}(G) \rightarrow \mathbb{R}$$

ein **Maß für die Unschärfe** oder kurz **Unschärfemaß** auf Fuzzy Mengen, wenn die Bedingungen gelten:

(d1) $d(a) \geq 0$ für alle $a \in \mathcal{F}(G)$

(d2) $d(a) + d(b) = d(a \cup b) + d(a \cap b)$ für alle $a,b \in \mathcal{F}(G)$

(d3) $d(a) = 0 \Leftrightarrow \text{supp}(a) = a$ (klassische Teilmenge in G)

(d4) $d(a) \geq d(b)$, wenn supp a = supp b und
$a(x) \geq b(x)$ für jedes $x \in G$ mit $a(x) \leq \tfrac{1}{2}$
$a(x) \leq b(x)$ für jedes $x \in G$ mit $a(x) > \tfrac{1}{2}$.

Die Shannon Entropie können wir direkt zur Definition des Shannon Maßes für die Unschärfe einer Fuzzy Menge benutzen, wenn wir die Zugehörigkeitsfunktionen der Fuzzy Menge a auf der Grundmenge G und ihres Komplements 1-a in der Funktion H an die Stelle der Wahrscheinlichkeitsverteilungen setzen:

1.4.5 Definition

Ist a eine Fuzzy Menge auf der Grundmenge X mit der Maßfunktion σ, dann heißt

$$d_S(a) := H(a,1\text{-}a) := -\int a(x) \log_2 a(x)\, d\sigma(x) - \int (1\text{-}a(x)) \log_2 (1\text{-}a(x))\, d\sigma(x)$$

das **Shannon Unschärfemaß** der Fuzzy Menge a.

d_S erfüllt die Bedingungen eines Unschärfemaßes gemäß der Definition 1.4.4 (siehe [KLI80]).

1.4.5.1 Beispiel

Eine Fuzzy Menge f auf einer Grundmenge G ist unschärfer als INT(f) für jedes Unschärfemaß nach der Eigenschaft (d4):

$$d(a) \geq d(b)$$

Die neben stehende Abbildung zeigt die Verringerung der Unschärfe durch die Kontrastintensivierung bei einer trapezförmigen Fuzzy Menge.

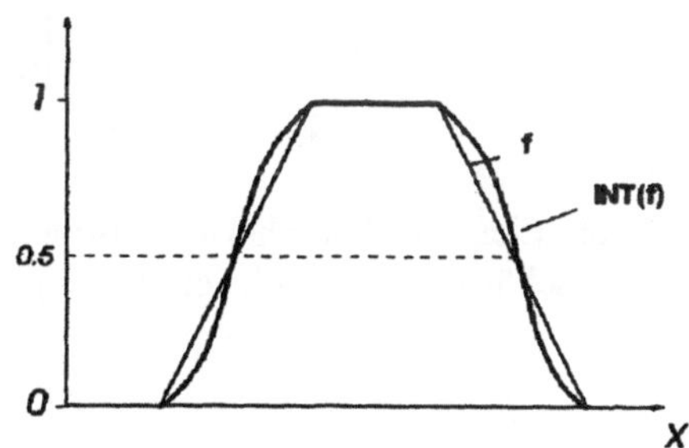

1.4.5.2 Beispiel

Wir betrachten das Intervall $G = \{x \mid 0 \leq x \leq 1\}$ als klassische Menge. Dann gilt für die charakteristische Funktion a von G mit a=1 und (1-a)(x)=0 für alle $x \in X$. Es gilt nach der Definition 1.4.5:

$$d_S(a) := H(a,1\text{-}a) = -\int 1 \log_2 1\, dx - \int 0 \log_2 0\, dx = 0$$

Wie erwartet, hat diese klassische Menge das Shannon Unschärfemaß Null. Dies gilt auch dann, wenn G als klassische Teilmenge der reellen Zahlen betrachtet wird. Für die Komplementmenge des Einheitsintervalls stehen dann in der obigen Summe noch einmal dieselben Summanden.

Die Normierung in der Eigenschaft (H5) bedeutet, daß für eine Fuzzy Menge mit der konstanten Zugehörigkeitsfunktion ½ der größte Unschärfewert 1 erreicht wird. In diesem Fall gehört jedes Element der Fuzzy Menge mit demselben Zugehörigkeitsgrad ½ zur Menge und nicht zur Menge.

Es kommen noch weitere Funktionen als Maße für die Unschärfe in Frage, wovon wir nur die bekanntesten hier angeben.

1.4.6 Definition

Ist a eine Fuzzy Menge auf der Grundmenge G, dann heißt

$$d_H(a) := \int_{\text{supp } a} | a(x) - \chi_{a|0.5}(x) | \, dx$$

die **Hamming Distanz** der Fuzzy Menge a und

$$d_E(a) := \left[\int_{\text{supp } a} (a(x) - \chi_{a|0.5}(x))^2 \, dx \right]^{\frac{1}{2}}$$

der **Euklidische Abstand** der Fuzzy Menge a, wobei

$$\chi_{a|0.5}(x) := \begin{cases} 1 & \text{für} \quad a(x) \geq 0.5 \\ 0 & \text{sonst} \end{cases}$$

Auch für diese beiden Maß-Funktionen können wir die Eigenschaften (H1) bis (H5) eines Unschärfemaßes nachweisen. Es gilt

1.4.7 Satz

$d_S(a)$, $d_H(a)$ und $d_E(a)$ sind Unschärfe-Maße auf Fuzzy Mengen.

Wir betrachten Modifikationen von Fuzzy Mengen unter dem Aspekt der Veränderung ihrer Unschärfe. Für CON(f) und INT(f) nimmt die Unschärfe einer Fuzzy Menge f : G → [0,1] ab und für die Fuzzy Menge DIL(f) zu. Durch Rechnung können wir dieses Ergebnis von CON und DIL anhand der Fuzzy Menge f: [0,1] → [0,1] mit f(x) = x direkt nachvollziehen.

$$d_S(f^2) = -\int[f^2\log_2 f^2 + (1-f^2)\log_2(1-f^2)] \approx \frac{2{,}684}{9\ \ln 2} < \frac{1}{3\ \ln 2} <$$

$$< \frac{1}{2\ \ln 2} = -\int[f\ \log_2 f + (1-f)\log_2(1-f)] = d_S(f)$$

Da diese modifizierten Fuzzy Mengen zur ursprünglichen Fuzzy Menge f streng fuzzy ähnlich sind, sehen wir aus diesen Beispielen, daß fuzzy ähnliche Modellierungen einer Information unterschiedliche Unschärfe besitzen können.

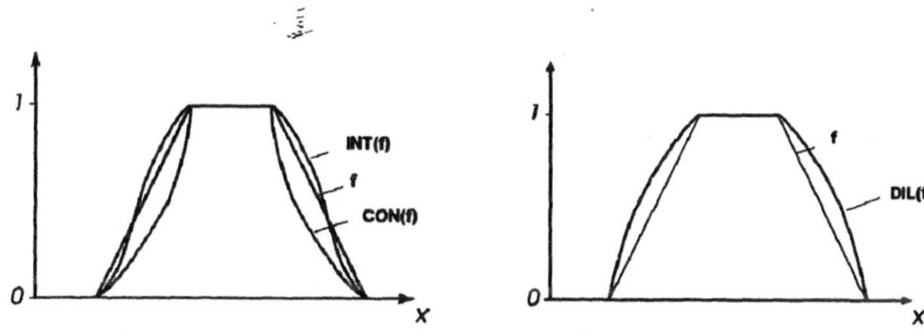

Merke: Eine Information kann fuzzy ähnlich mit unterschiedlichem Unschärfemaß der modellierten Fuzzy Menge dargestellt werden.

1.5 Fuzzy Relationen

Ein wichtiger Begriff in der Mathematik ist derjenige der Relation. Insbesondere läßt sich darauf auch der Begriff der Funktion begründen. Es liegt nahe, diesen Begriff in der Fuzzy Theorie zu verallgemeinern.

1.5.1 Definition

Es sei $G_1 \times \ldots \times G_n$ das n-fache kartesische Produkt (klassische Menge) der gegebenen Grundmengen $G_1, \ldots, G_n$, dann heißt

$$R: G_1 \times \ldots \times G_n \rightarrow [0,1]$$

eine **n-stellige Fuzzy Relation** auf der Grundmenge $G_1 \times \ldots \times G_n$. Insbesondere heißt für $G_i=G$ $(i=1,\ldots,n)$ die Relation R eine **n-stellige Fuzzy Relation** auf G.

1.5.2 Definition

Sind a und b zwei Fuzzy Mengen auf G_1 bzw. G_2, so heißt

$$a \times b : G_1 \times G_2 \rightarrow [0,1] \text{ mit}$$

$$a \times b\,(x,y) := \min\{a(x),b(y)\} \quad \text{für alle } (x,y) \in G_1 \times G_2$$

das **kartesische Fuzzy Produkt** von a und b.

Das kartesische Fuzzy Produkt zweier Fuzzy Mengen ist eine zweistellige Fuzzy Relation.

1.5.3 Definition

Es sei $R: G_1 \times \ldots \times G_n \rightarrow [0,1]$ eine n-stellige Fuzzy Relation und $\{i_1, \ldots, i_k\} \subset \{1, \ldots, n\}$ eine ausgewählte Indexmenge der Länge k kleiner als n, dann heißt

$$\Pi^{i_1,\ldots,i_k}(R)(x_{i_1},\ldots,x_{i_k}) := \sup_{i \in \{1,\ldots,n\}/\{i_1,\ldots,i_k\}} \{R(x_1,\ldots,x_i,\ldots,x_n)\}$$

die **$i_1...i_k$-te Projektion** von R. Insbesondere ist die **i-te Projektion** von R gegeben durch:

$$\Pi^i(R)(x_i) := \sup_{j\neq i}\{R(x_1,...,x_j,...,x_n)\} \text{ für festes } x_i \in G_i$$

1.5.3.1 Beispiel

Ist R eine zweistellige Fuzzy Relation auf der endlichen Grundmenge $G = \{x_1,...,x_n\}$ und $r_{ij} := R(x_i,x_j)$ die zu R gehörende Matrix, dann sind die 1-te und die 2-te Projektion von R:

$$\Pi^1(R)(t) = \max_j\{R(t,x_j)\},\quad \Pi^2(R)(s) = \max_i\{R(x_i,s)\} \text{ für } t,s \in G$$

$$R = \begin{pmatrix} 0.5 & 0.9 \\ 0.3 & 1 \end{pmatrix} \text{ mit } R^1 = \begin{pmatrix} 0.9 \\ 1 \end{pmatrix} \text{ und } R^2 = \begin{pmatrix} 0.5 & 1 \end{pmatrix}$$

In Erweiterung des kartesischen Produkts zweier Fuzzy Mengen können wir eine Komposition von zwei Fuzzy Relationen betrachten, die das zuvor definierte kartesische Produkt als Spezialfall enthält.

1.5.4 Definition

Sind $R : G_1 \times G_2 \rightarrow [0,1]$ und $S : G_2 \times G_3 \rightarrow [0,1]$ Fuzzy Relationen mit den Grundmengen G_1, G_2, G_3, so heißt die Fuzzy Relation $R \circ S$ mit

$$R \circ S(x,z) := \sup_{y \in G_2}\{\min[R(x,y),S(y,z)]\} \text{ für alle } x \in G_1, z \in G_2$$

die **Max-Min-Komposition** von R und S und die Fuzzy Relation $R \lozenge S$ mit

$$R \lozenge S(x,z) := \sup_{y \in G_2}\{\min[R(x,y) \cdot S(y,z)]\} \text{ für alle } x \in G_1, z \in G_2$$

die **Max-Prod-Komposition** von R und S.

Die beiden Kompositionen von Fuzzy Relationen können auch auf Fuzzy Mengen angewendet werden, indem wir eine Fuzzy Menge als einstellige Fuzzy Relation betrachten.

Ist $a : G_2 \rightarrow [0,1]$ auf der Grundmenge G_2 und $R : G_2 \times G_3 \rightarrow [0,1]$ eine Fuzzy Relation, so erhalten wir aus $a \circ R$ mit

$$a \circ R(z) := \sup_{y \in G_2} \{\min[a(y), R(y,z)]\} \text{ für alle } z \in G_3$$

eine Fuzzy Menge $b := a \circ R$, die wir **bezüglich R aus a abgeleitete Fuzzy Menge** auf G_3 oder als **Fuzzy Inferenzbild von a mittels R** auf G_3 nennen. Wir schreiben dann:

1.5.4.1 $$a \ {}_R\!\!\rightarrow b := a \circ R$$

Es gilt nach Tong (siehe [TON76]) der

1.5.5 Satz von der Fuzzy Inferenzabbildung

Sind $a : G_1 \rightarrow [0,1]$ und $b : G_2 \rightarrow [0,1]$ Fuzzy Mengen mit der Eigenschaft $H(a) \geq H(b)$, so gilt:

$$b = a \ {}_R\!\!\rightarrow b \text{ mit } R = a \times b$$

Beweis:

Für alle $y \in G_2$ gilt

$$\begin{aligned}
(a \ {}_R\!\!\rightarrow b)(y) &= (a \circ R)(y) \\
&= (a \circ (a \times b))(y) \\
&= \sup_{x \in G_1} \{\min[a(x), \ \min(a(x), \ b(y))]\} \\
&= \sup_{x \in G_1} \{\min[a(x), \ b(y)]\} \\
&= \min[H(a), \ b(y)] \\
&= b(y) \quad \text{wegen } H(a) \geq H(b)
\end{aligned}$$

□

Für normale Fuzzy Mengen a und b ist $H(a) \geq H(b) = 1$ immer erfüllt. Setzen wir immer normale Fuzzy Mengen voraus, so gibt es zu zwei normalen Fuzzy Mengen auch immer die Fuzzy Inferenzabbildung. Enthält allgemeiner die erste Fuzzy Menge wenigstens einen Fall der klassischen Mengenlehre und ist somit normal, so ist das Fuzzy Inferenzbild der ersten Fuzzy Menge dann immer die zweite Fuzzy Menge.

1.5.5.1 Beispiel

Wir betrachten Tomaten, die im Fall der Reife rot sind. Es seien die Menge der Farben G_1 = (grün, gelb, rot) und die Menge der Reifegrade G_2 = {unreif, halbreif, reif} gegeben.

Auf diesen Grundmengen modellieren wir die Fuzzy Mengen

$$f_{rot} := (0/\text{grün}, 0.4/\text{gelb}, 1/\text{rot}), \quad f_{reif} := (0/\text{unreif}, 0.2/\text{halbreif}, 1/\text{reif})$$

Die so definierte Fuzzy Menge f_{rot} könnte in der Umgangssprache lauten:

(nicht grün, etwas gelb und viel rot).

Daraus errechnet sich nach der Formel in 1.5.2

$$R(x,y) := (f_{rot} \times f_{reif})(x,y) := \min\{ f_{rot}(x), f_{reif}(y)\} \quad \text{für alle } (x,y) \in G_1 \times G_2$$

die Matrix

$$f_{rot} \times f_{reif} = R = \begin{pmatrix} 0 & 0 & 0 \\ 0 & 0.2 & 0.4 \\ 0 & 0.2 & 1 \end{pmatrix}$$

Entsprechend der Rechenvorschrift

$$a \circ R(y) = a \circ (a \times b)(y) = \sup_{x \in G_1}\{\min[a(x), b(y)]\} \quad \text{für alle } y \in G_2$$

erhalten wir wegen sup = max auf der endlichen Menge G_2

$$f_{rot} \circ R = (0/\text{grün}, 0.4/\text{gelb}, 1/\text{rot}) \circ \begin{pmatrix} 0 & 0 & 0 \\ 0 & 0.2 & 0.4 \\ 0 & 0.2 & 1 \end{pmatrix} = (0/\text{reif}, 0.2/\text{halbreif}, 1/\text{reif}) = f_{reif}$$

Die Relation R vermittelt also den „logischen Schluß" von rot auf reif. Einen solchen „logischen Schluß" mittels einer Fuzzy Relation haben wir im Satz 1.5.5 als Inferenzabbildung der Fuzzy Menge f_{rot} bezüglich R auf die Fuzzy Menge f_{reif} bezeichnet.

Beim Rechnen mit Fuzzy Mengen wurde gezeigt, dass Modifikationen CON, DIL, INT Fuzzy Mengen in dazu streng fuzzy ähnliche Fuzzy Mengen abbilden. Daher können wir uns beim Fuzzy Rechnen auf trapez- und dreiecksförmige Fuzzy Mengen beschränken. Dieses Verhalten überträgt sich nun unmittelbar auf solche „logischen Schlüsse" mittels Fuzzy Inferenzabbildungen.

1.5.6 Satz

Sind $a: G_1 \to [0,1]$, $c: G_2 \to [0,1]$ Fuzzy Mengen und $R: G_1 \times G_2 \to [0,1]$ eine Fuzzy Relation mit der Eigenschaft $a \circ R = c$ und $\hat{a} \sim a$, so ist das Fuzzy Inferenzbild $\hat{c}$ von c bezüglich R fuzzy ähnlich zu c:

$$\hat{a} \;{}_R\!\!\to \hat{c} \quad \text{mit} \quad \hat{c} \sim c$$

Beweis:

Nach dem Zerlegungssatz für Fuzzy Mengen können wir uns auf die Betrachtung von α-Schnitten in der Höhe $\alpha \in \,]0,1[$ beschränken. Es sei $\hat{c}$ das Resultat der Fuzzy Inferenzabbildung von $\hat{a}$ bezüglich R: $\hat{a} \;{}_R\!\!\to \hat{c}$, also

$$\hat{c}: G_2 \to [0,1] \text{ mit } \hat{c}(y) = \sup_{x \in G_1}\{\min[\hat{a}(x), R(x,y)]\} \quad \text{für alle } y \in G_2$$

Nach der Voraussetzung $\hat{a} \sim a$ gibt es zu jeder Schnitthöhe $\alpha \in \,]0,1[$ Werte α_i mit $\alpha < \alpha_i \leq 1$ ($i = 1,2$), so dass gilt:

$$\text{supp}\,(\alpha_1\, a)_\alpha \subseteq \text{supp}\,\hat{a}_\alpha \quad , \quad \text{supp}\,(\alpha_2\, \hat{a})_\alpha \subseteq \text{supp}\,a_\alpha$$

Wegen

$$c(y) = a \circ R(y) = \sup_{x \in G_1}\{\min[a(x), R(x,y)]\} \quad \text{für alle } y \in G_2$$

gilt für jeden α-Schnitt

$$\begin{aligned} \text{supp}\,(\alpha_1\, c)_\alpha &= \text{supp}\,(\alpha_1\,(a \circ R))_\alpha = \text{supp}(\,(\alpha_1\, a) \circ (\alpha_1\, R))_\alpha \\ &\subseteq \text{supp}\,((\alpha_1\, a) \circ R)_\alpha \\ &\subseteq \text{supp}\,(\hat{a} \circ R\,)_\alpha \quad \text{wegen der Bedingung für } \alpha_1 \\ &= \text{supp}\,\hat{c}_\alpha \quad \text{nach der Definition von } \hat{c}. \end{aligned}$$

Entsprechend können wir zeigen:

$$\text{supp}\,(\alpha_2\, \hat{c})_\alpha \subseteq \text{supp}\,c_\alpha$$

Daraus folgt nun unmittelbar die Fuzzy Ähnlichkeit des Resultats. □

Wenden wir auf Fuzzy Relationen die Definition der Fuzzy Ähnlichkeit von Fuzzy Mengen an, so finden wir entsprechend die Aussage des

1.5.7 Satz

Es seien a: $G_1 \to [0,1]$, c: $G_2 \to [0,1]$ Fuzzy Mengen und R: $G_1 \times G_2 \to [0,1]$ eine Fuzzy Relation mit $a \;_R\!\!\to c$.

(a) Ist $\hat{R} \sim R$, so gilt

$$a \;_{\hat{R}}\!\!\to \hat{c} \quad \text{mit} \quad \hat{c} \sim c$$

(b) Sind $\hat{a} \sim a$ und $\hat{c} \sim c$ und $H(a) \geq H(c)$, so gelten die Beziehungen:

$$\hat{a} \times c \sim a \times c, \quad a \times \hat{c} \sim a \times c, \quad \hat{a} \times \hat{c} \sim a \times c.$$

Wie bei Abbildungen der klassischen Mengen gilt auch für die Fuzzy Inferenzabbildung bei der Komposition von zwei Fuzzy Relationen R∘S das Abbildungsgesetz:

$$a \;_R\!\!\to b \;_S\!\!\to c \;=\; a \;_{R \circ S}\!\!\to c$$

für Fuzzy Mengen a, b , c.

1.6 Fuzzy Relationsmatrizen

In diesem Abschnitt werden wir **nur endliche Grundmengen** betrachten. Eine 2-stellige Fuzzy Relation auf der Kreuzproduktmenge $X \times Y$ der endlichen Grundmengen $X = \{x_1,...,x_n\}$, $Y = \{y_1,...,y_m\}$ ist dann gegeben durch eine $n \times m$-Matrix mit Koeffizienten aus dem Intervall [0,1]:

$$R = (r_{ij}) := (R(x_i,y_j))$$

Die 1. und die 2. **Projektion** einer 2-stelligen Fuzzy Relation R erhalten wir dann durch

$$\Pi^1(R)(x_i) := \max_{y \in Y}\{R(x_i, y)\},\ i = 1,...,n;\ \Pi^2(R)(y_j) := \max_{x \in X}\{R(x, y_j)\},\ j = 1,...,m$$

als Spaltenvektor mit dem Maximalwert der Zeilen bzw. als Zeilenvektor mit dem Maximalwert der Spalten.

1.6.1.1 Beispiel:

Wir betrachten die Fuzzy Matrix

$$(R(x_i, y_j)) = \begin{pmatrix} 1 & 0.7 & 0.1 \\ 0.3 & 0.9 & 0.8 \\ 0.5 & 0.7 & 1 \end{pmatrix} \qquad \text{mit } \Pi^1(R) = \begin{pmatrix} \max\{1,0.7,0.1\} \\ \max\{0.3,0.9,0.8\} \\ \max\{0.5,0.7,1\} \end{pmatrix} = \begin{pmatrix} 1 \\ 0.9 \\ 1 \end{pmatrix}$$

$$\Pi^2(R) = (\max\{1,0.3,0.5\},\ \max\{0.7,0.9,0.7\},\ \max\{0.1,0.8,1\}) = (1, 0.9, 1)$$

Wir geben die endliche Grundmenge $X = \{x_1,...,x_n\}$ vor. Dann kann eine Fuzzy Menge $a : X \to [0,1]$ auch als eine einstellige Fuzzy Relation auf X in der Form eines Vektors beschrieben werden, d.h. in Form einer $1 \times n$-Matrix $a = (a_1,...,a_n)$, wobei die a_i die Zugehörigkeitswerte der Elemente x_i zur Fuzzy Menge a sind.

Eine $n \times m$-Matrix mit Koeffizienten r_{ij} aus dem Intervall [0,1] läßt sich umgekehrt auch als Fuzzy Relationsmatrix einer Fuzzy Relation $R : X \times Y \to [0,1]$ auf den endlichen Grundmengen $X = \{x_1, ..., x_n\}$, $Y = \{y_1, ..., y_m\}$ deuten. Es ist $R(x_i,x_j) := r_{ij}$ zu setzen:

$$R = \left(R(x_i, y_j)\right) = \begin{pmatrix} r_{11} & r_{12} & \cdot & \cdot & r_{1m} \\ r_{21} & r_{22} & \cdot & \cdot & r_{2m} \\ \cdot & & & & \cdot \\ \cdot & & & & \cdot \\ r_{n1} & r_{n2} & \cdot & \cdot & r_{nm} \end{pmatrix}$$

Wie für Fuzzy Mengen können wir auch für Fuzzy Relationsmatrizen die Operatoren der Vereinigung $\cup$ und des Durchschnitts $\cap$ definieren durch:

Sind die $n \times m$-Fuzzy Relationssmatrizen $A = (a_{ij})$ und $B = (b_{ij})$ gegeben, so ist:

$$A \cup B := (\max\{a_{ij}, b_{ij}\}) \qquad \text{und} \qquad A \cap B := (\min\{a_{ij}, b_{ij}\})$$

Beschreiben wir unscharfe Informationen mit Fuzzy Mengen und unscharfe Regeln mit Fuzzy Relationen, so nennen wir den Vereinigungsoperator auch **ODER** und den Durchschnittsoperator **UND**.

Die **Komposition von Fuzzy Relationen** auf endlichen Grundmengen X, Y, Z entspricht einer modifizierten Matrizenmultiplikation. Sind die Fuzzy Relationsmatrizen R auf $X \times Y$ und S auf $Y \times Z$ gegeben, dann ist die **MAX-MIN-Komposition** $\circ$ gegeben durch

1.6.1.2

$$R \circ S(x, z) = \max_{y \in Y} \{\min[R(x, y), S(y, z)]\} \quad x \in X, z \in Z$$

was einer Faltung „Zeile mal Spalte“ entspricht, wenn Minimum als Multiplikation und Maximum als Addition interpretiert werden, und die **MAX-PROD-Komposition** $\Diamond$ durch

1.6.1.3

$$R \Diamond S(x, z) = \max_{y \in Y} \{R(x, y) \cdot S(y, z)\} \quad x \in X, z \in Z$$

was einer Faltung „Zeile mal Spalte“ entspricht, wenn Maximum als Addition interpretiert wird.

Bei der Berechnung der Komposition von Fuzzy Relationsmatrizen schreiben wir daher für „i-te Zeile von (a_{ik}) gefaltet mit der j-ten Spalte von (b_{kj})“ kurz wie gewohnt:

$$\sum_{k=1}^{m} a_{ik} b_{kj}, \qquad i=1,\dots,n;\ k=1,\dots,m;\ j=1,\dots,r$$

Es gelten für beide Kompositionen von Fuzzy Relationsmatrizen die bekannten Eigenschaften der Assoziativität:

$$R \circ (S \circ T) = (R \circ S) \circ T, \qquad R \Diamond (S \Diamond T) = (R \Diamond S) \Diamond T$$

Die Distributivität ist bezüglich ODER als MAX-Operator $\cup$ erfüllt:

$$R \circ (S \cup T) = R \circ S \cup R \circ T, \qquad R \Diamond (S \cup T) = R \Diamond S \cup R \Diamond T$$

Es gilt jedoch nur eine schwache Distributivität bezüglich UND als MIN-Operator $\cap$:

$$R \circ (S \cap T) \subseteq R \circ S \cap R \circ T, \qquad R \Diamond (S \cap T) \subseteq R \Diamond S \cap R \Diamond T$$

Weiterhin bleibt bei beiden Kompositionen die Monotonie erhalten:

1.6.1.4 Aus $S \subseteq T$ folgt: $R \circ S \subseteq R \circ T$ und $R \Diamond S \subseteq R \Diamond T$

Die Fuzzy Relation R, die die Fuzzy Menge a auf $X=\{x_i\}$ in die Fuzzy Menge b auf $Y=\{y_j\}$ abbildet, kann nun in diesem Matrixkalkül geschrieben werden:

$$a \circ R(y_j) = \max_i \{a(x_i) \cdot R(x_i, y_j)\} = b(y_j) = b_j \text{ für } y_j \in Y$$

Ist insbesondere die Voraussetzung des Satzes von Tong 1.5.5 mit $H(a) \geq H(b)$ erfüllt, so kann eine Fuzzy Relation R mit $a \circ R = b$ immer errechnet werden:

$$R = a \times b = a^T \circ b \ ,$$

wobei a^T der zu a transponierte Spaltenvektor ist.

1.6.1.5 Beispiel

Sind $a = (a_1,\ldots,a_n)$, $b = (b_1,\ldots,b_m)$ die Vektoren der 1. und 2. Projektion aus dem voran stehenden Beispiel 1.6.1.1 als Zeilenvektoren, also $a = (1, 0.9, 1)$ und $b = (1, 0.9, 1)$, so berechnen wir

$$S := a \times b = a^T \circ b = \begin{pmatrix} 1 \\ 0.9 \\ 1 \end{pmatrix} \circ \begin{pmatrix} 1 & 0.9 & 1 \end{pmatrix} = \begin{pmatrix} 1 & 0.9 & 1 \\ 0.9 & 0.9 & 0.9 \\ 1 & 0.9 & 1 \end{pmatrix} \geq \begin{pmatrix} 1 & 0.7 & 0.1 \\ 0.3 & 0.9 & 0.8 \\ 0.5 & 0.7 & 1 \end{pmatrix} = R$$

Es ist unmittelbar zu sehen, dass sowohl $a \circ S = b$, also $a \;{}_S\!\!\rightarrow b$, als auch $a \circ R = b$, also $a \;{}_R\!\!\rightarrow b$ gilt. Weiterhin ist $R \leq S$, also $R \cup S = S$ mit dem MAX-Operator $\cup$. Dieser Sachverhalt ist allgemein gültig und wird hier nicht bewiesen:

$$S := \Pi^1(R) \circ \Pi^2(R) \geq R$$

S heißt daher auch die **maximale Fuzzy Relation** zu R.

1.6.2 Definition

Eine zweistellige Fuzzy Relation S auf einer Grundmenge X heißt **Ähnlichkeits Fuzzy Relation**, wenn gilt:

Reflexivität: $S(x,x) = 1$ für alle $x \in X$

Symmetrie: $S(x,y) = S(y,x)$ für alle $x, y \in X$

und eine der fogenden Transitivitäten erfüllt ist :

1.6.2.1 Max-Min-Transitivität:

S heißt **max-min-transitiv**, wenn gilt:

$$S(x,z) \geq \max_y\{\min[S(x,y), S(y,z)]\} \quad \text{für alle } x, y, z \in X$$

und

1.6.2.2 Max-Prod-Transitivität:

S heißt **max-prod-transitiv**, wenn gilt:

$$S(x,z) \geq \max_y\{S(x,y) \cdot S(y,z)\} \quad \text{für alle } x, y, z \in X$$

Durch genügend häufiges Potenzieren einer reflexiven Fuzzy Relationsmatrix kommen wir immer zu einer Fuzzy Relationsmatrix, die die Fuzzy Transitivität bezüglich beider Kompositionen besitzt. Dies soll nun gezeigt werden.

1.6.3 Satz

Ist die zweistellige Fuzzy Relation R auf der Grundmenge X reflexiv, so gilt:

$$S \subseteq S \circ S, \quad S \subseteq S \lozenge S$$

Beweis:

Wegen S(z,z) = 1 gilt:

$$\begin{aligned} S(x,z) &\leq \max_y\{S(x,z), \min[S(x,y), S(y,z)]\} \quad \text{für alle } x, y, z \in X \\ &= \max_y\{\min\,[S(x,y) \cdot S(y,z)]\} \quad \text{für alle } x, y, z \in X \end{aligned}$$

Also $S \subseteq S \circ S$. Und entsprechend folgt wegen S(z,z) = 1

$$\begin{aligned} S(x,z) &\leq \max_y\{S(x,z), [S(x,y) \cdot S(y,z)]\} \quad \text{für alle } x, y, z \in X \\ &= \max_y\{S(x,y) \cdot S(y,z)\} \quad \text{für alle } x, y, z \in X \end{aligned}$$

□

Aus der Fuzzy Transitivität folgt für die zweifachen Kompositionen nach der MAX-MIN- und der MAX-PROD-Komposition einer Ähnlichkeits Fuzzy Relation:

1.6.3.1 $$S \supseteq S \circ S, \quad S \supseteq S \diamond S$$

Es gibt eine n-stufige Komposition von zweistelligen Fuzzy Relationsmatrizen auf einer Grundmenge X, die nun betrachtet werden soll. Hierbei wird ein Weg von einem Anfangselement der Grundmenge X zu einem Endelement gesucht, so dass jeweils benachbarte Elemente auf diesem Weg in Relation sind. Vergleichbar ist ein solcher Weg mit einer Bachüberquerung von Stein zu Stein, so dass hintereinander benutzte Steine einen Abstand haben, der nicht größer ist als die vorgegebene maximale Schrittweite des Überquerenden. Das Ergebnis der nachfolgenden Betrachtungen besteht dann bei diesem Beispiel der Bachüberquerung darin, dass alle Sequenzen von Steinen, die einen Weg ergeben, durch mehrfache Komposition der Abstandsrelation ermittelt werden. Bildlich gesehen, handelt es sich um die Lösung des Problems des Wegzusammenhangs in einer Datenmenge bei vorgegebener maximaler Schrittweite. Das Ergebnis ist dann eine Einteilung einer Datenmenge in Cluster, die wegzusammenhängend sind. Das menschliche Sehvermögen mag entsprechendes leisten beim Erkennen von Figuren und Buchstaben.

Ein Blick zu den Sternen zeigt, dass wir hier die Frage der Clusterung im Sinne von Fuzzy lösen und die „wegzusammenhängenden" Cluster mit Namen benennen.

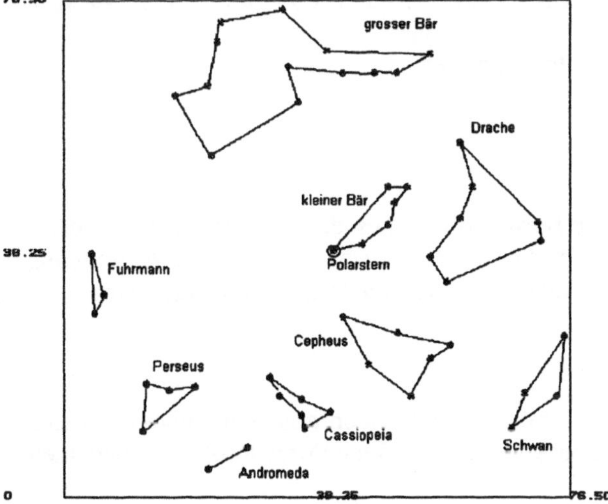

1.6.4 Definition

Ist R eine zweistellige Fuzzy Relation auf der Grundmenge X, dann heißt die Fuzzy Relation $R^{(n)}: X \times X \to [0,1]$ mit

$$R^{(n)}(s,t) := \max_{x_1,\dots,x_{n-1}} \{\min[R(s,x_1), R(x_1,x_2),\dots,R(x_{n-1},t)]\}, s, x_1,\dots,x_{n-1}, t \in X$$

die n-stufige MAX-MIN Fuzzy Relation von R
und $R_\Diamond^{(n)} : X \times X \to [0,1]$ mit

$$R_\Diamond^{(n)}(s,t) := \max_{x_1,\dots,x_{n-1}} \{R(s,x_1) \cdot R(x_1,x_2) \cdot \ldots \cdot R(x_{n-1},t)]\}, \quad s, x_1,\dots,x_{n-1}, t \in X$$

die **n-stufige MAX-PROD Fuzzy Relation** von R.

1.6.5 Satz

Ist R eine zweistellige Fuzzy Relationsmatrix auf der Grundmenge X, so gilt für die n-stufige MAX-MIN Fuzzy Relation von R

$$R^{(n)} = R^n := R \circ R \circ \ldots \circ R : X \times X \to [0,1]$$

und für die n-stufige MAX-PROD Fuzzy Relation von R

$$R_\Diamond^{(n)} = R_\Diamond^n := R \Diamond R \Diamond \ldots \Diamond R : X \times X \to [0,1]$$

mit jeweils n Faktoren.

Beweis:

Für n=2 folgt der Beweis direkt aus der Übereinstimmung der Definitionen für die Komposition und für die 2-stufige Fuzzy Relation. Die Anwendung des Beweisprinzips der Vollständigen Induktion liefert die Behauptung des Satzes. □

Wir können daher für die nachfolgenden Aussagen die n-ten Potenzen der zweistelligen Fuzzy Relationen anstelle der n-stufigen Fuzzy Relationen benutzen.

1.6.6 Satz

Ist R eine reflexive Fuzzy Relation auf der Grundmenge X, so gilt

$$0 \leq R^n \leq R^{n+1} \leq 1 \quad \text{und} \quad 0 \leq R_\Diamond{}^n \leq R_\Diamond{}^{n+1} \leq 1\,,$$

wobei 0 die Null-Relation mit nur Nullen in der Relationsmatrix und 1 die Eins-Relation mit nur Einsen in der Relationsmatrix ist. Es existiert

$$\widetilde{R} = \lim_{n\to\infty} R^n$$

Beweis:

Der Beweis der Ungleichung folgt unmittelbar aus Satz 1.6.3 mit Hilfe der vollständigen Induktion. Nach der Ungleichung ist für jedes Paar $(x,y)\in X\times X$ die Folge $a^{(n)}(x,y)$ mit $(a^{(n)}(x,y)) := R^n(x,y)$ monoton wachsend und beschränkt durch 1. Nach einem Satz der Analysis über Folgen folgt die Konvergenz und damit die Existenz der Grenzwert-Relation. □

1.6.7 Definition

Ist R eine reflexive Fuzzy Relation R auf einer endlichen Grundmenge $X\times X$, so nennen wir

$$S(R) := \lim_{n\to\infty} R^n$$

die zu R gehörende Verwandtschaftsrelation S(R).

1.6.8 Satz

Ist R eine max-min-transitive bzw. eine max-prod-transitive Fuzzy Relation, so gilt

$$R \geq R \circ R\,, \quad R \geq R \Diamond R$$

Beweis nach 1.6.3.1. □

Wir folgern nun unmittelbar: Ist eine Fuzzy Relation R auf einer endlichen Grundmenge $X\times X$ reflexiv und max-min- bzw. max-prod-transitiv, so gilt nach den obigen Ungleichungen und nach Satz 1.6.3:

$$R = R \circ R\,, \quad R = R \Diamond R$$

Insbesondere gilt:

1.6.8.1 $S(R) = \lim R^n = R$ für R reflexiv und fuzzy-transitiv

1.6.8.2 Beispiel

$$R = \begin{pmatrix} 1 & 1 & 0 & 1 & 0 \\ 1 & 1 & 0 & 1 & 0 \\ 0 & 0 & 1 & 0 & 1 \\ 1 & 1 & 0 & 1 & 0 \\ 0 & 0 & 1 & 0 & 1 \end{pmatrix}$$

R ist eine Ähnlichkeits Fuzzzy Relation. Denn für die i-te Zeile (R_{ik}) und die j-te Spalte (R_{kj}) gilt bei der MAX-MIN- und der MAX-PROD-Komposition

$$(R_{ik}) \circ (R_{kj}) \leq (R_{ij}) \quad \text{und} \quad (R_{ik}) \diamond (R_{kj}) \leq (R_{ij}) .$$

Ist p die Anzahl der Zeilen bzw. Spalten der Matrix R, so finden wir durch Rechnung:

$$R^2 = R \quad \text{mit } 2 < p = 5.$$

Für die reflexive und symmetrische Matrix R ist die Fuzzy Transitivität erfüllt. R ist also eine Verwandtschaftsrelation und es gilt S(R) = R.

1.6.8.3 Beispiel

$$R = \begin{pmatrix} 1 & 0.67 & 0.22 \\ 0.67 & 1 & 0.55 \\ 0.22 & 0.55 & 1 \end{pmatrix}$$

Diese Matrix R ist zwar reflexiv und symmetrisch, jedoch keine Ähnlichkeits Fuzzy Relation, da die Fuzzy Transitivität nicht gilt. Wir finden durch Rechnung mit der MAX-MIN-Komposition:

$$(R_{1k}) \circ (R_{k3}) = \max\{\min(1, 0.22), \min(0.67, 0.55), \min(0.22, 1)\} = 0.55 > 0.22$$

Hieraus sehen wir, dass die zu R gehörende Verwandtschaftsrelation $S(R) = R^2$ ist. R^2

$$R^2 = \begin{pmatrix} 1 & 0.67 & 0.22 \\ 0.67 & 1 & 0.55 \\ 0.22 & 0.55 & 1 \end{pmatrix} \circ \begin{pmatrix} 1 & 0.67 & 0.22 \\ 0.67 & 1 & 0.55 \\ 0.22 & 0.55 & 1 \end{pmatrix} = \begin{pmatrix} 1 & 0.67 & 0.55 \\ 0.67 & 1 & 0.55 \\ 0.55 & 0.55 & 1 \end{pmatrix}$$

$$R^3 = R \circ R^2 = \begin{pmatrix} 1 & 0.67 & 0.22 \\ 0.67 & 1 & 0.55 \\ 0.22 & 0.55 & 1 \end{pmatrix} \circ \begin{pmatrix} 1 & 0.67 & 0.55 \\ 0.67 & 1 & 0.55 \\ 0.55 & 0.55 & 1 \end{pmatrix} = \begin{pmatrix} 1 & 0.67 & 0.55 \\ 0.67 & 1 & 0.55 \\ 0.55 & 0.55 & 1 \end{pmatrix} = R^2$$

ist max-min-transitiv im Unterschied zu R.

Entsprechend berechnen wir nach der MAX-PROD-Komposition

$$R^2 = \begin{pmatrix} 1 & 0.67 & 0.22 \\ 0.67 & 1 & 0.55 \\ 0.22 & 0.55 & 1 \end{pmatrix} \Diamond \begin{pmatrix} 1 & 0.67 & 0.22 \\ 0.67 & 1 & 0.55 \\ 0.22 & 0.55 & 1 \end{pmatrix} = \begin{pmatrix} 1 & 0.67 & 0.3685 \\ 0.67 & 1 & 0.55 \\ 0.3685 & 0.55 & 1 \end{pmatrix} = R^3$$

Ist p die Anzahl der Zeilen der Matrix R, so finden wir für beide Kompositionen die Beziehungen:

$$R^2 = R^{p-1} = \lim_{n \to \infty} R^n = S(R)$$

Es ist R^{p-1} eine Ähnlichkeits Fuzzy Matrix. Nach endlichen vielen Schritten des Potenzierens wird also die Grenzwert-Relation erreicht. Wir werden nun zeigen, dass dieses Ergebnis unabhängig von der Symmetrie für jede reflexive Fuzzy Matrix gilt.

1.6.9 Satz

Ist A eine p-reihige quadratische Fuzzy Matrix, und ist B=A+E die dazugehörende reflexive Fuzzy Matrix, wobei + mit dem MAX-Operator und E mit der Einheitsmatrix gleich zu setzen sind, dann gibt es ein $q \le p$, so dass

$$B \le B^2 \le B^{q-1} = B^q = \lim_{n \to \infty} B^n = S(B)$$

B^q ist eine max-min-transitive (bzw. max-prod-transitive) Fuzzy Matrix und für eine symmetrische Matrix A eine Ähnlichkeits Fuzzy Matrix.

Beweis:

Wir bezeichnen im folgenden den MAX-Operator mit + und den MIN-Operator mit der Multiplikation. Es sei $B = (b_{ij}^1)$, $i,j=1,\ldots,p$ mit $b_{ii}^1=1$, $i=1,\ldots,p$. Da B eine reflexive Fuzzy Matrix ist, gilt $B \le B^2$ nach Satz 1.6.3. Durch Vollständige Induktion erhalten wir

$$B \le B^2 \le \ldots \le B^{p-1} \le B^p \le \ldots$$

Es sei nun $B^h = (b_{ij}^h)$ $(i,j=1,\ldots,p)$. Dann gilt für alle h

$$(*) \quad B^{h+1} = B^h \circ B = \left(\sum_{k=1}^{p} b_{ik}^h b_{kj}^1\right) = \left(b_{ij}^h + \sum_{k=1}^{p} b_{ik}^h b_{kj}^1\right) \ge \left(b_{ij}^h\right) = B^h$$

Denn da $b_{ii}^1=1$ ist, ist für h=1auch $b_{ii}^2=1$ $(i=1,\ldots,p)$ und nach Vollständiger Induktion $b_{ii}^h=1$ $(i=1,\ldots,p)$ für jedes h. Die Komposition von reflexiven Matrizen ergibt also wieder eine reflexive Matrix.

Wir müssen nun zeigen, dass diese Matrizenfolge nach endlich vielen Schritten bereits den Grenzwert erreicht hat. Es genügt also, zu zeigen:

$$B^{p-1} = B^p$$

Also ist noch zu zeigen $B^p \leq B^{p-1}$, da wir $B^p \geq B^{p-1}$ schon gezeigt haben. In der Diagonale von B^p stehen nur die Werte 1, da B reflexiv ist. Daher ist B^p reflexiv. Jedes Nichtdiagonal-Element von B^p ist also für alle ij von der Form

$$b_{ij}^p = \sum_{k_{p-1}=1}^{p} \sum_{k_{p-2}=1}^{p} \ldots \sum_{k_1=1}^{p} b_{ik_1}^1 b_{k_1k_2}^1 \ldots b_{k_{p-2}k_{p-1}}^1 b_{k_{p-1}j}^1$$

$(i,k_1,\ldots,k_{p-1},j)$ sind p+1 Indizes aus der Menge $\{1,2,\ldots,p\}$. Sie sind nach dem Dirichletschen Prinzip nicht alle verschieden. Wir betrachten nun einen Term der obigen Form. Es sind die Fälle zu unterscheiden:

1. Es existiert eine natürliche Zahl s, so dass $j=k_s$ ist.
Der gewählte Term ist dann von der Form

$$b_{ik_1}^1 b_{k_1k_2}^1 \ldots b_{k_{s-1}j}^1 b_{jk_{s+1}}^1 \ldots b_{k_{p-2}k_{p-1}}^1 b_{k_{p-1}j}^1$$

und wegen

$$b_{jk_{s+1}}^1 \ldots b_{k_{p-2}k_{p-1}}^1 b_{k_{p-1}j}^1 = 1$$

(jede Komposition von reflexiven Matrizen ist wieder reflexiv) gilt

$$b_{ik_1}^1 b_{k_1k_2}^1 \ldots b_{k_{s-1}j}^1 b_{jk_{s+1}}^1 \ldots b_{k_{p-2}k_{p-1}}^1 b_{k_{p-1}j}^1 = b_{ik_1}^1 b_{k_1k_2}^1 \ldots b_{k_{s-1}j}^1$$

Daher ist dieses Element ein Koeffizient aus einer Potenz von B, die mindestens um 1 kleiner ist als p. Also

$$(B^p)_{ij} \leq (B^{p-1})_{ij}$$

2. Es existieren $r,s \in \mathbb{N}$ mit $k_s = k_r$ und $s < r < p$. Dann haben die Elemente von B^p die Form

$$b_{ik_1}^1 b_{k_1k_2}^1 \ldots b_{k_{s-1}k_r}^1 b_{k_rk_{s+1}}^1 \ldots b_{k_{r-1}k_r}^1 b_{k_rk_{r+1}}^1 \ldots b_{k_{p-2}k_{p-1}}^1 b_{k_{p-1}j}^1$$

und wegen

$$b_{k_rk_{s+1}}^1 \ldots b_{k_{r-1}k_r}^1 = 1$$

gilt:

$$b^1_{ik_1} b^1_{k_1k_2} \ldots b^1_{k_{s-1}k_r} b^1_{k_rk_{s+1}} \ldots b^1_{k_{r-1}k_r} b^1_{k_rk_{r+1}} \ldots b^1_{k_{p-2}k_{p-1}} b^1_{k_{p-1}j}$$
$$= b^1_{ik_1} b^1_{k_1k_2} \ldots b^1_{k_{s-1}k_r} b^1_{k_rk_{r+1}} \ldots b^1_{k_{p-2}k_{p-1}} b^1_{k_{p-1}j}$$

Es gilt daher wie im vorhergehenden Fall 1 auch im Fall 2:

$$(B^p)_{ij} \le (B^{p-1})_{ij}$$

3. Es existiert eine natürliche Zahl s, so daß $k_s = i$ ist. Dieser Fall wird wie in 1. erledigt.

Daher erhalten wir unter Berücksichtigung der drei behandelten Fälle

$$b^p_{ij} = \sum_{k_{p-1}=1}^{p} \sum_{k_{p-2}=1}^{p} \ldots \sum_{k_1=1}^{p} b^1_{ik_1} b^1_{k_1k_2} \ldots b^1_{k_{s-1}j} b^1_{jk_{s+1}} \ldots b^1_{k_{p-2}k_{p-1}} b^1_{k_{p-1}j} \le b^{p-1}_{ij}$$

Insgesamt erhalten wir in allen drei Fällen $B^{p-1} \le B^p$ und somit das Endergebnis $B^{p-1} = B^p$, das auch für $q < p$ bereits eintreten kann:

$$B^{q-1} = B^q = \lim_{n\to\infty} B^n = S(B)$$

Hieraus folgt nun unmittelbar, dass $B^q = S(B)$ wegen $(B^q)^2 = B^q$ max-min-transitiv und damit eine Verwandtschaftsrelation ist.

Ist die Matrix A zusätzlich symmetrisch, so ist nach (*) auch B und $B^q = B^p$ symmetrisch. Dann ist S(B) eine Ähnlichkeits Fuzzy Relation.

Für die MAX-PROD-Komposition verläuft der Beweis entsprechend. Die Multiplikation in den obigen Formeln ist dann die Multiplikation der reellen Zahlen und die Addition ist als MAX-Operator zu interpretieren. □

Bemerkung:

Da die n-te Potenz der Fuzzy Relation B nach Satz 1.6.5 gleich ihrer n-Stufigkeit ist, erreichen wir das Endelement t zum Anfangselement s über q-2 Elemente. Die Clusterbildung im Sinne dieses Wegzusammenhangs sehen wir aus der Verwandschaftsmatrix S(B), indem wir durch einen α-Schnitt aus ihr eine Matrix mit Koeffizienten 0 und 1 erzeugen. Die Zeilen in der modifizierten Matrix, die zu den Elementen eines Clusters gehören, sind dann gleich. Diesen Sachverhalt untersuchen wir in den nachfolgenden Beispielen.

1.6.9.1 Beispiel

$$B = \begin{pmatrix} 1 & 0 & 0.2 \\ 0.3 & 1 & 0.1 \\ 0.7 & 0.1 & 1 \end{pmatrix}$$

Die Fuzzy Matrix B ist reflexiv und nicht symmetrisch. Dies gilt auch für die Potenzen:

$$B^2 = \begin{pmatrix} 1 & 0 & 0.2 \\ 0.3 & 1 & 0.1 \\ 0.7 & 0.1 & 1 \end{pmatrix} \circ \begin{pmatrix} 1 & 0 & 0.2 \\ 0.3 & 1 & 0.1 \\ 0.7 & 0.1 & 1 \end{pmatrix} = \begin{pmatrix} 1 & 0.1 & 0.2 \\ 0.3 & 1 & 0.2 \\ 0.7 & 0.1 & 1 \end{pmatrix} = B^3$$

Es existiert die Verwandtschaftsmatrix $S(B) = B^2$ für q=p=3, die fuzzy-transitiv ist.

1.6.9.2 Beispiel

Wir setzen das Beispiel 1.6.8.3 fort. $R^2 = S(R)$ ist die zu R gehörende Verwandtschaftsrelation, die wegen der Symmetrie auch Ähnlichkeits Fuzzy Relation ist.

$$R = \begin{pmatrix} 1 & 0.67 & 0.22 \\ 0.67 & 1 & 0.55 \\ 0.22 & 0.55 & 1 \end{pmatrix}, \quad R^2 = \begin{pmatrix} 1 & 0.67 & 0.55 \\ 0.67 & 1 & 0.55 \\ 0.55 & 0.55 & 1 \end{pmatrix} = R^3 = S(R), \; q = p = 3$$

Wir können nun alle Paare (x_i,x_j) betrachten mit $R^2(x_i,x_j) \geq T$ für einen Wert $T \in [0,1]$. Für T=0.6 erhalten wir:

$$R^2(x_1,x_2) > 0.6, \; R^2(x_1,x_3) = R^2(x_2,x_3) < 0.6$$

Der hierzu gehörende α-Schnitt für α=0.6 ist die harte Matrix S_T :

$$S_T = \begin{pmatrix} 1 & 1 & 0 \\ 1 & 1 & 0 \\ 0 & 0 & 1 \end{pmatrix} \text{ für } T = 0.6$$

Die Matrix S_T werden wir auch als **Schwellenwertmatrix** zur Matrix S(R) mit dem Schwellenwert T bezeichnen. Die ersten beiden Zeilen sind gleich. Das bedeutet, dass bezüglich des Schwellenwerts T=0.6 die Elemente $x_1,x_2 \in X$ in Relation sind und das Element x_3 zu den Elementen x_1, x_2 nicht in Relation ist. Das Element x_3 bildet daher ein eigenes Cluster. Die beiden Cluster bezüglich der Verwandtschaftsrelation S(R) bilden eine Unterteilung von $X = \{x_1,x_2,x_3\}$ in zwei disjunkte Mengen. Eine solche Unterteilung werden wir eine Partition von X mit zwei Clustern nennen. Diese Partition ist unter der Bedingung der n-Stufigkeit von R mit der Stufe n=2 gebildet und kann auch als eine Partition des Wegzusammenhangs mit einem Schwellenwert T als Schrittweite betrachtet werden.

Mit dieser Art der Clusterbildung befassen wir uns nun zum Abschluß dieses Abschnitts.

1.6.10 Definition

Es sei R eine Fuzzy Relation auf der Grundmenge X und $T \in [0,1]$ ein gegebener Schwellenwert. Dann heißt die Matrix $R_T : X \times X \to [0,1]$ die **Schwellenwertmatrix** oder die **Schwellenwert Relation** zur Fuzzy Relation R mit dem Schwellenwert T, wenn gilt:

$$R_T(x,y) = \begin{cases} 1 & \text{für} \quad R(x,y) \geq T \\ 0 & \text{sonst} \end{cases}$$

d.h. R_T ist der α-Schnitt von R für α=T.

1.6.11 Satz

Die Schwellenwert-Relation $S(R)_T$ zu einer Ähnlichkeits Fuzzy Relation S(R) einer reflexiven und symmetrischen Fuzzy Relation R auf X mit dem Schwellenwert $T \in [0,1]$ ist eine Ähnlichkeits Fuzzy Relation. Es gilt insbesondere die harte Transitivität

$$R_T(x,y) = R_T(y,z) = 1 \quad \Rightarrow \quad R_T(x,z) = 1 \quad \text{für } x,y,z \in X$$

Beweis:

Die Reflexivität und die Symmetrie der Schwellenwert Relation $S(R)_T$ zum Schwellenwert $T \in [0,1]$ folgen aus den entsprechenden Eigenschaften der Ähnlichkeits Fuzzy Relation S(R). Die (harte) Transitivität von $S(R)_T$ folgt aus der Fuzzy Transitivität von S(R). Es gilt:

$$S(R)_T(x,y) = S(R)_T(y,z) = 1 \quad \Leftrightarrow \quad S(R)(x,y) \geq T,\ S(R)(y,z) \geq T$$

und

$$S(R)(x,z) \;\geq\; \max_y \{\min[S(R)(x,y)\,,S(R)(y,z)]\} \geq T$$

Daher gilt:

$$S(R)_T(x,z) = 1$$

□

Bemerkung:

Die Matrix $S(R)_T$ besteht nur aus Nullen und Einsen. Die Anzahl der linear unabhängigen Zeilen (bzw. Spalten) von $S(R)_T$ zum Schwellenwert T ist die Anzahl c der Cluster, die durch höchstens p-fache Anwendung von R entstehen (p ist die Anzahl der Zeilen bzw. Spalten), so dass entsprechend der Aussage des Satzes 1.6.9 die Elemente eines Clusters durch höchstens q Verbindungen über q-1 Elemente des Clusters mit einer optimalen Bewertung, die größer oder gleich T ist, verbunden werden können.

1.6.11.1 Beispiel

$$R = \begin{pmatrix} 1 & 0 & 1 & 0 & 0 \\ 0 & 1 & 0 & 1 & 0 \\ 1 & 0 & 1 & 0 & 0 \\ 0 & 1 & 0 & 1 & 1 \\ 0 & 0 & 0 & 1 & 1 \end{pmatrix}, \quad R^2 = \begin{pmatrix} 1 & 0 & 1 & 0 & 0 \\ 0 & 1 & 0 & 1 & 1 \\ 1 & 0 & 1 & 0 & 0 \\ 0 & 1 & 0 & 1 & 1 \\ 0 & 1 & 0 & 1 & 1 \end{pmatrix} = R^n = S(R) \quad \text{für } n \geq 2$$

Die $S(R)_T$ mit T=1 ghörenden Cluster sind $\{x_1,x_3\}$ und $\{x_2,x_4,x_5\}$.

Der voran stehende Satz zeigt, dass wir entweder zu einer reflexiven und symmetrischen Fuzzy Matrix R die Ähnlichkeits Fuzzy Matrix S(R) und die dazu gehörende Schwellenwertmatrix $S(R)_T$ bilden können, oder zu R die Schwellenwertmatrix R_T und dann die Matrix $S(R_T)$. Der Rechenaufwand ist im zweiten Fall sehr viel geringer. Die erste Rechnung hat den Vorteil, dass wir zu zwei verschiedenen Schwellenwerten $T_1 > T_2$ die harten Schwellenwert Verwandtschaftsrelationen $S(R)_{T1}$ und $S(R)_{T2}$ alternativ ohne erneute Rechnung bilden können. Man kann zeigen, dass $S(R)_{T1}$ eine Verfeinerung von $S(R)_{T2}$ ist.

1.6.12 Definition

Es sei R eine zweistellige harte Relation auf der Grundmenge X. R heißt eine **Verfeinerung einer (klassischen) Menge** $C \subseteq X$, wenn gilt:

$$R(x,y) = 1 \quad \Rightarrow \quad (x \in C \Leftrightarrow y \in C)$$

1.6.13 Satz

Ist $T_1 \geq T_2$, dann ist S_{T1} eine Verfeinerung von S_{T2} zur gemeinsamen Verwandtschaftsrelation S auf der Grundmenge X.

Beweis:

Es ist

$$S_{T_1}(x,y)=1,\quad \text{also } S(x,y)\geq T_1 \geq T_2$$

Daraus folgt auch $S_{T2}(x,y) = 1$. □

1.6.13.1 Beispiel „Pixelbild"

Wir betrachten das nebenstehende Pixelbild. Die schwarzen Pixel sind numeriert mit $\{x_1,x_2,x_3,x_4,x_5\}=X$. Wir definieren für diese Menge X der Pixel eine Nachbarschaftsrelation D mit Hilfe der Maximumnorm auf dem ganzzahligen Gitter, d.h. der Abstand D zweier Pixel ist das Maximum der Differenzen ihrer Zeilen- und Spaltennummern.

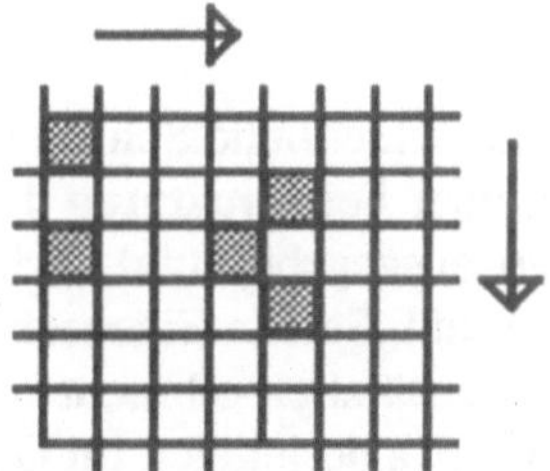

Es wird zeilenweise von links nach rechts und von oben nach unten gescanned. Dann erhalten wir für die Punkte $\{x_1,...,x_5\}$ die Matrix D und eine Fuzzy Matrix R:

$$D=(D(x_i,x_j))=\begin{pmatrix}0&4&2&3&4\\4&0&4&1&2\\2&4&0&3&4\\3&1&3&0&1\\4&2&4&1&0\end{pmatrix},\quad R=(1-\frac{D(x_i,x_j)}{4})=\begin{pmatrix}1&0&0.5&0.25&0\\0&1&0&0.75&0.5\\0.5&0&1&0.25&0\\0.25&0.75&0.25&1&0.75\\0&0.5&0&0.75&1\end{pmatrix}$$

Für den Schwellenwert $T_2 = 0.5$ erhalten wir:

$$R_{0.5}=\begin{pmatrix}1&0&1&0&0\\0&1&0&1&1\\1&0&1&0&0\\0&1&0&1&1\\0&0&1&1&1\end{pmatrix}=R_{0.5}^{\,2}=\begin{pmatrix}1&0&1&0&0\\0&1&0&1&1\\1&0&1&0&0\\0&1&0&1&1\\0&1&0&1&1\end{pmatrix}=\lim_{n\to\infty}R_{0.5}^{\,n}$$

Wir erhalten wie im obigen Beispiel 1.6.11.1 die Clusterbildung $\{x_1,x_3\}$und $\{x_2,x_4,x_5\}$.

Für den Schwellenwert $T_1= 0.6$ erhalten wir die Matrix:

$$R_{0.6} = \begin{pmatrix} 1 & 0 & 0 & 0 & 0 \\ 0 & 1 & 0 & 1 & 0 \\ 0 & 0 & 1 & 0 & 0 \\ 0 & 1 & 0 & 1 & 1 \\ 0 & 0 & 0 & 1 & 1 \end{pmatrix}, \quad R_{0.6}^{\,2} = \begin{pmatrix} 1 & 0 & 0 & 0 & 0 \\ 0 & 1 & 0 & 1 & 1 \\ 0 & 0 & 1 & 0 & 0 \\ 0 & 1 & 0 & 1 & 1 \\ 0 & 1 & 0 & 1 & 1 \end{pmatrix} = \lim_{n\to\infty} R_{0.6}^{\,n}$$

Das Pixelbild zerfällt in die Verfeinerung mit den drei Clustern $\{x_1\}$, $\{x_3\}$ und $\{x_2,x_4,x_5\}$.

Bemerkung:

Unterschiedliche Schwellenwerte ergeben nach dem voran stehenden Satz Informationen über Feinstrukturen der Cluster. Es werden allerdings nur Feinstrukturen der Mengen ausgegeben und nicht Eigenschaften ihrer Gestalt, wie etwa geradlinig oder gekrümmt. Solche Eigenschaften der Gestalt müssen durch Beschreibung der Fuzzy Mengen zusätzlich erbracht werden. Erst dann ist die Clusterbildung von speziellen Lagen wie etwa derjenigen im Gitter des obigen Beispiels unabhängig.

Zum Abschluß geben wir noch den allgemeinsten Satz über die Potenzen einer Fuzzy Matrix an.

1.6.14 Satz

Ist A eine Fuzzy Relationsmatrix auf einer endlichen Grundmenge X, so existiert unter der Max-Min-Komposition entweder

$$\lim_{n\to\infty} A^n$$

oder es existieren p, q $\in \mathbb{N}$ mit

$$A^{z+p} = A^z \text{ mit } z \geq q$$

Beweis:

Ist r die Anzahl der Zeilen (bzw. Spalten) von A, so gibt es höchstens r^2 verschiedene Koeffizienten in A, die nach der Definition der MAX-MIN-Komposition von Relationen als Koeffzienten in A^n , $n\in\mathbb{N}$, auftreten können. Es gibt daher nur $r^2!$ Matrizen, die als Produkte A^n, $n\in\mathbb{N}$, auftreten können, also nur endlich viele Matrizen. Daraus folgt die Behauptung. □

1.6.15 Definition

Existieren für eine Fuzzy Matrix A natürliche Zahlen p, q mit $A^{z+p} = A^z$ für $z \geq q$, $z \in \mathbb{N}$, so heißt A **oszillierend mit der Periode p**.

1.6.15.1 Beispiel

Wir betrachten drei unterschiedliche Beispiele.

1. stationär

$$A = \begin{pmatrix} 0.9 & 0.5 & 0.3 \\ 0.2 & 0.7 & 0.95 \\ 0.8 & 0.1 & 0.25 \end{pmatrix},\quad A^n = \begin{pmatrix} 0.9 & 0.5 & 0.5 \\ 0.8 & 0.7 & 0.7 \\ 0.8 & 0.5 & 0.5 \end{pmatrix} \text{ für } n \geq 3,\quad q = p = 3$$

2. oszillierend

a) mit p = 2, q = 2.

$$A = \begin{pmatrix} 0.3 & 1 \\ 0.8 & 0.1 \end{pmatrix}, A^2 = \begin{pmatrix} 0.8 & 0.3 \\ 0.3 & 0.8 \end{pmatrix}, A^3 = \begin{pmatrix} 0.3 & 0.8 \\ 0.8 & 0.3 \end{pmatrix}, A^4 = \begin{pmatrix} 0.8 & 0.3 \\ 0.3 & 0.8 \end{pmatrix}$$

b) mit p = 3, q = 5

$$A = \begin{pmatrix} 0.3 & 0.4 & 0.7 \\ 0.9 & 0.1 & 0.6 \\ 0.5 & 0.8 & 0.2 \end{pmatrix}, A^2 = \begin{pmatrix} 0.5 & 0.7 & 0.4 \\ 0.5 & 0.6 & 0.7 \\ 0.8 & 0.4 & 0.6 \end{pmatrix}, A^3 = \begin{pmatrix} 0.7 & 0.4 & 0.6 \\ 0.5 & 0.7 & 0.6 \\ 0.5 & 0.6 & 0.7 \end{pmatrix},$$

$$A^4 = \begin{pmatrix} 0.5 & 0.6 & 0.7 \\ 0.7 & 0.6 & 0.6 \\ 0.6 & 0.7 & 0.6 \end{pmatrix}, A^5 = \begin{pmatrix} 0.6 & 0.7 & 0.6 \\ 0.6 & 0.6 & 0.7 \\ 0.7 & 0.6 & 0.6 \end{pmatrix}, A^6 = \begin{pmatrix} 0.6 & 0.6 & 0.6 \\ 0.6 & 0.7 & 0.6 \\ 0.6 & 0.6 & 0.7 \end{pmatrix},$$

$$A^7 = \begin{pmatrix} 0.6 & 0.6 & 0.7 \\ 0.7 & 0.6 & 0.6 \\ 0.6 & 0.7 & 0.6 \end{pmatrix},\quad A^8 = \begin{pmatrix} 0.6 & 0.7 & 0.6 \\ 0.6 & 0.6 & 0.7 \\ 0.7 & 0.6 & 0.6 \end{pmatrix} = A^5$$

1.7 Fuzzy Partitionen

Die Methode der Fuzzy Cluster befaßt sich mit der Erzeugung und den Eigenschaften von Haufenbildungen, besser **Cluster** genannt, die aufgrund von Merkmalen in Mengen von Objekten entstehen. Bei der klassischen Theorie, die auf der zweiwertigen Logik der Mengentheorie beruht, gehört ein Objekt immer genau zu einem Cluster. In der Fuzzy Clustertheorie werden die Zugehörigkeitsgrade zu einem Cluster mit Werten aus dem Intervall [0, 1] belegt.
Eine Einteilung einer Menge in c verschiedene Cluster wird eine **c-Partition** genannt. Wir werden zunächst die Menge aller Partitionen mit c Fuzzy Clustern betrachten. Unter gewissen Einschränkungen handelt es sich bei der Menge aller c-Partitionen um einen vollständigen Raum, der die Grenzwerte von konstruierten Folgen von Fuzzy c-Partitionen enthält und auf dem die Verfahren der mathematischen Analysis greifen. In der klassischen Mengenlehre sind **Partitionen** harte Einteilungen in c disjunkte Teilmengen einer gegebenen Menge. Mit P(G) bezeichnen wir die Potenzmenge von G.

1.7.1 Definition

Eine Familie $\{A_i | A_i \subset G, 1 \leq i \leq c\}$ heißt **harte c-Partition**, wenn gilt:

$$\bigcup_{i=1}^{c} A_i = G$$

$$A_i \cap A_j = \emptyset \quad \text{für } i \neq j \text{ und } i, j \in \{1, ..., c\}$$

$$\emptyset \subset A_i \subset G \quad \text{für } i, j \in \{1, ..., c\}$$

Die Mengen A_i heißen **Cluster der c-Partition**.

Wir sprechen von einer **entarteten Partition** $\{A_i | A_i \subset G, 1 \leq i \leq c\}$, wenn es ein i gibt, so dass $A_i = \emptyset$ oder $A_i = G$ gilt.

1.7.1.1 Beispiel

Es sei $A \subset G$ mit $A \neq \emptyset$ und $A \neq G$. Ist A^c das Komplement von A bezüglich G, dann ist $\{A, A^c\}$ eine harte 2-Partition von G.
Ist G eine endliche Menge mit $\{x_1, ..., x_n\}$ und sind $u_1, ..., u_n$ die charakteristischen Funktionen der Mengen $A_1, ..., A_n$, so können wir die Zugehörigkeitsgrade zur i-ten Teil-

menge in eine Zeile als Vektor schreiben. Schreiben wir die Zeilen der Zugehörigkeitsgrade zu den Mengen $A_1,\ldots,A_n$ untereinander, so entsteht eine c×n-Matrix $(u_i(x_k))$. Für die Elemente dieser Matrix benutzen wir das Kürzel $u_{ik} := u_i(x_k)$.

1.7.1.2 Beispiel

Wir betrachten die Menge $G = \{x_1,x_2,x_3\}$ aus drei Elementen. Dann sind die harten 2-Partitionen gegeben durch die Matrizen der Zugehörigkeitswerte, wobei die Eins die Zugehörigkeit und die Null die Nichtzugehörigkeit bezeichnen:

$$U_1 = \begin{pmatrix} 1 & 1 & 0 \\ 0 & 0 & 1 \end{pmatrix},\ U_2 = \begin{pmatrix} 1 & 0 & 0 \\ 0 & 1 & 1 \end{pmatrix},\ U_3 = \begin{pmatrix} 1 & 0 & 1 \\ 0 & 1 & 0 \end{pmatrix}$$

In U_1 z.B. sind $\{x_1,x_2\}$ und $\{x_3\}$sind die beiden Cluster einer 2-Partition in G. Es ist zweckmäßig, auch die entartete 2-Partition zu berücksichtigen:

$$U_0 = \begin{pmatrix} 1 & 1 & 1 \\ 0 & 0 & 0 \end{pmatrix}$$

Alle Elemente liegen bei U_0 in einem Cluster und das zweite Cluster dieser 2-Partition ist die leere Menge, wir sagen das **leere Cluster**. Die Reihenfolge, in der die Cluster numeriert sind, ist beliebig.

1.7.2 Satz

Eine cxn-Matrix U stellt genau dann eine harte c-Partition einer Menge mit n Elementen dar, wenn gilt:

$$u_{ik} \in \{0,1\}$$

(a) $$\sum_{i=1}^{c} u_{ik} = 1 \quad \text{für } 1 \le k \le n$$

(b) $$0 < \sum_{k=1}^{n} u_{ik} < n \quad \text{für } 1 \le i \le c$$

Gilt an Stelle von (b)

(c) $$0 \le \sum_{k=1}^{n} u_{ik} \le n \quad \text{für } 1 \le i \le c$$

so ist der Fall einer entarteten Partition enthalten.

Beweis:

Es sei wieder $\{x_1,..,x_n\}$=G. Es muß $u_{ik}\in\{0,1\}$gelten, da $u_{ik} = u_i(x_k)$ die Mengenzugehörigkeit für eine harte Partition beschreibt. Aus (a) folgt dann unmittelbar, dass jedes Element x_k genau zu einer Teilmenge A_i gehört, also gilt:

$$\bigcup_{i=1}^{c} A_i = G \quad \text{und } A_i \cap A_j = \emptyset \text{ für } i \neq j \text{ und } i,j \in \{1,...,c\}$$

(b) steht dafür, dass nicht alle Elemente von G zu einer Teilmenge A_i gehören. Während genau im Fall (c) die Entartung der c-Partition zugelassen ist.

Damit ist die umkehrbare Zuordnung einer cxn-Matrix U zu einer c-Partition auf einer Menge mit n Elementen nachgewiesen. □

1.7.3 Definition

Eine **Fuzzy c-Partition** einer Grundmenge G ist gegeben durch eine Menge von c Fuzzy Mengen $u_i : G \to [0, 1]$, $i = 1,...,c$, mit den Eigenschaften

$$\text{(d)} \quad \sum_{i=1}^{c} u_i(x) = 1 \quad \text{für alle } x \in G$$

$$\text{(e')} \quad \int_G u_i(x) \leq \int_G dx \quad \text{für alle } i = 1,...,c$$

wobei für nichtparametrisierte Grundmengen G, insbesondere für endliche Mengen G, das Integral durch die Summe zu ersetzen ist:

$$\text{(e)} \quad \sum_{k=1}^{n} u_i(x_k) \leq |G| \quad \text{für endliches G mit } |G| = n \text{ und für alle } i = 1,...,c$$

1.7.3.1 Beispiel

Wir definieren eine Fuzzy 2-Partition auf der dreielementigen Menge $G = \{x_1, x_2, x_3\}$.

$$U = \begin{pmatrix} 0.91 & 0.58 & 0.13 \\ 0.09 & 0.42 & 0.87 \end{pmatrix} \quad (\text{Spalten } x_1, x_2, x_3)$$

Diese Fuzzy 2-Partition ist nicht entartet und nicht echt (siehe nachfolgende Definition). U' ist eine echte Fuzzy 2-Partition:

$$U' = \begin{array}{c} \begin{matrix} x_1 & x_2 & x_3 \end{matrix} \\ \begin{pmatrix} 1 & 0.58 & 0 \\ 0 & 0.42 & 1 \end{pmatrix} \end{array}$$

1.7.4 Definition

Eine Fuzzy c-Partition heißt **echt**, wenn es zu jedem $i \in \{1,...,c\}$ ein $x \in G$ gibt mit

$$u_i(x) = 0.$$

Wegen der ersten Bedingung in der Definition 1.7.3 kann $u_i(x) = 0$ für ein und dasselbe $x \in G$ nicht für alle i gelten. Bei einer echten Fuzzy c-Partition gibt es also zu jeder i-ten Fuzzy Menge ein Element x, das ihr nicht angehört (im klassischen Sinne).
Eine Fuzzy c-Partition U entspricht offenbar einer c-wertige Abbildung, wenn die c Fuzzy Mengen zu einer Abbildung zusammengefaßt werden:

$U: G \rightarrow [0, 1]^c$ mit der i-ten Projektion $u_i: G \rightarrow [0, 1], \quad i \in \{1,...,c\}$,

die das i-te Fuzzy Cluster der c-Partition U beschreibt. Das Bild eines Elementes x von G ist unter einer Fuzzy c-Partition U in Matrixschreibweise ein c-Vektor. Wegen der Bedingung

$$\sum_{i=1}^{c} u_i(x) = 1 \qquad \text{für alle } x \in G$$

liegen die Bilder einer Fuzzy c-Partition U in einer abgeschlossenen Teilmenge des c-dimensionalen Würfels $[0,1]^c$. Für c=2 ist diese abgeschlossene Teilmenge eine Strecke, nämlich die Diagonale des Einheitsquadrats, die nicht durch den Nullpunkt geht, für c=3 ein Dreieck und für allgemeines c ein Simplex mit c Ecken.

Im neben stehenden Bild ist der Zielraum, d.h. das Dreieck im Einheitswürfel, für das Bild eine Fuzzy 3-Partition zu sehen. Wegen der Bedingung:

$$\sum u_i(x) = 1 \quad \text{für alle } x \in G$$

ist dieser Zielraum abgeschlossen und beschränkt, also kompakt.

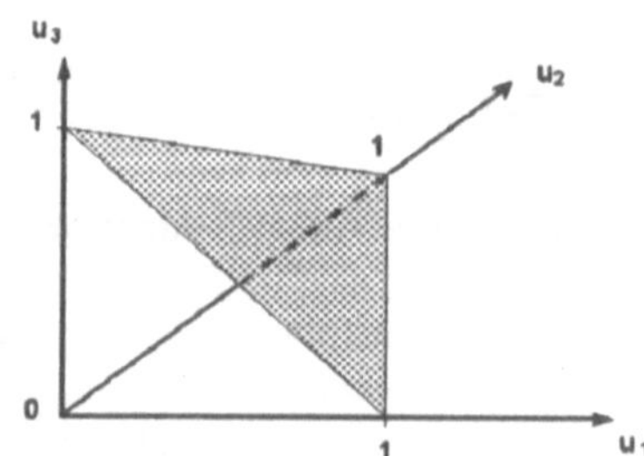

Im weiteren Verlauf verwenden wir die Bezeichnungen

$M_c := \{U \in M^{(cxn)} \mid U$ ist hart und erfüllt (a),(b)$\}$ **Menge der harten Partitionen**
$M_{c0} := \{U \in M^{(cxn)} \mid U$ ist hart und erfüllt (a),(c)$\}$ **Menge der harten Partitionen mit degenerierten Partitionen**
$M_{fc0} := \{U \in M^{(cxn)} \mid U$ ist Fuzzy-c-Partition und erfüllt (d),(e)$\}$ **Menge der Fuzzy c-Partitionen mit degenerierten Partitionen**

Zusammenfassend stellen wir fest, dass wir zur Darstellung von Clustern und c-Partitionen auf endlichen Mengen G die Matrixschreibweise benutzen können. Ein hartes Cluster ist dann ein Vektor mit Komponenten aus {0,1} und eine c-Partition eine Matrix mit c Zeilenvektoren.

1.7.5 Satz

Die Menge M_{fc0} aller Fuzzy c-Partitionen auf der Grundmenge G ist vollständig, d.h. jede Cauchy Folge von Fuzzy c-Partitionen konvergiert gegen eine Fuzzy c-Partition.

Beweis:

Wir betrachten eine Folge von Fuzzy c-Partitionen (U_n). Für jedes Folgenelement U_n mit den c Fuzzy Mengen $u_{n1}, \dots, u_{nc}$ auf G gilt

$$0 \le u_{n.i}(x) \le 1 \quad \text{und} \quad \sum_{i=1}^{c} u_{n.i}(x) = 1 \quad \text{für alle } x \in G$$

$$\int_G u_{ni}(x)\,dx \le \int_G dx \qquad \text{für alle } i = 1, \dots, c$$

wobei für eine endliche Menge G das Integralzeichen durch die Summe zu ersetzen ist.
Da (U_n) eine Cauchy Folge ist, gilt zusätzlich:
Zu jedem $\varepsilon > 0$ gibt es eine natürliche Zahl n_0 derart, dass für alle n und m größer als n_0 gilt:

$$|u_{n.i}(x) - u_{m.i}(x)| < \varepsilon \qquad \text{für alle } x \in G,\ i = 1, \dots, c \text{ und } n, m > n_0$$

Daher ist für jedes $x \in G$ und jedes $i \in \{1, \dots, c\}$ ein Wert

$$u_i(x) := \lim_{n \to \infty} u_{n.i}(x) \quad \text{für alle } x \in G \text{ und } i = 1, \dots, c$$

definiert. Für diese Grenzwerte gelten wieder die Ungleichungen und die Summe

$$0 \le u_i(x) \le 1 \quad \text{und} \quad \sum_{i=1}^{c} u_i(x) = 1 \quad \text{für alle } x \in G$$

$$\int_G u_i(x)\,dx \le \int_G dx \qquad \text{für alle } i = 1,\ldots,c$$

Daher ist die Grenzpartition U mit den Fuzzy Mengen u_i auf G eine Fuzzy c-Partition von G. □

1.7.6 Definition

Eine **Fuzzy c-Partition** heißt **normal**, falls es zu jedem $i \in \{1,\ldots,c\}$ ein $y \in G$ gibt mit $u_i(y) = 1$.

Wir erinnern an das Beispiel 1.6.13.1 Pixelbild. Dort wird eine Nachbarschaftsrelation R mit Hilfe der Pixelabstände im Sinne der Maximumnorm definiert.

$$D = (D(x\ , x_j)) = \begin{pmatrix} 0 & 4 & 2 & 3 & 4 \\ 4 & 0 & 4 & 1 & 2 \\ 2 & 4 & 0 & 3 & 4 \\ 3 & 1 & 3 & 0 & 1 \\ 4 & 2 & 4 & 1 & 0 \end{pmatrix}, \quad R = (1 - \frac{D(x_i, x_j)}{4}) = \begin{pmatrix} 1 & 0 & 0.5 & 0.25 & 0 \\ 0 & 1 & 0 & 0.75 & 0.5 \\ 0.5 & 0 & 1 & 0.25 & 0 \\ 0.25 & 0.75 & 0.25 & 1 & 0.75 \\ 0 & 0.5 & 0 & 0.75 & 1 \end{pmatrix}$$

Durch einen α-Schnitt der Fuzzy Relation R mit dem Schwellenwert $T = \alpha$ wird eine harte Matrix erzeugt, die nach höchstens zweimaliger Potenzbildung eine Verwandtschaftsmatrix ergibt. Die jeweils gleichen Zeilen bestimmen Teilmengen von G, die eine c-Partition bilden. Dabei ist c die Anzahl der linear unabhängigen Zeilen. Diese Partitionen sind jeweils echt.

Nach Bezdek und Harris (siehe [B+H79]) gibt es zu je zwei Clustern u_i und u_j einer Fuzzy c-Partition auf G eine Fuzzy Relation $R : G \times G \to [0,1]$ mit

$$R_{ij} := \min(1 - u_i + u_j,\ 1 + u_i - u_j) = 1 - |u_i - u_j|.$$

Diese 2-stellige Fuzzy Relation nennen wir die **Bezdek-Harris Relation** der Fuzzy Mengen u_i und u_j. Allgemeiner können wir ein Bezdek-Harris-Produkt erklären.

1.7.7 Definition

Sind $R : X \times Y \to [0,1]$ und $S : Y \times Z \to [0,1]$ zwei Fuzzy Relationen, sc heißt die Fuzzy-Relation

$$R \overset{\Sigma}{\circ} S : X \times Z \to [0,1] \quad \text{mit}$$

$$R \overset{\Sigma}{\circ} S(x,z) := \sup_{y \in Y}\{\min[1 - R(x,y) + S(y,z), 1 + R(x,y) - S(y,z)]\}$$

das **Bezdek-Harris Produkt** von R und S.

Im folgenden werden wir noch einige geometrische Eigenschaften des Raumes M_{fc0} aller Fuzzy c-Partitionen zusammenstellen. Ist $G = \{x_1,...,x_n\}$ eine endliche Grundmenge mit n Elementen und $B_c = \{e_1,...,e_c\}$ die Menge der Standardbasiseinheitsvektoren des Raumes $\mathbb{R}^c$ als Spaltenvektoren geschrieben, so ist die Matrix U einer harten c-Partition auf G eine Kombination von n Spaltenvektoren aus B_c. Es gilt:

$$M_{c0} = \{(u_1,...,u_c)^T = \{(u_1 e_1 + ... + u_c e_c) \mid e_k \in B_c, k = 1,...,n\}$$

1.7.7.1 Beispiel

Wie in Beispiel 1.7.1.2 betrachten wir auf der Menge $G = \{x_1,x_2,x_3\}$ aus drei Elementen die harte 2-Partition:

$$U_1 = \begin{pmatrix} 1 & 1 & 0 \\ 0 & 0 & 1 \end{pmatrix}, \; U_2 = \begin{pmatrix} 1 & 0 & 0 \\ 0 & 1 & 1 \end{pmatrix}, \; U_3 = \begin{pmatrix} 1 & 0 & 1 \\ 0 & 1 & 0 \end{pmatrix}$$

Es ist $U_1 = (e_1,e_1,e_2)$, $U_2 = (e_1,e_2,e_2)$, $U_3 = (e_1,e_2,e_1)$, wobei e_1 und e_2 die Standardeinheitsvektoren $\mathbb{R}^2$ sind, die als Spaltenvektoren geschrieben werden.

In dieser Schreibweise sehen wir unmittelbar, dass jede Fuzzy c-Partition auf einer beliebigen Grundmenge G eine Konvexkombination auf der Standardeinheitsbasis $B_c = \{e_1,...,e_c\}$ des $\mathbb{R}^c$ ist, wobei die Koeffizienten u_i die Zugehörigkeitsfunktionen der Fuzzy Cluster sind. Es gilt

$$M_{fc0} = \{(u_1 e_1 + ... + u_c e_c) \mid u_1 + ... + u_c = 1, \; 0 \le u_i \le 1, \; \int_G u_i(x)dx \le \int_G dx, \; e_c \in B_c, i = 1,...,c\}$$

Der Raum M_{fc0} ist also die konvexe Hülle conv(B_c) der Standardeinheitsvektoren des $\mathbb{R}^c$. Er ist somit ein (c-1)-dimensionales Simplex in $\mathbb{R}^c$. Der Schwerpunkt dieses Simplex ist der Punkt mit den Koordinaten (1/c,...,1/c).

Für endliche Grundengen G gilt der

1.7.8 Satz

Jede Fuzzy c-Partition U über einer endlichen Menge G mit n Elementen ist eine Konvexkombination von höchstens cn harten c-Partitionen aus M_{fc0}.

Beweis:

Wir definieren das folgende **Dekompositionsverfahren**:
Ist $U = (u_{ik})$ mit $u_{ik} := u_i(x_k)$ $(i=1,...,c;\ k=1,...,n)$ eine Fuzzy c-Partition auf der endlichen Menge G, $m_k = \max\{u_{1k}, \dots, u_{ck}\}$, d.h. das Spaltenmaximum der k-ten Spalte, und $c_1 = \min\{ m_k \mid m_k > 0\}$, so bilden wir die harte Partitionsmatrix U_1 mit

$$U_1 := ([u_{ik}/m_k]^*)$$

wobei

$$[u_{ik}/m_k]^* := \begin{cases} 0 & \text{für} \quad u_{ik} < m_k \\ 1 & \text{für} \quad u_{i_0k} = m_k > 0, \quad i_0 = \max\{i \mid u_{ik} = m_k > 0\} \\ 0 & \quad\quad \text{sonst} \end{cases}$$

Es gilt für jedes k=1,...,n

$$\sum_{i=1}^{c} [u_{ik}/m_k]^* = 1$$

und

$$\sum_{k=1}^{n} [u_{ik}/m_k]^* \leq n$$

U_1 hat nur Koeffizienten aus $\{0,1\}$ und liegt daher in M_{c0}.

Wir bilden die Residual-Matrix $R_1 = U - c_1U_1$. In dieser Matrix wird gegenüber U mindestens ein weiterer Koeffizient 0. Durch Iteration der Residual-Matrix erhalten wir nach höchstens nc Schritten für

$$R = U - \sum_{j=1}^{s} c_jU_j \quad \text{mit } U_j \in M_{c0}$$

Und es existiert ein s_0 mit $R_{s0} = 0$ und $s_0 \leq nc$.

Daraus folgt:

$$U - \sum_{j=1}^{s_0} c_jU_j = 0 \quad \text{mit } U_j \in M_{c0}$$

Also erhalten wir bei festgehaltener Spalte mit dem Index k, da jedes U_j in der k-ten Spalte genau eine 1 für $c_j > 0$ und sonst nur Nullen hat, das Ergebnis:

$$1 - \sum_{j=1}^{s_0} c_j = 0$$

Damit ist auch die Eigenschaft der Konvexkombination gezeigt (siehe auch [B+H78] Seiten 111-127). □

1.7.8.1 Beispiel

Ziel ist es, eine gegebene Partition $U \in M_{fc0}$ in eine Konvexkombination mit Matrizen $U_i \in M_{fc0}$ zu zerlegen. Dazu benutzen wir den Algorithmus des voran stehenden Beweises. Es sei

$$U = \begin{pmatrix} 0.8* & 0.3 & 0.6* & 0.1 \\ 0.1 & 0.3 & 0.4 & 0.3 \\ 0.1 & 0.4* & 0 & 0.6* \end{pmatrix}$$

Mit * sind dabei die Spaltenmaxima bezeichnet. Das Minimum dieser Spaltenmaxima ist $c_1 = 0.4$. Die erste harte Matrix U_1, die sich nun bestimmen läßt, hat genau dort, wo die Spaltenmaxima festgemacht wurden, einen 1-Eintrag.

$$U_1 = \begin{pmatrix} 1 & 0 & 1 & 0 \\ 0 & 0 & 0 & 0 \\ 0 & 1 & 0 & 1 \end{pmatrix}$$

Die Residual-Matrix R_1 berechnet sich aus $R_1 = R_0 - c_1 U_1$ mit $R_0 := U$ zu:

$$R_1 = \begin{pmatrix} 0.4* & 0.3 & 0.2 & 0.1 \\ 0.1 & 0.3* & 0.4* & 0.3* \\ 0.1 & 0 & 0 & 0.2 \end{pmatrix}$$

Mit * sind wieder die Spaltenmaxima gekennzeichnet (keine Eindeutigkeit z.B. in der zweiten Spalte; hier wird das Maximum an der untersten Zeile berücksichtigt). $c_2=0.3$ ist das Minimum dieser Maxima. Nun wird wieder U_2 als harte Matrix mit 1-Einträgen an den *-Stellen berechnet. Dann ist

$$R_2 = R_1 - c_2 U_2 = R_1 = R_0 - \sum c_i U_i$$

Nach endlich vielen Schritten (höchstens nc) ist die Dekomposition fertig. In diesem Fall erhält man:

$$U = 0.4\begin{pmatrix} 1 & 0 & 1 & 0 \\ 0 & 0 & 0 & 0 \\ 0 & 1 & 0 & 1 \end{pmatrix} + 0.3\begin{pmatrix} 1 & 0 & 0 & 0 \\ 0 & 1 & 1 & 1 \\ 0 & 0 & 0 & 0 \end{pmatrix} + 0.1\begin{pmatrix} 0 & 1 & 1 & 0 \\ 0 & 0 & 0 & 0 \\ 1 & 0 & 0 & 1 \end{pmatrix} + 0.1\begin{pmatrix} 0 & 1 & 0 & 0 \\ 1 & 0 & 1 & 0 \\ 0 & 0 & 0 & 1 \end{pmatrix} + 0.1\begin{pmatrix} 1 & 1 & 1 & 1 \\ 0 & 0 & 0 & 0 \\ 0 & 0 & 0 & 0 \end{pmatrix}$$

1.8 Fuzzy Entscheidungssysteme

Eine weitere Anwendung der Fuzzy Relationsmatrizen finden wir bei Entscheidungssystemen mit Fuzzy Umgebungen. Wir sagen kurz **Fuzzy Entscheidungssysteme**, wenn eine oder mehrere Personen beteiligt sind. Ausgangspunkt sind Relationen, die zusätzliche Eigenschaften haben, insbesondere Ordnungseigenschaften, die durch die nachfolgend beschriebenen Verfahren sichtbar gemacht werden können.

Präferenzentscheidungen basieren auf einer Ordnung von Entscheidungskriterien, die gewöhnlich Gesichtspunkten der Nutzung entspringen. Die dazu gehörenden Relationen sind daher nicht symmetrisch, sondern antisymmetrisch im Unterschied zu den im vorher gehenden Abschnitt behandelten Ähnlichkeits Fuzzy Relationen, die wir der Clusterbildung und den Partitionen zugrunde gelegt haben.

1.8.1 Definition

Eine Fuzzy Relation $R : G \times G \to [0,1]$ auf der Grundmenge G heißt **antisymmetrisch**, wenn gilt:

$$R(x,y) \neq R(y,x) \text{ oder } R(x,y) = R(y,x) = 0 \quad \text{für } x \neq y \text{ und } x,y \in G$$

R heißt **perfekt antisymmetrisch**, wenn gilt:

$$\text{Für } x \neq y \text{ und } R(x,y) > 0 \text{ folgt } R(y,x) = 0, \quad x,y \in G$$

R heißt **antireflexiv**, wenn $R(x,x) = 0$ für alle $x \in G$ gilt.

Wir entnehmen bei Zadeh die nachfolgenden Begriffe (siehe [ZAD71]):

1.8.1.1 Definition

Eine reflexive, perfekt antisymmetrische und fuzzy-transitive Fuzzy Relation auf der Grundmenge G heißt eine **Fuzzy Partialordnungsrelation**. Eine antireflexive, perfekt antisymmetrische und fuzzy-transitive Fuzzy Relation heißt eine **strikte Fuzzy Ordnungsrelation.**

1.8.2 Definition

Eine strikte Fuzzy Ordnungsrelation $R : G \times G \to [0,1]$ heißt eine **Fuzzy Totalordnungsrelation**, wenn gilt

$$R(x, y) > 0 \quad \text{oder} \quad R(y, x) > 0 \quad \text{für} \quad x \neq y \quad \text{und alle } x, y \in G$$

Bemerkung: Eine harte Fuzzy Totalordnung ist eine lineare Ordnung.

1.8.2.1 Beispiel

Ist $G = \mathbb{R}$, so ist die Relation $\geq$ eine Fuzzy Partialordnungsrelation auf den reellen Zahlen, da sie reflexiv, perfekt antisymmetrisch und fuzzy-transitiv ist. Wegen der zusätzlichen Eigenschaft:

$$\text{für } x \neq y \text{ gilt entweder } x > y \text{ oder } y > x$$

ist die >-Relation eine strikte Fuzzy Ordnungsrelation.

1.8.2.2 Beispiel

Wir betrachten vier Handlungsalternativen x_1, x_2, x_3, x_4, die unter dem Gesichtspunkt des Nutzens gegeneinander mit Bewertungen geschätzt werden. Diese Bewertungen tragen wir in eine Tabelle ein und definieren dadurch eine Fuzzy Relation R auf der Menge $G = \{x_1, x_2, x_3, x_4\}$:

$$R = \begin{pmatrix} 1 & 0.5 & 0 & 0.8 \\ 0.1 & 1 & 0.3 & 0.5 \\ 0.3 & 0.6 & 1 & 0 \\ 0.9 & 0.7 & 0.1 & 1 \end{pmatrix}, \quad R : G \times G \to [0,1]$$

Die durch die Bewertungstabelle definierte Fuzzy Relation R ist reflexiv und antisymmetrisch, jedoch nicht perfekt antisymmetrisch. R ist nicht fuzzy-transitiv:

$$R(x_1, x_2) = 0.5 < 0.7 = \max_i \{\min[R(x_1, x_i), R(x_i, x_2)]\} = \max\{0.5, 0.5, 0, 0.7\}$$

1.8.2.3 Beispiel

Eine perfekt antisymmetrische und reflexive Relation R, die nicht fuzzy-transitiv ist, bestimmt i.a. keine Fuzzy Partialordnung.

$$R = \begin{pmatrix} 1 & 0.2 & 0.2 & 0 \\ 0 & 1 & 0.4 & 0 \\ 0 & 0 & 1 & 0.3 \\ 0.5 & 0.2 & 0 & 1 \end{pmatrix}, \quad R : G \times G \rightarrow [0,1]$$

R ist nicht fuzzy-transitiv:

$$R(x_1, x_4) = 0 < 0.2 = \max_i \{\min[R(x_1, x_i), R(x_i, x_4)]\} = \max\{0, 0, 0.2, 0\}$$

Das neben stehende Hasse Diagramm zeigt, dass es in der Relation R zirkulare Teilgraphen gibt, was einer Partialordnung widerspricht.
Es gilt:

$$x_4 > x_2 > x_3 > x_4$$
$$x_4 > x_1 > x_2 > x_3 > x_4$$

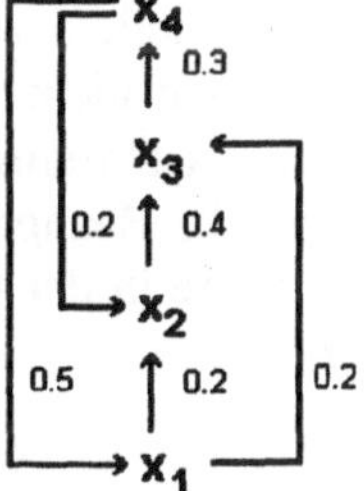

Nach Orlovsky (siehe [ORL78]) interpretieren wir eine reflexive Fuzzy Relationsmatrix, die nicht notwendigerweise fuzzy-transitiv sein soll, als eine Matrix mit Präferenzwerten für Paare von Handlungsalternativen. Eine solche **Präferenzmatrix** bedingt daher weniger Konsistenz bei den Entscheidungsergebnissen als im klassischen Fall der Entscheidung nach Präferenzen.

1.8.3 Definition

Ist $R : G \times G \rightarrow [0,1]$ eine antisymmetrische Fuzzy Relation, so nennen wir R eine **Fuzzy Präferenz Relation** und sagen dann für $R(x,y) > 0$:
„x ist **besser als** y mit dem (Fuzzy Wahrheits-)Wert oder Grad R(x,y)“,
oder „x **dominiert** y mit dem Grad R(x,y)“.
Gilt für zwei Alternativen $x,y \in G$:

$$R(x,y) \geq R(y,x) \geq 0$$

dann sagen wir „x und y sind **indifferent** mit dem Grad R(y,x)“ und „x ist **streng besser** als y mit dem Grad R(x,y) - R(y,x)“.

Für die letzte Interpretation wird als Ordnung die lineare Ordnung der reellen Zahlen herangezogen. Wir führen daher für Relationen zwei neue Begriffe ein:

1.8.4 Definition

Es sei $R : G \times G \rightarrow [0,1]$ eine reflexive Fuzzy Relation, dann heißt JR die zu R gehörende **Fuzzy Indifferenz Relation** mit

$$JR(x,y) := \min\{R(x,y), R(y,x)\}$$

und die zu R gehörende Relation SPR mit

$$(SPR)(x,y) := \max\{0, R(x,y) - R(y,x)\}$$

die **fuzzy strenge Präferenz Relation** zu R.

Die fuzzy strenge Präferenz Relation enthält nur noch Paare (x,y), für die bei $x \neq y$ $SPR(x,y) > 0$ ist. $SPR(x,x) = 0$ gilt für alle $x \in G$. Wir sagen „x dominiert streng y" für $SPR(x,y) > 0$. Jede Zeile zeigt die strenge Dominanz der Alternative x über alle anderen Alternativen y der Grundmenge G mit dem Grad des Zugehörigkeitswertes der Relation SPR. Steht an jeder Stelle der Spalte von x die Null, so wird x von keinem anderen Element aus G und auch nicht von sich selbst dominiert. Daher beschreibt das Komplement von SPR die **Nichtdominanz** von x durch alle $y \in G$. Dies gilt insbesondere auch für jedes Element in Bezug auf sich selbst. Wir bezeichnen die Menge der nichtdominierten Elemente in der Grundmenge G mit ND. Sie ist eine Fuzzy Menge auf der Grundmenge G.

1.8.5 Definition

Die zu einer reflexiven Fuzzy Relation $R : G \times G \rightarrow [0,1]$ gehörende Fuzzy Menge $ND : G \rightarrow [0,1]$ mit

$$ND(x) := \inf_{y \in G}[1 - SPR(y,x)] = 1 - \sup_{y \in G}[SPR(y,x)]$$

heißt die **Fuzzy Menge der Nichtdominanz** von R auf G.

1.8.5.1 Beispiel

Wir betrachten die Größer-gleich-Relation $R = \geq$ auf der Menge $G = \{1,2,3,4\}$.

$$R = \begin{pmatrix} 1 & 0 & 0 & 0 \\ 1 & 1 & 0 & 0 \\ 1 & 1 & 1 & 0 \\ 1 & 1 & 1 & 1 \end{pmatrix} \text{ und } SPR = \begin{pmatrix} 0 & 0 & 0 & 0 \\ 1 & 0 & 0 & 0 \\ 1 & 1 & 0 & 0 \\ 1 & 1 & 1 & 0 \end{pmatrix}$$

Die Relation SPR gibt also die strenge Dominanz der Alternativen x über die Alternativen y an, d.h. das >-Zeichen. Dann gibt die Relation (1-SPR) die Relation der **Nichtdominanz** an:

$$1\text{-SPR} = \begin{pmatrix} 1 & 1 & 1 & 1 \\ 0 & 1 & 1 & 1 \\ 0 & 0 & 1 & 1 \\ 0 & 0 & 0 & 1 \end{pmatrix}$$

(1-SPR) beschreibt die Relation $\leq$.

Hieraus finden wir die Zugehörigkeitsfunktion der Fuzzy Menge der nichtdominierten Elemente nach der Definition 1.8.5, indem wir das Minimum in jeder Spalte suchen und erhalten damit die Fuzzy Menge der Nichtdominanz ND:

$$ND = \{\tfrac{0}{1}, \tfrac{0}{2}, \tfrac{0}{3}, \tfrac{1}{4}\}$$

D.h. das Element 4 ist das einzige nichtdominierte Element; wir sagen: „4 ist das größte oder das maximale Element der Menge G".

1.8.6 Definition

Ist ND die Fuzzy Menge der nicht dominierten Alternativen $x \in G$ zur reflexiven Fuzzy Relation $R : G \times G \to [0,1]$, dann heißt die (klassische) Menge mit

$$MND := \{ x \mid ND(x) = \sup_{y \in G}[ND(y)], x \in G \}$$

die **Menge der maximal nichtdominierten Alternativen.**
Die klassische Menge

$$CND := \{ x \mid ND(x) = 1, x \in G \}$$

heißt die **Menge der hart nicht dominierten Alternativen** (crisply nondominated alternatives).

In der Menge CND liegen alle Elemente von G, die im Sinne der klassischen Mengenlehre von keinem Element der Menge G dominiert werden.

1.8.6.1 Beispiel

Wir betrachten noch einmal die Menge $G = \{x_1,x_2,x_3,x_4\}$ mit der Fuzzy Präferenz Relation R aus dem Beispiel 1.8.2.2.

$$R = \begin{pmatrix} 1 & 0.5 & 0 & 0.8 \\ 0.1 & 1 & 0.3 & 0.3 \\ 0.3 & 0.6 & 1 & 0 \\ 0.9 & 0.7 & 0.1 & 1 \end{pmatrix} \quad \text{mit} \quad SPR = \begin{pmatrix} 0 & 0.4 & 0 & 0 \\ 0 & 0 & 0 & 0 \\ 0.3 & 0.3 & 0 & 0 \\ 0.1 & 0.2 & 0.1 & 0 \end{pmatrix}$$

Aus der Matrix SPR lesen wir die Reihenfolge der Dominanz ab:

$$x_4 > x_3 > x_1 > x_2$$

Diese Reihenfolge der Dominanz veranschaulichen wir am nebenstehenden Hasse Diagramm. In diesem Diagramm gibt es keine zirkularen Teilgraphen.

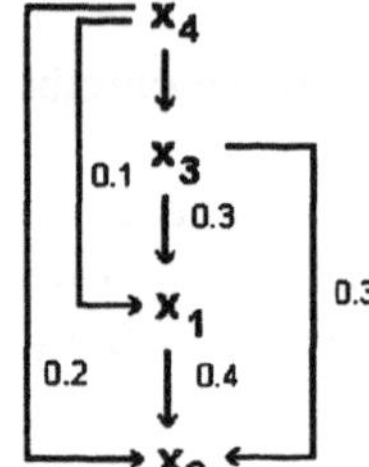

Wir benutzen die Definition von ND in der Form:

$$ND(x) = 1 - \sup_y[SPR(y,x)]$$

Dann finden wir

$$ND = \left\{\frac{0.7}{x_1}, \frac{0.6}{x_2}, \frac{0.9}{x_3}, \frac{1}{x_4}\right\} \quad \text{und} \quad CND = \{x_4\}$$

Wir lesen aus ND wieder die Reihenfolge der Dominanz wie oben ab, wenn wir die Zugehörigkeitsgrade der Elemente zu ND beachten:

$$x_4 > x_3 > x_1 > x_2$$

Die Menge CND der hart nichtdominierten Alternativen besteht nur aus dem Element x_4.

Wir wenden uns nun der Aufgabe zu, bei einer gegebenen Präferenzmatrix auf einer Menge G von Alternativen nach „der besten Alternative" zu suchen. Das voranstehende Beispiel zeigt, daß wir aus den Fuzzy Mengen ND und CND manchmal eine beste Alternative ablesen können, wenn nämlich CND genau ein Element besitzt, das diese gesuchte Alternative auch darstellt. Ein anderer Weg führt über die Eigenschaften von Ordnungsrelationen, die mit reflexiven, perfekt antisymmetrischen und fuzzy-transitiven Relationen verknüpft sind.

1.8.7 Definition

Ist R eine Fuzzy Ordnungsrelation auf der Grundmenge G, dann heißt $m \in G$ ein **fuzzy maximales Element**, wenn gilt:

$$1 - SPR(x,m) = 1 \quad \text{für alle } x \in G.$$

Bemerkung:

Ist R eine Fuzzy Totalordnung auf einer endlichen Menge G von Alternativen, dann gibt es genau ein maximales Element m. Ein Beispiel sind die natürlichen Zahlen 1 bis 10 mit der Totalordnung > der reellen Zahlen.

1.8.7.1 Beispiel

Wir betrachten die Fuzzy Relation R und die dazu gehörenden abgeleiteten Relationen SPR und 1-SPR:

$$R = \begin{pmatrix} 1 & 0.7 & 0.3 & 0.8 \\ 0.5 & 1 & 0.3 & 0.5 \\ 0.5 & 0.6 & 1 & 0.5 \\ 0.9 & 0.7 & 0.3 & 1 \end{pmatrix}, \ SPR = \begin{pmatrix} 0 & 0.2 & 0 & 0 \\ 0 & 0 & 0 & 0 \\ 0.2 & 0.3 & 0 & 0.2 \\ 0.1 & 0.2 & 0 & 0 \end{pmatrix}, 1\text{-}SPR = \begin{pmatrix} 1 & 0.8 & 1 & 1 \\ 1 & 1 & 1 & 1 \\ 0.8 & 0.7 & 1 & 0.8 \\ 0.9 & 0.8 & 1 & 1 \end{pmatrix}$$

Wir sehen unmittelbar aus SPR, daß x_3 von keinem anderen Element dominiert wird. Die Matrix 1-SPR zeigt, daß x_3 das einzige maximale Element von R und damit die zu bevorzugende Alternative ist.

Wir merken an, daß R reflexiv, antisymmetrisch, jedoch nicht perfekt antisymmetrisch und wegen $R^2 = R$ fuzzy-transitiv ist. SPR ist perfekt antisymmetrisch. Wir können dazu ein Hasse Diagramm der Dominanz erstellen. Daraus sieht man, daß x_3 maximales Element der zu R gehörenden Ordnung SPR ist. Die Fuzzy Menge der Nichtdominanz ND und die Menge der hart nichtdominierten Elemente CND sind:

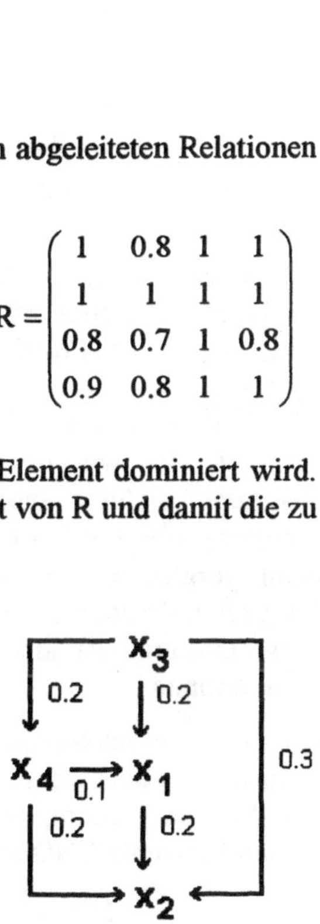

$$ND = \left\{ \frac{0.8}{x_1}, \frac{0.7}{x_2}, \frac{1}{x_3}, \frac{0.8}{x_4} \right\} \text{ und } \quad CND = \{x_3\}$$

Aus dem Hasse Diagramm oder der Matrix SPR lesen wir die linearen Anordnungen ab:

$x_3 > x_4 > x_1 > x_2$, $x_3 > x_4 > x_2$, $x_3 > x_1 > x_2$, $x_4 > x_1 > x_2$, $x_3 > x_2$, $x_4 > x_2$

1.8.7.2 Beispiel

Wir betrachten auf der Grundmenge $G = \{x_1,x_2,x_3,x_4,x_5,x_6\}$ die Fuzzy Relation R, die durch die nachfolgende Fuzzy Matrix gegeben ist.

$$R = \begin{pmatrix} 1 & 0 & 0 & 0 & 0 & 0 \\ 0.8 & 1 & 0 & 0 & 0 & 0 \\ 0.2 & 0 & 1 & 0 & 0 & 0 \\ 0.6 & 0 & 0 & 1 & 0 & 0 \\ 0.6 & 0.6 & 0.5 & 0.6 & 1 & 0 \\ 0.4 & 0 & 0 & 0.4 & 0 & 1 \end{pmatrix}, \quad SPR = \begin{pmatrix} 0 & 0 & 0 & 0 & 0 & 0 \\ 0.8 & 0 & 0 & 0 & 0 & 0 \\ 0.2 & 0 & 0 & 0 & 0 & 0 \\ 0.6 & 0 & 0 & 0 & 0 & 0 \\ 0.6 & 0.6 & 0.5 & 0.6 & 0 & 0 \\ 0.4 & 0 & 0 & 0.4 & 0 & 0 \end{pmatrix}$$

R ist reflexiv, perfekt antisymmetrisch und wegen $R^2 = R$ fuzzy-transitiv. SPR bestimmt die zu R gehörende strikte Fuzzy Ordnungslreation, die jedoch wegen $R(x_2,x_3) = R(x_3,x_4) = 0$ keine Fuzzy Totalordnungsrelation ist.

Durch R wird eine Partialordnung definiert, die wir in einem Hasse Diagramm sichtbar machen können. Elemente $x \neq y$ mit $R(x,y) = 0$ sind nicht vergleichbar in der durch R definierten Ordnung, z.B. x_5 und x_6. Diese Ordnung ist also auch keine Totalordnung.

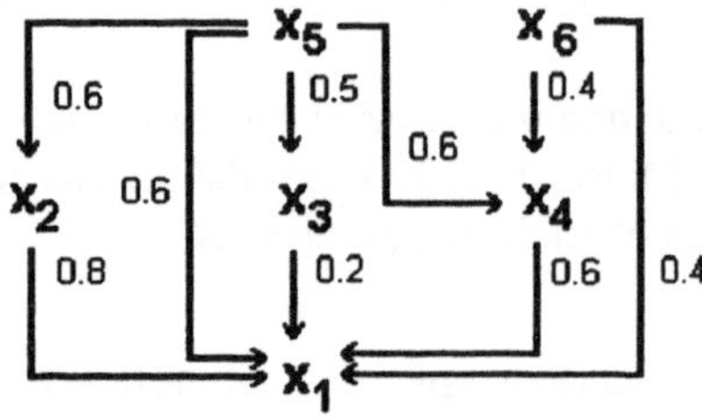

x_5 und x_6 sind maximale Elemente bezüglich der strikten Fuzzy Ordnungsrelation. Dies lesen wir aus dem Hasse Diagramm oder den beiden letzten Spalten der Matrix SPR ab. Für die Fuzzy Menge der Nichtdominanz ND und die Menge der hart nichtdominierten Elemente CND erhalten wir:

$$ND = \left\{\frac{0.2}{x_1}, \frac{0.4}{x_2}, \frac{0.5}{x_3}, \frac{0.4}{x_4}, \frac{1}{x_5}, \frac{1}{x_6}\right\} \quad \text{und} \quad CND = \{x_5, x_6\}$$

Es gibt zwei maximale Elemente, nämlich x_5 und x_6. (Zur Theorie siehe auch [D+P80], Ch. 3.)

1.8.8 Satz

Ist R eine Fuzzy Partialordnungsrelation auf der Grundmenge G, so ist ein Element $m \in G$ genau dann ein maximales Element, wenn $m \in CND$ ist.

Beweis:

Ist m∈CND, so gilt:

$$1 = 1 - \sup_{y \in G}[SPR(y, m)], \text{ also } SPR(y, m) = 0 \text{ für alle } y \in G$$

Wird umgekehrt m von keinem Element y∈G mit einem Grad größer Null dominiert, so gilt SPR(y,m)=0 für alle y∈G. Daher gehört m zur Menge CND. Im Hasse Diagramm steht kein Element y über m. □

Über die Existenz von nichtdominierten Handlungsalternativen gibt der nachfolgende Satz Auskunft:

1.8.9 Satz

Ist die Grundmenge G endlich und die Fuzzy Relation R reflexiv, perfekt antisymmetrisch und fuzzy-transitiv, dann bestimmt die fuzzy strenge Präferenzrelation SPR eine strikte Fuzzy Ordnungrelation und die Menge MND der maximal nichtdominierten Elemente ist nicht leer.

Beweis:

(1) SPR ist antireflexiv nach der Definition 1.8.4 von SPR.

(2) SPR ist perfekt antisymmetrisch. Dies folgt aus:
Für $R(x,y) - R(y,x) \geq 0$ gilt $SPR(x,y) = R(x,y) - R(y,x) \geq 0$ und $SPR(y,x)=0$,
also: $SPR(x,y) > 0 \quad \Rightarrow \quad SPR(y,x)= 0.$

(3) SPR ist fuzzy-transitiv:

Annahme: SPR ist nicht fuzzy-transitiv. Dann gibt es ein Tripel x,y,z mit

$$SPR(x,y) < \min\{SPR(x,z), SPR(z,y)\}$$

Im ersten Fall sei

$$0 \leq R(x,y) - R(y,x) < R(x,z) - R(z,x) \leq R(z,y) - R(y,z)$$

Daraus folgen wegen der perfekten Antisymmetrie von R

$$R(y,x) = 0$$

und die Ungleichungen

$$R(x,y) < R(x,z) - R(z,x),$$
$$R(x,y) < R(z,y) - R(y,z),$$

also wegen der perfekten Antisymmetrie von R auch $R(z,x) = R(y,z) = 0$. Die verbleibenden Ungleichungen

$$R(x,y) < R(x,z), \quad R(x,y) < R(z,y)$$

stehen im Widerspruch zur Bedingung der Fuzzy Transitivität von R:

$$R(x,y) \geq \max_z\{\min[R(x,z), R(z,y)]\}$$

Entsprechend wird der zweite Fall $0 \leq R(y,x) - R(x,y)$ bewiesen.

Damit ist SPR ebenfalls fuzzy-transitiv und bestimmt daher insgesamt eine strikte Fuzzy Ordnungsrelation.

Die Menge der Maximal nichtdominierten Alternativen MND ist nicht leer. Denn wegen der Endlichkeit von G wird das Maximum von ND

$$\max_{x \in G}\{ND(x)\} = \max_{x \in G}\{\min_{y \in G}[1 - [SPR(y, x)]\}$$

in mindestens einem Element m angenommen. Dann existiert zu m ein weiteres Element $s \neq m$ in G, so dass gilt:

$$SPR(s, m) = \max_{y \in G}\{SPR(y, m)\}$$

Also

$$SPR(s, m) \geq SPR(y, m) \text{ für alle } y \in G$$

MND ist also nicht leer. Ist darüber hinaus SPR(s,m)=0, so ist m ein maximales Element in G bezüglich R. □

Die Bildung der fuzzy strengen Präferenz Relation SPR zu einer gegebenen Fuzzy Relation R auf einer Grundmenge G von Alternativen dient dazu, verborgene Ordnungseigenschaften in G aufzudecken, die durch R initiiert sind. Wie die Beispiele zeigen, gibt es nicht immer nur ein maximales Element, das als bevorzugte Alternative präsentiert werden kann. Denkt man gar an eine Reihenfolge der Alternativen, so müssen weitergehende Eigenschaften von R vorliegen.

1.8.10 Definition

Eine 2-stellige Fuzzy Relation R auf einer endlichen Menge G mit $|G| \geq 2$ heißt **azyklisch**, wenn für jede Folge $x_1, x_2, \ldots, x_m$ aus G mit $m \geq 2$ und $R(x_i, x_{i+1}) > 0$ folgt, dass $R(x_m, x_1) = 0$ gilt.

1.8.10.1 Beispiel

Es sei G = {1,2,...,10} und die Relation R gleich >. Dann ist jede Folge x_1, x_2, ... ,x_m aus G mit $R(x_i,x_{i+1}) > 0$ azyklisch. Z.B.:

$$2 > 1 \neg> 2 \quad \text{oder} \quad 5 > 3 > 1 \neg> 5$$

$\neg>$ heißt nicht größer als. Daher ist immer $R(x_m,x_1) = 0$.

1.8.10.2 Beispiel

In Beispiel 1.8.7.2 sind die möglichen Anordnungsfolgen angegeben. Alle diese Folgen sind azyklisch wie das Hasse Diagramm zeigt. R ist also eine azyklische Fuzzy Relation.

Wir betrachten die Eigenschaft:

1.8.11 Definition

Eine 2-stellige Fuzzy Relation R auf einer Grundmenge G heißt **min-max-transitiv**, wenn gilt:

$$R(x, y) \leq \min \{\max_{z \in G}[R(x, z), R(z, y)]\} \quad \text{für } x, y \in G$$

oder hierzu äquivalent:

$$R(x,y) \leq \max\{R(x,z),R(z,y)\} \quad \text{für alle } x,y \in G \text{ und alle } z \in G.$$

Es gilt der

1.8.12 Satz

Ist G endlich mit $|G| \geq 2$ und R eine 2-stellige Fuzzy Relation auf G, die reflexiv und min-max-transitiv ist, so ist die Fuzzy Relation (1-R) azyklisch.

Beweis:

Wäre (1-R) nicht azyklisch, dann existiert eine Folge x_1, x_2, ... ,x_m aus G, so daß gilt:

$$1-R(x_1,x_2) > 0, \ldots, 1-R(x_{m-1},x_m) > 0 \text{ und zusätzlich } 1-R(x_m,x_1) > 0.$$

Da R min-max-transitiv ist, und wegen

$$1\text{-}R(x,y) \geq \min\{1\text{-}R(x,z), 1\text{-}R(z,y)\} \text{ für alle } x,y \in G \text{ und } z \in G,$$

ist die Fuzzy Relation (1-R) max-min-transitiv. Daher folgt für $x = y = x_1$ und $z = x_2$:

$$1\text{-}R(x_1,x_1) \geq \min\{1\text{-}R(x_1,x_2),\ 1\text{-}R(x_2,x_1)\}$$

und entsprechend

$$1\text{-}R(x_2,x_1) \geq \min\{1\text{-}R(x_2,x_3),\ 1\text{-}R(x_3,x_1)\}$$
$$1\text{-}R(x_3,x_1) \geq \min\{1\text{-}R(x_3,x_4),\ 1\text{-}R(x_4,x_1)\}$$
$$\text{usw.}$$
$$1\text{-}R(x_{m-1},x_1) \geq \min\{1\text{-}R(x_{m-1},x_m),\ 1\text{-}R(x_m,x_1)\}.$$

Hieraus finden wir, indem wir nacheinander einsetzen:

$$1\text{-}R(x_1,x_1) \geq \min\{1\text{-}R(x_1,x_2),\ 1\text{-}R(x_2,x_3),\ 1\text{-}R(x_3,x_4),\ \dots,1\text{-}R(x_{m-1},x_m),\ 1\text{-}R(x_m,x_1)\}$$

Nach der obigen Annahme finden wir daher

$$1\text{-}R(x_1,x_1) > 0.$$

Es ist also $R(x_1,x_1) < 1$ im Widerspruch zur Reflexivität von R, d.h. $R(x_1,x_1) = 1$. □

1.8.13 Definition

Ist R eine 2-stellige antisymmetrische Fuzzy Relation $R : G \times G \to [0,1]$ mit $|G| \geq 2$, so heißt die Fuzzy Menge $D: G \to [0,1]$ mit

$$D(x) := \min_{y \in G \setminus \{x\}} [R(x, y)]$$

die **Dominanzmenge** von G.

Es gilt der

1.8.14 Satz

Es sei R eine antisymmetrische Fuzzy Relation auf einer endlichen Grundmenge G mit $|G| \geq 2$. Dann ist R genau dann reflexiv und (1-R) genau dann azyklisch, wenn für alle $A \subseteq G$ gilt:

$$\max_{a \in A}\{\min_{y \in A \setminus \{a\}} [R(a, y)]\} = 1, \qquad A \subseteq G$$

Beweis siehe [RUB93]:

Aus der voran stehenden Bedingung des Satzes folgt, dass es für jede Folge x_1, x_2, ... ,x_m aus G ein k mit $1 \le k \le m$ gibt, so dass gilt:

$$R(x_1,x_k) = 1 \iff 1\text{-}R(x_m,x_k) = 0.$$

Damit ist die Behauptung des Satzes bewiesen. □

1.8.14.1 Beispiel

$$R = \begin{pmatrix} 1 & 0.7 & 0.6 \\ 0.2 & 1 & 0.3 \\ 0.2 & 0.8 & 1 \end{pmatrix} = R^2$$

R ist antisymmetrisch und max-min-transitiv, d.h. fuzzy-transitiv. Die Bedingung des Satzes 1.8.14 ist nicht erfüllt.

$$\max_{a \in A}\{\min_{y \in A\setminus\{a\}}[R(a,y)]\} = \max\{0.7, 0.2\} = 0.7 \quad \text{für } A = \{x_1, x_2\} \subseteq G$$

R ist auch nicht min-max-transitiv:

$$R(x_3,x_2) = 0.8 > \min\{\max[0.2, 0.7], \max[0.8, 1], \max[1, 0.8]\} = \min\{0.7, 1, 1\} = 0.7$$

Durch Rechnung bestätigen wir, daß (1-R) min-max-transitiv ist, jedoch nicht azyklisch. Denn für die Folge x_1, x_2 gilt:

$$1\text{-}R(x_1, x_2) = 0.3, \qquad 1\text{-}R(x_2, x_1) = 0.8 \neq 0.$$

Gruppenentscheidungen

Die bisherigen Betrachtungen lassen eine Entscheidung zu, falls von einem Individuum oder einer Gruppe von Individuen gemeinsam eine Fuzzy Relation oder eine Nutzenfunktion im Sinne einer Fuzzy Menge auf der Grundmenge G der gegebenen Alternativen vorgegeben wird. Ein Beispiel für eine Nutzenfunktion ist die Fuzzy Menge der Nichtdominanz ND auf G zur Fuzzy Relation R. Wir werden im Folgenden statt von Nutzenfunktion von **Auswahlmenge** sprechen.

Falls die Individuen oder Teilmengen einer Gruppe von Entscheidern jeweils eigene Fuzzy Relationen oder Auswahlmengen auf der Grundmenge G der Alternativen aufstellen, so muß ein Verfahren angegeben werden, wie hieraus eine gemeinsame Entscheidung der gesamten Gruppe entstehen soll, wir sagen **aggregiert** werden soll. Bei mehreren Fuzzy Relationen von Teilmengen einer Gruppe kann im einfachsten Fall der

Vereinigungsoperator Maximum oder der Durchschnittsoperator Minimum als Mittel der Aggregation genommen werden. Wir werden uns hier auf den Fall der Aggregation von Auswahlmengen beschränken.

1.8.15 Definition

Es seien G eine endliche Menge von Alternativen und D eine endliche Menge von Entscheidern. Sind A und B Teilmengen von D und a: $G \to [0,1]$ und b: $G \to [0,1]$ die zu A bzw. B gehörenden Fuzzy Auswahlmengen auf G, so heißt eine kommutative und assoziative Verknüpfung @:

$$a \,@\, b : G \to [0,1]$$

eine **Entscheidungsaggregation** der Fuzzy Auswahlmengen a und b. Insbesondere heißen:

$a \,@\, b := \min\{a,b\}$ die **pessimistische Aggregation**

$a \,@\, b := \max\{a,b\}$ die **optimistische Aggregation**

und a@b mit $\alpha \in]0,1]$ und

$$a@b(x) := \begin{pmatrix} \min\{a(x),b(x)\} & \text{für} & a(x),b(x) \geq \alpha & x \in G \\ \max\{a(x),b(x)\} & \text{für} & a(x),b(x) < \alpha & \\ \alpha & \text{für} & a(x) \leq \alpha & b(x) \geq \alpha \\ & \text{oder} & a(x) \geq \alpha & b(x) \leq \alpha \end{pmatrix}$$

die **gemischte Aggregation** zum Wert α.

Von Entscheidungsaggregationen einer Gruppe fordert man die Erfüllung zusätzlicher Bedingungen, die dann auch **ethische Bedingungen** genannt werden. Wir definieren nun die fünf wichtigsten ethischen Bedingungen.

1.8.16 Definition

Es seien A,A',B,B' nicht leere Teilmengen der Gruppe D der Entscheider mit $A \cap B = \emptyset$ und $A' \cap B' = \emptyset$.

(a) Die Entscheidungsaggregation @ erfüllt die ethische Bedingung der **Anonymität**, falls für $|A| = |A'|$, $|B| = |B'|$ und a = a' und b = b' gilt:

$$a \,@\, b = a' \,@\, b'.$$

(b) Die Entscheidungsaggregation @ erfüllt die ethische Bedingung der **Unabhängigkeit von irrelevanten Alternativen**, falls für jede Teilmenge $G' \subseteq G$ mit a(x) = a'(x) und b(x) = b'(x) für alle $x \in G'$ gilt:

$$(a \,@\, b)(x) = (a' \,@\, b')(x) \quad \text{für alle } x \in G'.$$

(c) Die Entscheidungsaggregation @ erfüllt die ethische Bedingung der **Neutralität**, falls für jede Permutation π auf G und $a^\pi(x) := a(\pi(x))$, $b^\pi(x) := b(\pi(x))$ für alle $x \in G$ gilt:

$$(a^\pi @ b^\pi)(x) = (a @ b)((\pi(x)) \quad \text{für alle } x \in G .$$

(d) Die Entscheidungsaggregation @ erfüllt die ethische Bedingung der **nichtnegativen Reaktion**, falls für unterschiedliche Fuzzy Auswahlmengen a, a', b, b' für die Teilmengen A und B aus D mit $a \geq a'$, $b \geq b'$ und für mindestens ein $x \in G$ mit $a(x) > a'(x)$ oder $b(x) > b'(x)$ gilt:

$$a @ b \geq a' @ b' .$$

(e) Die Entscheidungsaggregation @ erfüllt die ethische Bedingung der **Einstimmigkeit**, falls für $a = b$ für alle Teilmengen A, B von D gilt:

$$a @ b = a = b .$$

Es gilt der

1.8.17 Satz

Eine Entscheidungsaggregation, die die voran stehenden fünf ethischen Bedingungen aus 1.8.16 erfüllt, hat die Eigenschaft:

$$(a @ b)(x) \in [\min\{a(x),b(x)\} , \max\{a(x),b(x)\}] \quad \text{für alle } x \in G$$

für alle nicht leeren und disjunkten Teilmengen A und B von D.

Beweis:

Wir unterscheiden zwei Fälle:
Fall 1: Es gilt $a(x) \leq b(x)$.
Dann folgt aus den ethischen Bedingungen, dass

$$\begin{aligned} a(x) &= a(x) @ a(x) \quad \text{wegen der Einstimmigkeit (e)} \\ &\leq a(x) @ b(x) \leq b(x) @ b(x) \text{ wegen der nichtnegativen Reaktion (d)} \\ &= b(x) \quad \text{wegen der Einstimmigkeit (e)} \end{aligned}$$

Also gilt:

$$a(x) \leq a(x) @ b(x) \leq b(x)$$

Fall 2: Es gilt $a(x) > b(x)$.
Dann folgt entsprechend

$$a(x) \geq a(x) @ b(x) \geq b(x)$$

Aus beiden Fällen leiten wir ab:

$$a(x) @ b(x) \in [\min\{a(x),b(x)\}, \max\{a(x),b(x)\}] \quad \text{für alle } x \in G.$$

□

1.8.17.1 Beispiel

Es sei die Entscheidungsaggregation @ bestimmt durch:

$$(a@b)(x) := \frac{i}{i+k}a(x) + \frac{k}{i+k}b(x) \quad \text{mit } i = |A|, k = |B| \quad \text{für alle } x \in G$$

Die Aggregation ist kommutativ und assoziativ, wie man leicht nachrechnet. Sie erfüllt die fünf ethischen Bedingungen der Definition 1.8.16.

Der Einfluß von Individuen oder Teilgruppen auf die Entscheidungsaggregation kann unter den klassischen Aspekten „Diktatur" und „Veto" betrachtet werden.

1.8.18 Definition

Es seien zwei nicht leere Teilmengen A und B aus D mit $A \cap B = \varnothing$ gegeben, sowie die dazu gehörenden Fuzzy Auswahlmengen a: $G \rightarrow [0,1]$ und b: $G \rightarrow [0,1]$ auf der Grundmenge G der Alternativen. Dann **bestimmt A eine γ-Diktatur über B** bei der Entscheidungsaggregation @, wenn gilt:

$$\gamma := \sup\{c\} \quad \text{mit} \quad (a @ b)(x) \geq c\, a(x) \quad \text{für alle } x \in G.$$

Für $\gamma = 1$ übt A eine **absolute Diktatur über B** aus.
A besitzt ein γ-Veto über B, wenn gilt:

$$\gamma := \sup\{c\} \quad \text{mit} \quad (a @ b)(x) \leq 1 - c[1 - a(x)] \quad \text{für alle } x \in G.$$

Für $\gamma = 1$ besitzt A ein **absolutes Veto über B.**

Bemerkung:

γ ist ein Wert aus dem Einheitsintervall, da a, b, a @ b Fuzzy Mengen sind. γ gibt daher den Erfüllungsgrad der Verifikation der Diktatur bzw. des Veto an.

1.8.18.1 Beispiel

Das Lukasiewicz ODER ist eine Aggregation, bei der A eine absolute Diktatur über B, und wegen der Kommutativität auch B eine absolute Diktatur über A ausübt:

$$a @ b := \min\{a+b, 1\} \geq a.$$

Beim Lukasiewicz UND besitzt A ein absolutes Veto über B und wegen der Kommutativität auch B ein absolutes Veto über A:

$$a @ b := \max\{0, a+b-1\} \leq a = 1 - 1[1-a].$$

1.8.19 Satz

Gegeben sei eine Entscheidungsaggregation @, die die fünf ethischen Bedingungen aus 1.8.16 erfüllt und für die jedes Individuum die absolute Diktatur über alle anderen Individuen aus der Entscheidergruppe D ausübt. Dann ist @ = max die optimistische Aggregation.

Beweis:

Es gelten dieselben Voraussetzungen wie in Satz 1.8.17, so dass für zwei beliebige nicht leere Teilgruppen A, B aus D mit $A \cap B = \emptyset$ gilt:

$$(a @ b)(x) \in [\ \min\{a(x),b(x)\}\ ,\ \max\{a(x),b(x)\}\ ] \quad \text{für alle } x \in G$$

also

$$(a @ b)(x) \leq \max\{a(x),b(x)\} \quad \text{für alle } x \in G.$$

Wegen der Assoziativität der Entscheidungsaggregation @ setzt sich die Entscheidung jeder Teilgruppe aus den Entscheidungen aller ihrer Individuen I zusammen. Daher gilt für alle Individuen $I \subset A \cup B$, die hier als einelementige Teilmengen betrachtet werden, mit der Fuzzy Auswahlmenge a_i

$$(a@b)(x) = \underset{I \subset A \cup B}{@} a_i(x) \leq \max_{I \subset A \cup B} a_i(x) \quad \text{für alle } x \in G$$

Nach der Definition 1.8.18 der absoluten Diktatur für jedes Individuum $I \subset A \cup B$ folgt:

$$(a @ b)(x) \geq a_i(x) \quad \text{für alle } x \in G \text{ und alle } I \subset A \cup B$$

Aus den letzten beiden Ungleichungen und der Assoziativität von @ folgt nun die Behauptung

$$(a@b)(x) = \max_{I \subset A \cup B} a_i(x) = \max\{\max_{I \subset A} a_i(x), \max_{I \subset B} b_i(x)\} = \max\{a(x), b(x)\} \text{ für alle } x \in G$$

Es bleibt nur noch zu zeigen, dass die optimistische Aggregation Maximumoperator alle fünf ethischen Bedingungen aus 1.8.16 als auch die Definition der absoluten Diktatur erfüllt, d.h. daß $(a @ b)(x) = \max\{a(x),b(x)\} = a(x)$ für alle $x \in G$ gilt. □

Die Diktatur und das Veto sind duale Begriffe im Sinne der Verbandstheorie. Es ist daher nicht überraschend, dass der nachfolgende Satz gilt.

1.8.20 Satz

Gegeben sei eine Entscheidungsaggregation @, die die fünf ethischen Bedingungen aus 1.8.16 erfüllt und für die jedes Individuum das absolute Veto gegenüber allen anderen Individuen aus der Entscheidergruppe D besitzt. Dann ist @ = min die pessimistische Aggregation.

Beweis:

Dieser Satz ist dual im Sinne der Verbandstheorie zu Satz 1.8.19. □

Multikriteria-Entscheidungen

Liegen mehrere Auswahlfunktionen vor, so sprechen wir bei Entscheidungen auch von **Multikriteria-Entscheidungen**. Problemabhängig sind dann die Auswahlfunktionen miteinander zu aggregieren. Die Aggregation kann dann mit Hilfe von UND und ODER oder anderen Operatoren wie etwa T-Normen und T-Konormen (siehe Definitionen 3.6.2 und 3.6.3) geschehen. Wir zeigen das Verfahren an einem Beispiel.

1.8.20.1 Beispiel: Baufirma

Wir betrachten die Auftragslage einer Baufirma, der die Auftragsmenge

$$A = \{x_1, x_2, x_3, x_4\}$$

vorliegt. Nach den Kriterien Wirkung, Gewinn und Baudauer soll entschieden werden, welcher der vorliegenden Aufträge als nächster durchgeführt werden soll. In der vorliegenden Problemumgebung haben wir die Sprachkonstrukte

S = {große Wirkung, großer Gewinn, lange Baudauer}

auf der Grundmenge A mit Auswahlfunktionen, d.h. in diesem Fall mit einem Bewertungsschema zu belegen. Die Sprachkonstrukte werden wir später im 2. Kapitel als **Syntagmen** bezeichnen:

Syntagma	x_1	x_2	x_3	x_4
M(große Wirkung)	1	0.6	0	0
M(großer Gewinn)	0.5	0.7	1	0
M(lange Baudauer)	0.9	0.6	1	0

Die Ziele der Baufirma können mit Hilfe dieser Syntagmen zusammen mit modifizierenden Attributen beschrieben werden:

Z_1 := M(nicht sehr große Wirkung),
Z_2 := M(sehr großer Gewinn),
Z_3 := M(annähernd lange Baudauer).

Durch den Auftraggeber gibt es Einschränkungen bei der Entscheidung der Baufirma, die als mit Attributen versehene Syntagmen angegeben werden können:

E_1 := M(sehr große Wirkung),
E_2 := M(kurze Baudauer) = M(nicht lange Baudauer).

Die Modifizierungen mit Attributen werden wir für „sehr" mit dem Operator CON, für „annähernd" mit dem Operator INT und „nicht" mit dem Operator Komplement modellieren. Die zu den Zielen und Einschränkungen gehörenden Fuzzy Mengen sind dann durch folgende Fuzzy Mengen bestimmt:

Syntagma	x_1	x_2	x_3	x_4
M_{Z1}	0	0.64	1	1
M_{Z2}	0.25	0.49	1	0
M_{Z3}	0.98	0.68	1	0
M_{E1}	1	0.36	0	0
M_{E2}	0.1	0.4	0	1

Die Entscheidung der Baufirma wird von Regeln abhängig gemacht, die zusammen mit den Verknüpfungen UND, ODER und NICHT beschrieben werden können. Wir geben hier mögliche Beispiele:

- pessimistische Entscheidung P:
  P := E_1 und E_2 und Z_1 und Z_2 und Z_3
- optimistische Entscheidung O:
  O := (E_1 und Z_1) oder (E_2 und Z_3)

Wir erhalten dann die zu diesen Entscheidungsregeln gehörenden Fuzzy Mengen:

$$M_P = M_{E1} \cap M_{E2} \cap M_{Z1} \cap M_{Z2} \cap M_{Z3},$$

$$M_O = (M_{E1} \cap M_{Z1}) \cup (M_{E2} \cap M_{Z3}),$$

also das Schema:

Syntagma	x_1	x_2	x_3	x_4
M_P	0	0.36	0	0
M_O	0.1	0.4	0	0

Wir können nun als Kriterium für die Erfüllung einer Regel die Höhe der Fuzzy Mengen im Sinne eines Fuzzy Wahrheitswertes betrachten. Dann finden wir:

$$H(P) = 0.36 \qquad H(O) = 0.4.$$

Wir können eine der beiden Entscheidungen bevorzugen, falls nicht noch weitere Regeln gegeben werden. Diese beiden Regeln können wir aber auch mit dem sogenannten **γ-Operator** zu einer neuen Regel

$$P \circ_\gamma O \text{ mit } M_{P \circ_\gamma O}(x) := (1-\gamma)\, M_P(x) + \gamma\, M_O(x), \quad x \in A$$

zusammenfassen. γ ist dann ein Erfahrungswert, der auch angelernt werden kann.

Eine andere Entscheidungsmöglichkeit besteht darin, einen Mindestwert α für einen durchzuführenden Auftrag generell festzulegen und nachzusehen, welche der Aufträge dann noch in den α-Schnitten der Höhe α für die Regeln kommen:

$$(M_P)_\alpha \cap (M_O)_\alpha = \begin{cases} \{x_2\} & \text{für } 0 \le \alpha \le 0.36 \\ \emptyset & \text{sonst} \end{cases}$$

Wir können mehrere Entscheidungsregeln modifizieren, indem wir sogenannte **Konvexkombinationen** auf die Zugehörigkeitswerte von n Regeln R_i (i=1,...,n) anwenden:

$$\sum_{i=1}^{n} \gamma_i (M_{R_i})(x) \text{ mit } \sum_{i=1}^{n} \gamma_i = 1 \text{ für } x \in A$$

1.9 Fuzzy Optimierung

Aus der Mathematisierung der Betriebswirtschaftslehre entstand in den letzten 50 Jahren das Gebiet des Operations Research (OR). Es handelt sich dabei im wesentlichen um die Optimierung der Lösung betriebswirtschaftlicher Fälle, etwa bei Planung, Entscheidungsvorbereitung, Unternehmensforschung, Marktanalyse, Bewertung von Konfliktsituationen und vieles andere mehr. Die Methoden des OR haben in vielen anderen Gebieten Anwendungen gefunden und haben oft von dort neue Impulse und nicht selten dadurch kräftige Entwicklungsunterstützung erhalten (z.B. durch militärische Institutionen).

Durch die Fuzzy Technologie hat dieses inzwischen klassische Gebiet in den letzten zwei Jahrzehnten eine wesentliche Erweiterung der Methoden erfahren. Anstelle der harten Schwarz-Weiß-Logik des klassischen OR zur Maximierung oder Minimierung von Zielfunktionen ist die weiche Grauwertlogik der Fuzzy Technologie getreten, die eine Optimierung bei Relaxierung der bisher hart vorgegebenen Bedingungen ermöglicht.

Wir greifen uns aus OR die lineare Optimierung und ihre ganzzahlige Modifikation heraus, die wir dann im zweiten Teil dieses Abschnittes fuzzifizieren. Die Methoden und Ergebnisse werden ohne Beweis angeführt und ansonsten auf die Literatur verwiesen.

Wir beginnen mit dem

1.9.1.1 Beispiel Hobbygärtner

Ein Hobbygärtner will die 100 m^2 Nutzfläche seines Gartens optimal mit Blumen und Gemüse bepflanzen. Sein Kapital beträgt 720 €. Für den Anbau sind Arbeits- und Materialkosten von 6 €/m^2 für Gemüse und 9 €/m^2 für Blumen zu veranschlagen. Der zu erwartende (und zu maximierende) Gewinn beträgt 10 €/m^2 für Gemüse und 20 €/m^2 für Blumen. Schließlich sind nur 60 m^2 aufgrund von Sonne und Schatten für den Blumenanbau geeignet. Daraus ergibt sich folgendes Problem der Linearen Optimierung:

$-20x_1 - 10x_2 \rightarrow \min$ unter den Einschränkungen

$x_1 + x_2 \leq 100$

$9x_1 + 6x_2 \leq 720$

$x_1 \leq 60$

$x_1 \geq 0, x_2 \geq 0$

Hierbei steht x_1 für die zum Blumenanbau vorgesehene Fläche und x_2 für die Fläche zum Kohlanbau. Da wir nur zwei Variablen haben (in der Praxis sind 100 Variablen manchmal nicht ausreichend), läßt sich der Bereich der Punkte (x_1,x_2), für die eine Lösung des Problems existiert, - auch Bereich zulässiger Punkte genannt - in einfacher Weise graphisch darstellen, indem wir die fünf Geraden, die durch die Nebenbedingungen gegeben sind, in eine Graphik eintragen. Die zu den Nebenbedingungen gehörenden Halbräume bezüglich dieser Geraden bestimmen dann die Menge der zulässigen Punkte für das gegebene Problem.

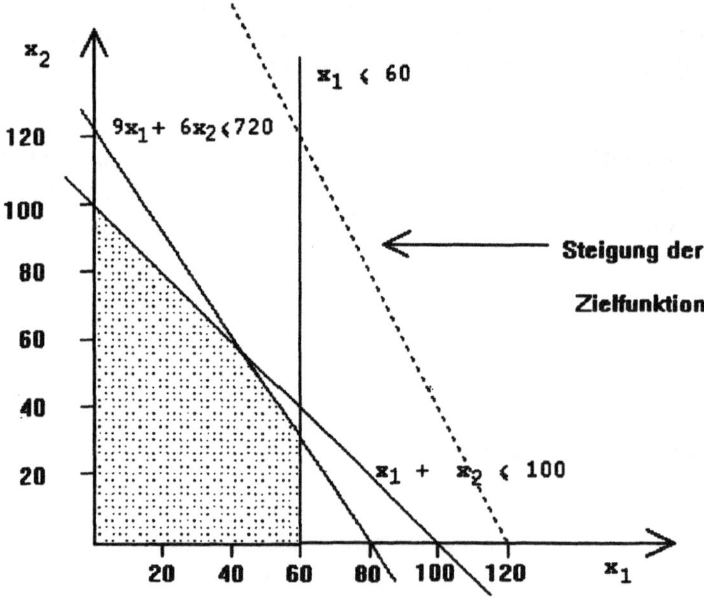

Wenn wir für verschiedene z-Werte die Gleichung $-20x_1 - 10x_2 = z$ oder $20x_1 + 10x_2 = -z$ betrachten, stellen wir fest, dass diese zu unterschiedlichen z definierten Geraden stets die gleiche Steigung haben. Je kleiner der z-Wert, desto weiter „rechts“ verläuft die Gerade. In unserer Abbildung ist z = -2400, und die Gerade schneidet den Bereich der zulässigen Punkte nicht, d.h. der Gewinn von DM 2400 ist nicht realisierbar. Indem wir den gewünschten Gewinn sinken lassen, wird die Zielfunktionsgerade parallel nach links verschoben. Für z = -1500 berührt sie den zulässigen Bereich erstmals im Punkt (60,30). Der Gewinn von 1500 € ist also erreichbar (60 m^2 Blumen und 30 m^2 Gemüse), während ein größerer Gewinn nicht erreichbar ist. Bei dieser Lösung bleiben dem Gärtner sogar 10 m^2 für seinen Liegestuhl.

Im zweidimensionalen Fall erhalten wir für ein Optimierungsproblem der obigen Art stets ein konvexes Polygon, das die Menge der zulässige Punkte einschließt. Wenn es eine optimale Lösung gibt, wird diese auch an einem Eckpunkt des zulässigen Bereichs angenommen, da bei der Parallelverschiebung der Zielgeraden zunächst eine Ecke erreicht wird. Es kann auch ein ganzes Geradenstück erreicht werden, wenn die Zielgerade parallel zu einer Nebenbedingungsgeraden verläuft. Zu diesem Geradenstück gehört dann auch ein Eckpunkt.

Im voran stehenden Beispiel haben wir für den Lösungsansatz eine geometrische Darstellung benutzt. Sie beruht im wesentlichen auf den geometrischen Eigenschaften konvexer Polyeder im n-dimensionalen Raum $\mathbb{R}^n$. Es ist daher zweckmäßig, zunächst einige Kenntnisse über konvexe Polyeder zu erhalten.

Die nachfolgenden Ausführungen stützen sich weitgehend auf das Lehrbuch von Collatz und Wetterling, Optimierungsaufgaben [C+W66].

1.9.2 Definition

Eine Menge $M \subseteq \mathbb{R}^n$ heißt **konvex**, wenn für alle $p,q \in M$ die Verbindungsstrecke zwischen p und q in M liegt.

Ein einfaches Beispiel für eine konvexe Menge ist ein Halbraum bezüglich einer Hyperebene im $\mathbb{R}^n$.

Ist die Hyperebene h gegeben durch die Gleichung

(h) $$a_1 x_1 + \ldots + a_n x_n = b,$$

so heißt $$H(a,b) := \{x \mid x \in \mathbb{R}^n, ax - b \leq 0\}$$

mit $$ax := a_1 x_1 + \ldots + a_n x_n,\ a = (a_1,\ldots,a_n),\ x = (x_1,\ldots,x_n)$$

der **Halbraum bezüglich der Hyperebene h** mit dem (äußeren) **Normalenvektor a**.

Wir betrachten die stetige Funkton

$$f(x) = ax - b \quad \text{für} \quad x \in \mathbb{R}^n$$

auf $\mathbb{R}^n$. Für die Punkte p der Hyperebene h gilt:

$$p \in h \quad \Leftrightarrow \quad f(p) = ax - b = 0$$

Ist $n := a/|a|$ der äußere Normaleneinheitsvektor des Halbraumes H(a,b), $p \in h$ und $q = p + cn$, so gilt:

$$f(q) = ap - b + c\frac{a^2}{|a|} = c\frac{a^2}{|a|} \begin{cases} < 0 & \text{für} \quad c < 0 \\ > 0 & \text{für} \quad c > 0 \end{cases}$$

Also

$$q \in H(a,b) \quad \Leftrightarrow \quad c < 0$$

Multiplizieren wir die voran stehende Funktion f mit (-1), so erhalten wir wegen

$$-f(x) = -ax - (-b) \quad \text{für} \quad x \in \mathbb{R}^n$$

den zweiten Halbraum bezüglich der Hyperebene h in der Form:

$$H := H(-a,-b) := \{x \mid x \in \mathbb{R}^n, -ax + b \leq 0\}$$

1.9.3 Satz

Die beiden Halbräume bezüglich einer Hyperebene h des $\mathbb{R}^n$ sind konvex und abgeschlossen.

Es werden die Begriffe offen und abgeschlossen für Mengen des $\mathbb{R}^n$ wie üblich benutzt.

1.9.4 Satz

Der Durchschnitt von beliebig vielen abgeschlossenen Halbräumen bezüglich Hyperebenen des $\mathbb{R}^n$ ist konvex und abgeschlossen im $\mathbb{R}^n$.

1.9.5 Definition

Die **konvexe Hülle** einer Menge $M \subseteq \mathbb{R}^n$ ist der Durchschnitt aller konvexen Mengen $S \supseteq M$.

Die konvexe Hülle ist die kleinste konvexe Obermenge einer gegebenen Menge.

1.9.6 Definition

Ein Punkt $p \in \mathbb{R}^n$ heißt eine **konvexe Linearkombination** oder kurz **Konvexkombination** von $p_1,\ldots,p_r \in \mathbb{R}^n$, wenn es $\lambda_i \geq 0$ mit $\Sigma\lambda_i = 1$ gibt, so dass gilt:

$$p = \lambda_1 p_1 + \ldots + \lambda_r p_r.$$

1.9.7 Satz

Die konvexe Hülle einer Menge $M \subseteq \mathbb{R}^n$ ist genau die Menge S aller konvexen Linearkombinationen von Punkten aus M.

1.9.8 Definition

Ein Punkt e einer konvexen Menge M heißt **Extrempunkt** von M, wenn aus $e = \lambda p + (1-\lambda)q$ mit $p,q \in M$ und $0 < \lambda < 1$ folgt: $e = p = q$.

Eine Strecke hat als Extrempunkte die Endpunkte, ein Dreieck die Eckpunkte. Es gilt der wichtige

1.9.9 Satz von Krein-Milman

Ist $M \subseteq \mathbb{R}^n$ eine konvexe und kompakte (d.h. eine abgeschlossene und beschränkte) Menge, so läßt sich jeder Punkt $p \in M$ als konvexe Linearkombination von höchstens $n + 1$Extrempunkten von M darstellen.

Zum Beweis siehe Collatz und Wetterling [C+W66]. Für ein konvexes Polygon in der Ebene hat man zu einem gegebenen Punkt p drei Extrempunkte so zu wählen, daß p in das Dreieck dieser Extrempunkte zu liegen kommt.

Ein geschlossenes Polygon in der Ebene $\mathbb{R}^2$ läßt sich darstellen als Durchschnitt von Halbebenen, deren zugehörige Geraden (= Hyperbenenen des $\mathbb{R}^n$) die Seiten des Polygons bestimmen. Das Polygon ist dann der Rand der eingeschlossenen konvexen Menge, die der Durchschnitt der Halbebenen ist. Die Eckpunkte des Polygons sind die Extrempunkte dieser konvexen Menge. Trianguliert man diese konvexe Menge, indem man jeweils drei geeignete Eckpunkte des Polygons zu einem Dreieck verbindet, so kann man die Aussage des voranstehenden Satzes von Krein-Milman direkt bestätigen.

Bemerkung:

Wir haben oben die Beschreibung von Halbräumen auf die Betrachtung von linearen Funktionen zurückgeführt. Die Zielfunktion aus dem Beispiel Hobbygärtner wird in einem Halbraum minimal. Die Minimalität muß in wenigstens einem der Extrempunkte auftreten. Wir erreichen einen solchen Extrempunkt, indem wir die Hyperebene zur Zielfunktion so wählen, daß sie durch den Extrempunkt geht und die konvexe Menge, die durch die Bedingungen bestimmt wird, genau in der Halbebene zu liegen kommt, in der die Funktion der Hyperebene nicht negativ ist. Am einfachsten kann man dies offensichtlich für ein Dreieck als konvexe Menge erreichen.

1.9.10 Definition

Eine kompakte konvexe Menge des $\mathbb{R}^n$ mit genau n + 1 Extrempunkten heißt ein **Simplex** des $\mathbb{R}^n$.

In der Ebene ist ein Dreieck ein Simplex; im Raum ist ein Tetraeder ein Simplex.

Wir werden später die Bedingungen einer Optimierungsaufgabe durch Einführen von zusätzlichen Variablen so verändern, daß wir sie auf dem Rand eines Simplex betrachten können ($\rightarrow$ Simplexmethode).

Zunächst benötigen wir noch einige weitere Kenntnisse, die wir im nachfolgenden Satz zusammenfassen.

1.9.11 Satz von der trennenden Hyperebene

Ist $M \subseteq \mathbb{R}^n$ eine konvexe und abgeschlossene Menge und p ein Randpunkt von M, dann gibt es eine Hyperebene h durch p, so daß alle $x \in M$ im gleichen Halbraum bezüglich h liegen. h heißt **Stützhyperbene** der konvexen Menge M.

1.9.12 Definition: Lineares Optimierungsproblem

Ein Lineares Optimierungsproblem besteht darin, daß eine lineare Zielfunktion Z unter linearen Nebenbedingungen ein Minimum annehmen soll. Ist n die Anzahl der Variablen x_j und m die Anzahl der Nebenbedingungen, so lautet die Beschreibung des Linearen Optimierungsproblems:

$$Z(x) := c_1x_1 + \ldots + c_nx_n \rightarrow \min$$

unter den Nebenbedingungen

$$a_{i1}x_1 + \ldots + a_{in}x_n \leq b_i \quad \text{für} \quad i = 1,\ldots,m$$

und den Bedingungen

$$x_j \geq 0, \; j = 1,\ldots,n.$$

Die Koeffizienten a_{ij}, b_i und c_j ($i=1,\ldots,m$; $j=1,\ldots,n$) sind reelle Zahlen. Die Problemformulierung ist allgemeiner, als sie auf den ersten Blick aussieht. Wenn wir eine lineare Funktion maximieren und nicht minimieren wollen, genügt es, die Zielfunktion mit (-1) zu multiplizieren, um wieder ein Minimierungsproblem zu erhalten. Bedingungen vom Typ $\geq$ werden ebenfalls durch Multiplikation mit (-1) zu Nebenbedingungen vom Typ $\leq$. Nebenbedingungen, die durch Gleichungen gegeben sind, werden in eine $\geq$- und eine $\leq$-Nebenbedingung zerlegt. Schließlich kann eine unbeschränkte Variable x_j durch die Differenz zweier Variablen $x_j''-x_j'$ mit $x_j'\geq 0$ und $x_j''\geq 0$ ausgedrückt werden. Nur Nebenbedingungen vom Typ $<$ werden ausgeschlossen. Dies macht aus zwei Gründen Sinn. Aus praktischer Sicht sind $\leq$-Bedingungen viel natürlicher als $<$-Bedingungen. Aus theoretischer Sicht führen $<$-Bedingungen zu Problemen ohne Lösungen wegen der Nichtabgeschlossenheit der Menge der zulässigen Punkte. Schon die Maximierung von x_1 unter der Nebenbedingung $x_1 < 1$ hat keine Lösung.

Der einfacheren Schreibweise wegen führen wir folgende Notation ein. Die Parameter werden zu Spaltenvektoren c, x und b und die Nebenbedingungen zu einer $m \times n$-Matrix A zusammengefaßt. Die Aufgabe besteht dann in der Minimierung von $Z(x) = c^Tx$ (dabei ist c^T der transponierte Vektor von c, also ein Zeilenvektor) unter den Nebenbedingungen $Ax \leq b$ und $x \geq 0$.

Man kann nun die nachfolgenden Aussagen beweisen. Dabei nennen wir die Menge der zulässigen Punkte kurz **zulässige Menge**.

1.9.13 Satz

Falls die zulässige Menge (d.h. die Schnittmenge aller Nebenbedingungen und Bedingungen) eines Optimierungsproblems nicht leer ist, enthält sie mindestens einen Extrempunkt.

1.9.14 Satz

Nimmt die Zielfunktion Z ihr Minimum auf der zulässigen Menge an, dann nimmt Z ihr Minimum auch in einem Extrempunkt der zulässigen Menge an.

1.9.15 Satz

Jeder Extrempunkt der zulässigen Menge M ist Schnittpunkt von n linear unabhängigen Hyperebenen aus der Menge der n+m Hyperebenen, die durch die m Nebenbedingungen und die n Bedingungen $x_j \geq 0$ definiert sind.

Es gibt maximal $\binom{m+n}{n}$ Extrempunkte der zulässigen Menge.

1.9.16 Satz

Jedes lokale Minimum der Zielfunktion Z auf der zulässigen Menge M ist ein globales Minimum.

Der letzte Satz ist eine ummittelbare Folge der Linearität der Zielfunktion.

Bemerkung:

Man leitet aus den voran stehenden Sätzen sofort eine Lösungsstrategie ab, die allerdings für viele Variable und viele Nebenbedingungen nicht brauchbar ist. Ist die zulässige Menge eines Linearen Optimierungsproblems beschränkt, so nimmt wegen der daraus folgenden Kompaktheit die Zielfunktion in einem der Extrempunkte ihr Minimum an. Man muß also nur sämtliche Extrempunkte bestimmen. Für den unbeschränkten Fall der zulässigen Menge M benötigt man nun allerdings ein Kriterium dafür, wann die Zielfunktion nach unten unbeschränkt ist.

Das bekannteste Lösungsverfahren der Linearen Optimierung ist die Simplex-Methode, die wir zunächst an einem einfachen Beispiel vorstellen.

1.9.16.1 Beispiel

Wir zeigen am nachfolgenden Beispielen, dass die zulässige Menge eines Linearen Optimierungsproblems auf eine nicht achsenparallele Fläche eines Simplex in einem Raum genügend großer Dimension aufgebracht werden kann. Sodann hat man einen Pfad zu einem derjenigen Eckpunkte der Simplex-Fläche zu finden, der ein Minimum der Zielfunktion ergibt.

Wir betrachten die einfache Aufgabe:

$$-x_1 - 10x_2 = Z \rightarrow \min$$

mit der Nebenbedingung

$$2x_1 + 3x_2 \leq 6$$

und den Bedingungen

$$x_1 \geq 0\,,\;\; x_2 \geq 0$$

Die untenstehende Graphik zeigt die zulässige Menge und eine Parallele zur linearen Zielfunktion Z. Man sieht sofort, dass der Punkt (0,2) das Problem löst. Das Minimum von Z ist -20.

Statt der Ungleichung bringen wir eine Gleichheit dadurch zustande, dass wir eine neue unabhängige Variable u hinzufügen, die dann allerdings auch nicht negativ werden soll. Dann heißt das Lineare Optimierungsproblem, falls Z bereits das erwartete Minimum der Zielfunktion ist:

$$\begin{aligned} -x_1 - 10x_2 + 0 &= Z \\ 2x_1 + 3x_2 - 6 &= -u \\ x_1 \geq 0,\; x_2 \geq 0,\; u &\geq 0 \end{aligned}$$

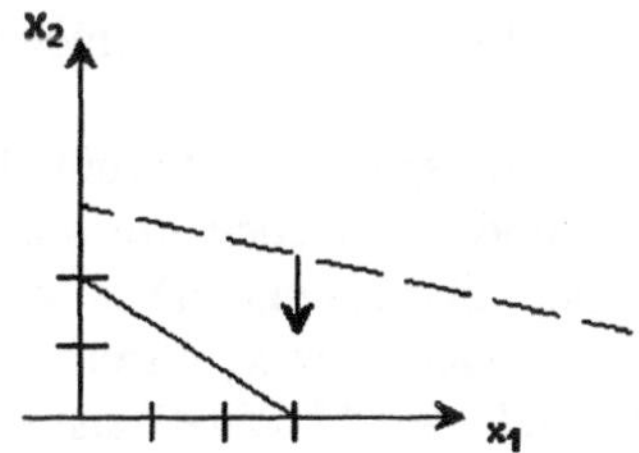

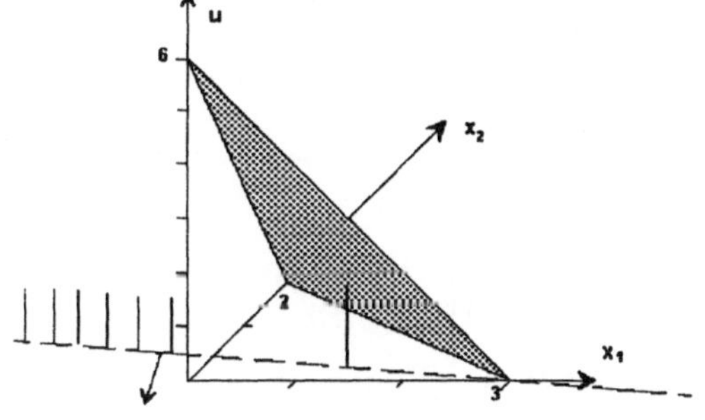

Wir erhalten nun in der geometrischen Interpretation eine räumliche Figur. Die Nebenbedingung wird durch die nicht achsenparallele Seite des gezeigten Simplex definiert.

Die neue Variable u heißt **Basisvariable**; die alten Variablen x_1, x_2 heißen **Nicht-Basisvariablen**. Der Eckpunkt des Simplex über dem Nullpunkt des Koordinatensystems heißt **Basispunkt** (0,0,6). Die letzte Koordinate u des Basispunktes errechnet sich durch Einsetzen von $x_1 = 0$, $x_2 = 0$ in die Nebenbedingungsgleichung.

Wir schreiben die Formeln in einer strukturierten Form (links), aus der eine Tabellenform (rechts) abgeleitet wird, die das nachfolgende „Simplextableau" vorbereitet.

$$\begin{aligned} &Z \text{ minimieren} \\ &2x_1 + 3x_2 - 6 = -u \\ &-x_1 - 10x_2 + 0 = Z \end{aligned}$$

x_1	x_2		
2	3	-6	-u
-1	-10	0	Z

Da in der Minimumbedingung x_1 und x_2 auch positive Werte annehmen können, verkleinert sich der Wert Z, d.h. Z ist für den Basispunkt noch nicht minimal. Die angezeigte Ebene durch den Nullpunkt, die der Minimumgleichung entspricht, kann noch, wie die Abbildung zeigt, in einen anderen Eckpunkt parallel verschoben werden. Verschiebt man in den linken Eckpunkt (3,0,0), so schneidet die verschobene Ebene das Simplex. Das kann noch nicht das Minimum ergeben. Verschiebt man jedoch zum Eckpunkt (0,2,0), so haben wir wieder das endgültige Ergebnis.

Es erhebt sich also die Frage, wohin man verschiebt. Da alle Eckpunkte der Nebenbedingungsfläche auf den Koordinatenachsen liegen, gilt die Regel: Man verschiebt in die Richtung, d.h. auf diejenige Ecke zu, die die größte Projektion des Normalenvektors der Zielfunktion ergibt. Diese Projektionen sind aber gerade die Koeffizienten in der linearen Zielfunktion. Dort wählen wir die Variable mit dem größten Koeffizienten aus.

In unserem Beispiel ist der größte Koeffizient bei x_2. Nun verschieben wir jedoch nicht parallel, sondern machen die durch den größten Koeffizienten ausgezeichnete Ecke zum neuen Basispunkt. Dies erreichen wir durch eine affine Koordinatentransformation, indem wir x_2 durch u ersetzen und umgekehrt, d.h. x_2 wird neue Basisvariable, und u wird Nicht-Basisvariable. Aus der Nebenbedingungsgleichung folgt:

$$x_2 = -\tfrac{2}{3}x_1 - \tfrac{1}{3}u + 2$$

Wir definieren die Koordinatentransformation

$$\begin{pmatrix} x_1 \\ x_2 \\ u \end{pmatrix} = \begin{pmatrix} 1 & 0 & 0 \\ -\frac{2}{3} & 0 & -\frac{1}{3} \\ 0 & 1 & 0 \end{pmatrix} \begin{pmatrix} x_1' \\ x_2' \\ u' \end{pmatrix}$$

mit dem Basiswechsel

$$\begin{pmatrix} e_1' \\ e_2' \\ e_3' \end{pmatrix} = \begin{pmatrix} 1 & -\frac{2}{3} & 0 \\ 0 & 0 & 1 \\ 0 & -\frac{1}{3} & 0 \end{pmatrix} \begin{pmatrix} e_1 \\ e_2 \\ e_3 \end{pmatrix}$$

Daher liegt

$$e_1' = e_1 - \tfrac{2}{3} e_2$$

in der Schnittgeraden der Nebenbedingungsfläche und der x_1u-Koordinatenebene. Der Schiebevektor der Koordinatentransformation ist (0,2,0).

Das transformierte System heißt nun:

$$\begin{aligned} \tfrac{17}{3}x_1' + \tfrac{10}{3}u' - 20 &= Z \\ \tfrac{2}{3}x_1' + \tfrac{1}{3}u' - 2 &= -x_2' \end{aligned}$$

Man spart sich die vielen Umbenennungen, wenn man nur die Variablen entsprechend der Koordinatentransformation, d.h. entsprechend ihrer neuen Rolle auf die vorbestimmten Rollenplätze schiebt:

$$\begin{aligned} \tfrac{17}{3}x_1 + \tfrac{10}{3}u - 20 &= Z \\ \tfrac{2}{3}x_1 + \tfrac{1}{3}u - 2 &= -x_2 \end{aligned}$$

Aufgrund des Rollenplatzes ist x_2 nun Basisvariable und u Nicht-Basisvariable.

In der neuen Zielgleichung haben alle neuen Nicht-Basisvariablen ein positives Vorzeichen. Der neue Basispunkt (0,2,0) ist nicht mehr zu verbessern, da x_1 und u nicht negativ sein können. In ihm wird das absolute Minimum -20 der Zielfunktion Z bei der gegebenen Nebenbedingung angenommen.

Dieses kleine Beispiel zeigt nun bereits das Arbeitsprinzip der Simplex-Methode in seinem wesentlichen Gang. Es kann mit Verfeinerungen des Verfahrens gezeigt werden, dass dieses Verfahren nach endlich vielen Schritten abbricht oder dass kein Minimum existiert. Das System des Rollenplatzes führt uns zur Idee, ein festes Systemtableau einzuführen und die Koordinatentransformationen als Transformationen des Tableaus aufzuschreiben.

Für diese Aufgabe der Tableautransformation erhalten wir:

Minimiere Z

$$\tfrac{2}{3}x_1 + \tfrac{1}{3}u - 2 = -x_2$$

$$\tfrac{17}{3}x_1 + \tfrac{10}{3}u - 20 = Z$$

x_1	u		
2/3	1/3	- 2	- x_2
17/3	10/3	-20	Z

1.9.17 Definition: Simplextableau

Wir betrachten das Lineare Optimierungsproblem

$$Z \rightarrow \text{minimieren}$$
$$cx + 0 = Z$$
$$Ax - b = -u$$
$$x \geq 0, u \geq 0$$

Hierzu gehört das **Simplextableau**

x_1 x_2 ... x_n		
a_{11} a_{12} ... a_{1n} a_{21} a_{22} ... a_{2n} : : a_{m1} a_{m2} ... a_{mn}	$-b_1$ $-b_2$ $-b_m$	$-u_1$ $-u_2$ $-u_m$
c_1 c_2 ... c_n	0	Z

1.9.18 Definition

Zwei Simplextableaus heißen **äquivalent**, wenn die zugehörigen Gleichungssysteme äquivalent sind, d.h. die gleiche Lösungsmengen haben. Ein **Basispunkt** (x,u):= (0,b) heißt **zulässig**, wenn er nicht negative Koordinaten besitzt, sonst unzulässig.

Die beiden nachfolgenden Sätze geben wir ohne Beweis an.

1.9.19 Satz

Sind in einem Simplextableau die b-Werte der letzen Spalte nicht negativ,so ist der zugehörige Basispunkt zulässig. Sind darüber hinaus die c-Werte der letzten Zeile nicht negativ, ist der Basispunkt optimal.

1.9.20 Satz

Wenn ein Simplextableau mit der Basis $x_1,...,x_k,u_{k+1},...,u_m$ äquivalent zu dem zu einem linearen Optimierungsproblem gehörenden Simplextableau ist, so sind die Hyperebenen $u_1=0$, ... ,$u_k=0$, $x_{k+1}=0$, ... ,$x_n=0$ linear unabhängig. Der zugehörige Basispunkt ist also, falls er zulässig ist, Extrempunkt der zulässigen Menge.

Wir wollen nun die Folgen eines Basiswechsels am Simplextableau nachvollziehen. Es seien $r_1,...,r_n$ die Nicht-Basisvariablen und $s_1,...,s_m$ die Basisvariablen. Das Simplextableau habe dann folgendes Aussehen:

$r_1 \quad r_2 \quad \ldots \quad r_n$		
$a_{11} \quad a_{12} \quad \ldots \quad a_{1n}$	$-b_1$	$-s_1$
$a_{21} \quad a_{22} \quad \ldots \quad a_{2n}$	$-b_2$	$-s_2$
$\vdots \qquad\qquad \vdots$		
$a_{m1} \quad a_{m2} \quad \ldots \quad a_{mn}$	$-b_m$	$-s_m$
$c_1 \quad c_2 \quad \ldots \quad c_n$	δ	Z

Beim Basiswechsel $r_k \longleftrightarrow s_i$ heißt das Element a_{ik} **Pivotelement**. Im Englischen steht „pivot" für Drehpunkt. Im Simplextableau ist a_{ik} der Drehpunkt, um den sich der Basiswechsel vollzieht. Wir führen diesen Basiswechsel nur durch, wenn das Element $a_{ik} \neq 0$ ist. Dann folgt:

$$-r_k = \frac{a_{i1}}{a_{ik}} r_1 + \ldots + \frac{a_{i,k-1}}{a_{ik}} r_{k-1} + \frac{1}{a_{ik}} s_i + \frac{a_{i,k+1}}{a_{ik}} r_{k+1} + \ldots + \frac{a_{in}}{a_{ik}} r_n - \frac{b_i}{a_{ik}}$$

In der Matrix wird das Pivotelement a_{ik} durch $1/a_{ik}$ ersetzt. Alle anderen Elemente der Pivotzeile werden durch a_{ik} dividiert. Betrachten wir nun für $j \neq i$ die j-te Zeile des Tableaus:

$$a_{j1} r_1 + \ldots + a_{j,k-1} r_{k-1} + a_{jk} r_k + a_{j,k+1} r_{k+1} + \ldots + a_{jn} r_n - b_j = -s_j$$

Wir setzen nun für r_k den obigen Wert ein und fassen zusammen. Es ergibt sich:

$$-s_j = (a_{j1} - a_{jk}\frac{a_{i1}}{a_{ik}})r_1 + \ldots + (a_{j,k-1} - a_{jk}\frac{a_{i,k-1}}{a_{ik}})\, r_{k-1} - \frac{a_{jk}}{a_{ik}} s_i +$$

$$(a_{j,k+1} - a_{jk}\frac{a_{i,k+1}}{a_{ik}})r_{k+1} + \ldots + (a_{jn} - a_{jk}\frac{a_{in}}{a_{ik}})r_n - (b_j - a_{jk}\frac{b_i}{a_{ik}})$$

Die letzte Zeile des Tableaus wird analog umgeformt. Wir fassen die Auswirkungen des Basiswechsels $r_k \longleftrightarrow s_i$ mit dem Pivotelement a_{ik} zusammen:
Pivotelement:

$$a_{ij} \rightarrow \frac{a_{ij}}{a_{ik}}$$

Pivotzeile für j≠k:

$$a_{ik} \rightarrow \frac{1}{a_{ik}}$$

Übrige Elemente für i≠j, k≠t:

$$a_{jt} \rightarrow a_{jt} - a_{jk}\frac{a_{it}}{a_{ik}}, \qquad -b_j \rightarrow -b_j - a_{jk}\frac{-b_i}{a_{ik}}$$

$$c_t \rightarrow c_t - c_k\frac{a_{it}}{a_{ik}}, \qquad \delta \rightarrow \delta - c_k\frac{-b_i}{a_{ik}}$$

Diese Formeln sind nicht leicht zu merken. Wir können eine kürzere Merkformel angeben. Sei p das Pivotelement, q ein anderes Element der Pivotzeile, r ein anderes Element der Pivotspalte und s das Element, das die Zeile mit r und die Spalte mit q gemeinsam hat. Dann hat der Basiswechsel folgende Wirkung:

$$\begin{bmatrix} p & q \\ r & s \end{bmatrix} \rightarrow \begin{bmatrix} \frac{1}{p} & \frac{q}{p} \\ \frac{-r}{p} & s - \frac{rq}{p} \end{bmatrix}$$

Um den Simplex-Algorithums zu vervollständigen, müssen wir beschreiben, wie das Pivotelement gewählt wird. Danach sind die Korrektheit und die Endlichkeit zu zeigen.

1.9.21 Simplex-Algorithmus

Wir arbeiten auf dem Simplextableau.

1. Fall: Die (-b)-Spalte enthält mindestens eine positive Zahl (d.h. der aktuelle Basispunkt ist nicht zulässig). Sei $i_0 := \max\{t \mid -b_t > 0\}$ (letzte schlechte Zeile).

1.1 Unterfall: $a_{i0,1}, \ldots, a_{i0,n} \geq 0$. STOP. Output: Die zulässige Menge des Problems ist leer.

1.2. Unterfall: Es kann ein k_0 mit $a_{i0,k0} < 0$ gewählt werden. Wähle k_0 so, dass

$$-\frac{b_{i_0}}{a_{i_0k_0}} = \max\left\{-\frac{b_{i_0}}{a_{i_0k}} \mid j \geq i_0 \text{ und } -\frac{b_{i_0}}{a_{i_0k}} < 0\right\}$$

Die betrachtete Menge ist nicht leer, da nach Voraussetzung mindestens ein k_o dazu gehört. Führe einen Basiswechsel um das Pivotelement $a_{i0,k0}$ durch. Fahre mit dem nächsten Simplextableau fort.

2. Fall: Die (-b)-Spalte enthält keine positive Zahl (d.h. der zugehörige Basispunkt ist zulässig).

2.1 Unterfall: $c_1,\ldots,c_n \geq 0$. STOP. Output: Der aktuelle Basispunkt wird als optimale Lösung ausgegeben. Der Minimalwert Z steht unter den Werten der (-b)-Spalte.

2.2 Unterfall: Es gibt ein k mit $c_k < 0$. Es wird ein k_0 gewählt, so daß c_{k0} unter allen negativen c-Werte den größten Betrag hat. Falls $a_{ik0} \leq 0$ für alle i ist, STOP. Output: Die Zielfunktion kann beliebig kleine Werte annehmen und nimmt ihr Minimum auf der zulässigen Menge nicht an. Ansonsten wähle i_0 so, dass $b_{i0}/a_{i0,k0}$ unter allen $b_{i0}/a_{i,k0}$ mit $a_{i,k0} > 0$ minimal ist. Führe einen Basiswechsel um das Pivotelement $a_{i0,k0}$ durch. Fahre mit dem nächsten Simplextableau fort.

Nur der letzte Schritt bedarf eines kurzen Kommentars. Wir haben uns dafür entschieden, die k_0-te Nichtbasisvariable in die Basis aufzunehmen. Alle anderen Nicht-Basisvariablen behalten diese Eigenschaft. Für den Basispunkt haben sie den Wert 0. Aus der i-ten Gleichung wird dann $a_{i,k0}\, r_{k0} + s_i = b_i$ mit $b_i \geq 0$.

Ist $a_{i,k0} \leq 0$, so kann r_{k0} in dieser Gleichung beliebig wachsen. Da $c_{k0} < 0$, würde dann Z $\rightarrow -\infty$ konvergieren. Ist $a_{i,k0} > 0$, so folgt

$$r_{k0} = (b_i - s_i)/a_{i,k0} \leq b_i/a_{i,k0}$$

Wir wählen also die stärkste Beschränkung an r_{k0}. Wir fassen das Wissen über den Simplex-Algorithums kurz zusammen.

1.9.22 Satz

Der Simplex-Algorithumus ist partiell korrekt, d.h. er liefert das korrekte Resultat, wenn er anhält. Jeder Basiswechsel ist in der Zeit O(nm) durchführbar.

Der Simplex-Algorithums ist in der oben angegebenen Form nicht immer endlich, da er mit einem degenerierten Problem so nicht umgehen kann.

Ein lineares Optimierungsproblem heißt **degeneriert**, wenn es unter den + n zum Problem gehörenden Hyperebenen n+1 Hyperebenen mit nicht leerem Schnitt gibt. Degenerierte Probleme lassen sich an Simplextableaus erkennen, die in der b-Spalte eine 0 haben. Umgekehrt gibt es für degenerierte Probleme immer ein äquivalentes Tableau, das in der b-Spalte eine 0 hat. Falls $-b_i = 0$ gilt, liegt der aktuelle Basispunkt auf den n+1 Hyperbenenen $r_1=0, \ldots ,r_n=0, s_i=0$. Umgekehrt muß nur die Basis $r_1,\ldots,r_n$ gewählt werden. Eine Zeile mit $s_i = 0$ kann im Tableau gestrichen werden. Es gilt

1.9.23 Satz

Der Simplex-Algorithmus ist für nicht degenerierte Probleme endlich.

Im degenerierten Fall kann es zu periodischen Wiederholungen von Basispunkten kommen, so daß der Simplex-Algorithums nicht abbricht. Um nicht alle Basispunkte abspeichern und auf ihre Wiederholung hin überprüfen zu müssen, kann man in der Praxis in einem degenerierten Basispunkt den nächsten Basiswechsel nach einer Gleichverteilung auswürfeln.

Mit einem Linearen Optimierungsproblem ist immer auch ein sogenanntes „Duales Problem" verbunden.

1.9.24 Definition

Ist $$Z(x) := c^T x \rightarrow \min$$
$$Ax \geq b, \quad x \geq 0$$
das (primale) Lineare Optimierungsproblem, so heißt
$$G(y) := b^T y \rightarrow \max$$
$$A^T y \leq c, \quad y \geq 0$$
das dazu **duale Lineare Optimierungsproblem**. c^T, b^T, A^T sind die Transponierten von c, b, A.

Es ist zu beachten, dass im primalen Linearen Optimierungsproblem die Ordnungsrelation $\geq$ im Unterschied zu oben benutzt wird!

1.9.25 Satz

Ist P' das duale Problem zum primalen Linearen Optimierungspoblem P, dann ist P" wieder äquialent zu P.

Beweis:

Wir schreiben das duale Problem zum primalen Problem P' in der Form:
$$-G(y) = -b^T y \rightarrow \min$$
$$-A^T y \geq -c, \quad y \geq 0$$
Nun bilden wir P":
$$H(z) = -c^T z \rightarrow \max$$
$$-Az \leq -b, \quad z \geq 0$$
also durch Umbennen der Variablen
$$Z(x) = -H(x) = c^T x \rightarrow \min$$
$$Ax \leq b, \quad x \geq 0$$
Wir erhalten also wieder das primale Lineare Optimierungsproblem P. □

1.9.26 Satz

Ist P' das duale Lineare Optimierungsproblem zu P, dann gilt für die Lösungen x_0 und y_0:
$$Z(x_0) \geq G(y_0)$$

Beweis:

Es folgt aus der Definition des dualen Problems:

$$Z(x_0) = c^T x_0 \geq (A^T y_0)^T x_0 = y_0^T A x_0 \geq y_0^T b = b^T y_0 = G(y_0)$$ □

1.9.27 Satz

Besitzen beide Linearen Optimierungsprobleme P und P' zulässige Vektoren, so besitzen auch beide Probleme Optimallösungen.

Wir betrachten noch einmal das Beispiel vom Hobby-Gärtner.

1.9.27.1 **Beispiel:** Das duale Problem zum Hobby-Gärtner

Wir schreiben nun die Zielfunktion wie im dualen Problem als Gewinnfunktion G:

$$\begin{aligned} G(x) &= 20x_1 + 10x_2 \rightarrow \max \\ x_1 + x_2 &\leq 100 \\ 9x_1 + 6x_2 &\leq 720 \\ x_1 &\leq 60 \\ x_1 \geq 0,\ & x_2 \geq 0 \end{aligned}$$

Dazu stellen wir nach dem voranstehenden Satz nun das primale Problem her, wobei nun die Zielfunktion Z die Kostenfunktion ist:

$$\begin{aligned} Z(y) &= 100y_1 + 720y_2 + 60y_3 \rightarrow \min \\ y_1 + 9y_2 + y_3 &\geq 20 \\ y_1 + 6y_2 &\geq 10 \\ y_1 \geq 0,\ y_2 &\geq 0,\ y_3 \geq 0 \end{aligned}$$

In der Kostenfunktion Z sind die y_i die Anteile aus den vorhandenen Ressourcen. Für die Blumen geht in die erste Kostenbedingung der Ressourcenanteil y_3 „sonniger Gartenanteil" im Unterschied zur zweiten Kostenbedingung für das Gemüse ein. In den Kosten Z(y) muß der Gewinn enthalten sein. Nach dem voranstehenden Satz ist der Gewinn dann mindestens so groß wie die Kosten, in denen der Gewinn enthalten ist. Berücksichtigen wir die Standardschreibweise mit min und max nach Definition 1.9.24, dann ergibt sich aus den Vorzeichen:

$$-G(x_0) \geq -Z(y_0), \quad \text{also} \quad Z(y_0) \geq G(x_0)$$

für die Optimallösungen x_0 und y_0. □

Für die Behandlung der Dualität führt man für die zueinander dualen Linearen Optimierungsprobleme

$$D^0: \quad Z(x) = c^T x \to \min, \quad Ax \ge b, \quad x \ge 0$$
$$D^1: \quad G(y) = b^T y \to \max, \quad A^T y \le c, \quad y \ge 0$$

mit Hilfe eines sogenannten projektiven Paramenters t eine Matrix-Darstellung der Form (siehe [G+T56])

$$B := \begin{pmatrix} O_m & A & -b \\ -A^T & O_n & c \\ b^T & -c^T & 0 \end{pmatrix}$$

ein. B ist eine (m+n+1)-reihige quadratische Matrix, wobei O_m und O_n quadratische Nullmatrizen sind.

Diese Matrix ist schiefsymmetrisch. Da $x,c \in \mathbb{R}^n$ und $y,b \in \mathbb{R}^m$ sind, gibt es nach dem nachfolgenden Lemma einen Spaltenvektor

$$(w,v,t)^T \in \mathbb{R}^{m+n+1}$$

mit

1.9.27.2

$$w \ge 0, \quad v \ge 0, \; t \ge 0$$
$$Av - bt \ge 0, \quad -A^T + ct \ge 0$$
$$B^T w - c^T v \ge 0,$$
$$Av - bt + w > 0, \quad -A^T w + ct + v \ge 0$$
$$B^T w - c^T v + t > 0$$

1.9.28 Lemma

Ist B eine reelle schiefsymmetrische q×q-Matrix, dann existriert ein Vektor $u \in \mathbb{R}^q$ mit $Bu \ge 0$, $u \ge 0$, $Bu + u > 0$.

Beweis siehe [C+W66].

1.9.29 SATZ

Ist $t > 0$, dann gibt es Optimallösungen v_0 von D^0 und w_0 von D^1 mit

$$B^T w_0 = c^T v_0$$
$$Av_0 + w_0 > b, \quad A^T w_0 - v_0 < c.$$

Beweis:

Wenn $u = (w,v,t)^T$ ein Lösungsvektor nach dem voran stehenden Lemma 1.9.28 ist, dann setze:

$$v_0 = \frac{1}{t}v, \quad w_0 = \frac{1}{t}w$$

w_0 und v_0 erfüllen die Bedingungen des Satzes wegen der oben stehenden Ungleichungen 1.9.27.2 für t, v und w und wegen $b^Tw_0 = c^Tv_0$. □

1.9.30 Satz

Ist $t = 0$, dann gilt:

(a) Wenigstens eines der Probleme besitzt keine zulässigen Vektoren.

(b) Ist die Menge der zulässigen Vektoren eines der beiden Probleme D^0, D^1 nicht leer, so ist diese Menge nicht beschränkt und daher auch die Zielfunktion auf dieser Menge nicht beschränkt.

(c) Keines der beiden Probleme besitzt eine Optimallösung.

Beweis:

(a) Wären v_1, w_1 zulässige Vektoren von D^0 und D^1, so wäre nach den obigen Ungleichungen für $t = 0$ und $v_1 \geq 0$, $w_1 \geq 0$:

$$c^Tv < b^Tw \leq (Av_1)^Tw = v_1{}^TA^Tw \leq 0 .$$

und wegen der Nebenbedingungen von D^1:

$$0 \leq w_1{}^TAv = (A^Tw_1)^Tv \leq c^Tv .$$

Die beiden Ungleichungen führen zum Widerspruch $c^Tv < c^Tv$.

(b) Ist v_1 ein zulässiges Vektor von D^0, so ist $v_1 + \lambda v$ für alle $\lambda \geq 0$ wegen $Av_1 \geq b$ und $Av \geq 0$ zulässig. Die Zielfunktion $c^T(v_1 + \lambda v) = c^Tv_1 + \lambda c^Tv$ ist für $\lambda \geq 0$ nicht nach unten beschränkt, da $c^Tx < 0$ nach Beweisteil (a) gilt.

(c) folgt aus (b).

□

Insgesamt erhält man nach dem voranstehenden Satz den

1.9.31 Existenzsatz für Optimallösungen

Das Lineare Optimierungsproblem D^0 hat genau dann eine Optimallösung, wenn die Menge der zulässigen Vektoren nicht leer und die Zielfunktion Z(x) auf dieser Menge nach unten beschränkt ist.

Beweis:

Die Notwendigkeit der Bedingung ist unmittelbar zu sehen. Nach den voran stehenden Sätzen ist sie auch hinreichend, da t = 0 nicht auftreten kann. □

Wir werden nun das Lineare Optimierungsproblem im Sinne der Fuzzy Logik relaxieren. Dazu benötigen wir eine Aufweichung des Begriffs der Bedingung an eine Funktion.

1.9.31.1 Beispiel

Wir betrachten noch einmal das Beispiel des Hobby-Gärtners 1.9.1.1 und besehen uns die zweite Bedingung näher:

$$9x_1 + 6x_2 \leq 720$$

die besagt, dass der Gärtner 720 € investieren kann. Er kann aber auch etwas mehr Geld aufbringen, jedoch in keinem Fall mehr als 800 €. Jetzt haben wir anstelle der harten Bedingung eine ralaxierte Bedingung, die wir als Fuzzy Menge schreiben können. Dazu setzen wir auf der rechten Seite der Ungleichung einen Mehrbetrag als neue Variable t an und begrenzen diesen Mehrbetrag durch p = 80:

$$9x_1 + 6x_2 \leq 720 + t, \quad 0 \leq t \leq 80$$

Je näher der Hobby-Gärtner dem Mehrbetrag von 80 € kommt, desto geringer wird sein Interesse und damit seine Akzeptanz einer zusätzlichen Investition. Die Fuzzy Menge der relaxierten Bedingung kann also in der Form angesetzt werden:

$$\mu(9x_1 + 6x_2 \leq 720)(t) := \mu(9x_1 + 6x_2 \leq 720 + t) = \begin{cases} 1 & \text{für } t \leq 0 \\ \max(0, 1 - \frac{t}{80}) & \text{für } t > 0 \end{cases}$$

Diese Bildung von Fuzzy Mengen für relaxierte Bedingungen oder allgemeiner für Funktionen können wir in eine generelle Definition fassen.
Ist eine Bedingung $f(x) \leq 0$ mit einer Funktion f auf $\mathbb{R}$ gegeben, dann definieren wir zu einer gegebenen positiven Zahl p die Zugehörigkeitsfunktion:

$$\mu_p(f \leq 0): D \times \mathbb{R} \rightarrow [0,1], \quad \mu_p(f \leq 0)(t) := \begin{cases} 1 & \text{für } t = 0 \\ \max(0, 1 - \frac{t}{p}) & \text{für } t > 0 \end{cases}$$

Durch $\mu_p(f \leq 0)$ wird zur Bedingung $f \leq 0$ eine Fuzzy Menge definiert, die diese Bedingung relaxiert bis zu einem Wert p.

In diesem Sinne können die Nebenbedingungen eines Optimierungsproblems als unscharfe Nebenbedingungen beschrieben werden. Bei der Fuzzifizierung der linearen Optimierung kommen nur Zugehörigkeitsfunktionen infrage, die linear sind.

Nun können wir die lineare Optimierung zur **fuzzy-linearen Optimierung** verallgemeinern. Wir beschränken die Betrachtungen auf lineare Optimierungsprobleme, obgleich die Verallgemeinerung im Sinne der Fuzzy Logik auch entsprechend allgemeiner durchgeführt werden kann. Es sei das scharfe lineare Optimierungsproblem gegeben:

$$\begin{array}{ll} \text{Maximiere} & cx = Z \\ & Ax \leq b \\ & x \geq 0 \\ \text{mit} & c,x \in \mathbb{R}^n,\ b \in \mathbb{R}^m,\ A \in \mathbb{R}^{m \times n}. \end{array}$$

Wir gehen davon aus, dass hier nicht ein scharfes Maximum, sondern ein Maximum innerhalb eines vorgebenen Zielniveaus gesucht ist. Weiterhin nehmen wir an, dass die Bedingungen innerhalb gewisser positiver Grenzen verletzt werden dürfen. Außerdem sollen die Verletzungen und die Abweichungen vom scharfen Maximum mit unterschiedlicher Gewichtung bewertet werden können. Es liegt nun wieder ein typischer Fall für die Anwendung von Fuzzy Mengen vor.

Nehmen wir in der obigen Problemstellung den Wert Z der ersten Zeile als das bereits gefundene oder durch Vorgabe bekannte Maximum der Zielfunktion cx an und lassen Abweichungen nach oben zu, so erhalten wir ein **unscharfes Lineares Optimierungsproblem**:

$$\begin{array}{ll} \text{Maximiere} & cx \precsim z \\ & Ax \precsim b \\ & x \geq 0 \\ \text{mit} & c,x \in \mathbb{R}^n,\ b \in \mathbb{R}^m,\ A \in \mathbb{R}^{m \times n}. \end{array}$$

Dabei wollen wir $\precsim$ lesen als „ungefähr gleich oder etwas kleiner als“.

Im Unterschied zum scharfen Problem ist nun auch die Zielfunktion von der gleichen Form wie die Nebenbedingungen. Wir werden also die Zielfunktion als erste Zeile eines einheitlich beschriebenen unscharfen linearen Optimierungsproblems mit dann m+1 Zeilen schreiben in der Form

$$\begin{array}{ll} \text{Maximiere} & Bx \preceq b \\ & x \geq 0 \\ \text{mit} & c,x \in \mathbb{R}^n,\ b \in \mathbb{R}^m,\ A \in \mathbb{R}^{m\times n}. \end{array}$$

Dabei benutzen wir die Ersetzungen der Zeilen:

$$b_0 = Z,\quad (Bx)_0 = cx,\quad (Bx)_i = (Ax)_i \quad \text{für } i=1,\dots,m$$

Durch Relaxieren der Bedingungen $(Bx)_i \preceq b_i$, $i=0,1,\dots,m$, mit den möglichen Abweichungen $p_i > 0$, wobei p_0 die Relaxierung des Zielwertes Z ist, d.h. um wieviel der Fuzzy Zielwert Z größer sein könnte als der Zielwert der harten Lösung, erhalten wir Fuzzy Mengen $\mu_{pi}((Bx)_i \leq b_i)$. Der Erfüllungsgrad jeder dieser Fuzzy Mengen soll für eine optimale Lösung möglichst groß sein. Wir fordern daher, dass das Minimum λ der Erfüllungsgrade aller relaxierten Bedingungen $(Bx)_i \preceq b_i$ maximal wird.

Dann erhalten wir das fuzzy-lineare Optimierungsproblem:

$$\begin{gathered} \max_x \{\min_i \mu_{p_i}((Bx \leq b)_i)\} \\ Bx - t \leq b \\ t \leq p \\ x\geq 0,\ t\geq 0 \\ x \in \mathbb{R}^n;\ t,p \in \mathbb{R}^{m+1};\ B \in \mathbb{R}^{(m+1)\times n} \end{gathered}$$

Der Vektor p besitzt als i-te Koordinate gerade den Wert p_i, der als Grenze der Abweichung für die i-te Bedingung angegeben wird. Aus der Form der Fuzzy Mengen

$$\mu_{p_i}((Bx \leq b)_i)(t_i) = \begin{cases} 1 & \text{für } t_i \leq 0 \\ \max\left(0, 1 - \dfrac{t_i}{p_i}\right) & \text{für } t_i > 0 \end{cases}$$

finden wir, wenn wir beachten, dass der Erfüllungsgrad $(1-t_i/p_i)$ nicht kleiner als λ ist, die Form der

1.9.31.2 Fuzzy-lineare Optimierung

$$\begin{gathered} \operatorname{Max} \lambda \\ \lambda p + t \leq p \\ Bx - t \leq b \\ t \leq p \\ x\geq 0,\ t\geq 0 \\ \lambda \in \mathbb{R};\ x \in \mathbb{R}^n;\ t,p \in \mathbb{R}^{m+1};\ B \in \mathbb{R}^{(m+1)\times n} \end{gathered}$$

Ist (λ_0,x_0) eine Lösung des fuzzy-linearen Optimierungsproblems, so heißt λ_0 der Grad der Optimierung des fuzzy-linearen Optimierungsproblems und ist höchstens so groß wie der Erfüllungsgrad $(1-t_0/p_0)$ der Zielfunktion für die Lösung x_0. Die Lösung x_0 heißt optimale Lösung des unscharfen Optimierungsproblems mit dem Grad der Optimierung λ_0.

Die optimale Lösung und ihr Grad der Optimierung können mit Hilfe der Simplex-Methode berechnet werden. Dazu formt man zunächst das unscharfe Problem in die Gestalt 1.9.31.2 um und wendet dann ein Lösungsverfahren wie den Simplex-Algorithmus an.

1.9.31.3 Beispiel: Hobby-Gärtner - ein unscharfes Problem

Der Hobby-Gärtner erwartet einen Gewinn, der bis zu 300 € über dem vorangehenden liegt. Dafür könnte er bis zu 80 € mehr an Eigenkapital aufwenden und auf 10 qm mehr Blumen anpflanzen. Die gesamte Anbaufläche von 100 qm kann er allerdings nicht vergrößern, so dass die Bedingung $x_1 + x_2 \leq 100$ als scharfe Bedingung stehen bleiben muß. Wir erhalten nach dem Schema 1.9.31.2 dann die Bedingungen des fuzzy-linearen Optimierungsproblems.

$$\begin{aligned} &\max \lambda \\ 300\,\lambda + t_0 &\leq 300 \\ 80\,\lambda + t_1 &\leq 80 \\ 10\,\lambda + t_2 &\leq 10 \\ 20x_1 + 10x_2 - t_0 &\leq 1500 \\ 9x_1 + 6x_2 - t_1 &\leq 720 \\ x_1 - t_2 &\leq 60 \\ x_1 + x_2 &\leq 100 \\ \lambda \in \mathbb{R},\ x \in \mathbb{R}^m,\ b &\in \mathbb{R}^{m+1},\ m = 2 \end{aligned}$$

Die Lösung ist λ=0.38, t_0=186,207, t_1=49,655, t_2= 6,207.

Der Gewinn beträgt demnach

$$1500{,}00\,€ + 186{,}21\,€ = 1686{,}21\,€$$

bei einer Blumenanbaufläche von 66,207 qm und einer Anbaufläche von 28,966 qm für Kohl. Insgesamt hat der Gärtner 769,66 € anzulegen, d.h. 49,66 € mehr als zuvor, um einen zusätzlichen Gewinn von 186,21 € zu erzielen. Für einen Liegestuhl bleiben jetzt nur noch knapp 5 qm übrig.

1.10 Fuzzy Clusteranalyse

Wir haben zunächst im Abschnitt 1.7 Clusterstrukturen nur über Matrixoperationen gefunden. Hier sollen andere Verfahren der Clustersuche vorgestellt werden, bei denen Methoden der mathematischen Analysis zugrunde liegen. Die Datenmenge in realen Projekten ist zwar immer endlich. Sie kann jedoch meistens in einen kontinuierlichen Raum eingebettet werden, so dass analytische Methoden zur Herleitung von Clusterungen herangezogen werden könnnen. Ein weiterer Gesichtspunkt, der sich mit der Güte, also einer Bewertung einer Clusterung befaßt, kann dann ebenfalls analytisch über sogenannte Gütefunktionale präzisiert und im Sinne der mathematischen Analysis behandelt werden.

Bei der Clusteranalyse sollten folgende Punkte immer beachtet werden (siehe hierzu auch Kandel [KAN82]):

° Jeder Datensatz kann mehrere sinnvolle verschiedene Einteilungen besitzen; es ist immer eine subjektive Frage, nach welchen Kriterien man einteilt und misst.

° Es gibt keine Clustereinteilung, die von sich aus immer korrekt ist. Viel wichtiger als kleine, vielleicht interessante Details einer Partition zu betrachten, ist es, dass die Partition, die „irgendwie" generiert wurde, mit bereits bekannten Fakten aus dem Problemumfeld konsistent ist, und somit gerechtfertigt werden kann.

° Eine Menge von Clustern ist nie als endgültiges Resultat anzusehen, sondern nur als eine mehr oder weniger korrekte Möglichkeit der Einteilung.

° Die Partition spiegelt immer nur den Grad wieder, in welchem der Datensatz mit der strukturellen Form übereinstimmt, die schon im Clusterbildungsalgorithmus zugrunde gelegt wurde. Hierbei kann es passieren, dass systematisch Eigenschaften der Datenstruktur vernachlässigt werden, andere dagegen überproportional hervorgehoben werden.

° Meistens kann nur für eine Teilmenge einer gegebenen Menge eine vernünftige Einteilung gefunden werden. Sind Daten vorhanden, die auf „offensichtliche" Weise Cluster bil-den, so bietet es sich an (bei angemessener Vorsicht), diese Daten aus dem Datenpool zu streichen, um somit eine Clustersuche zu vereinfachen.

° Zwei entartete Clusterbildungen werden oft in der Theorie übersehen:
„Alle Datenpunkte liegen in einem Cluster." und „Jedes Cluster ist einelementig."

Die im Abschnitt 1.7 mit Hilfe der dort eingeführten Matrizenrechnung gefundenen Cluster sind im Sinne der Graphentheorie in sich wegzusammenhängend, wobei die

Wege einer Mindestbewertung unterworfen sind. Eine mögliche Ähnlichkeit der Daten durch nahe beieinander liegende Merkmalspunkte ist damit zunächst nicht gemeint.

Wir gehen im Folgenden davon aus, dass die Datenmenge aus einem kontinuierlichen Raum, kurz dem $\mathbb{R}^n$, entnommen ist. Wir suchen nach Ähnlichkeiten in der Datenmenge, die wir im Sinne eines Abstandes der Merkmalsparameterwerte definieren werden. Eine Ähnlichkeit können wir im Sinne der Analysis mit Hilfe eines Funktionals beschreiben, in dem die Abstände in Bezug auf eine in $\mathbb{R}^n$ vorgegebene Metrik eingehen. Der Einfachheit halber benutzen wir hier znächst die Euklidische Metrik.

1.10.1 Definition

Es seien n Merkmalsvektoren $x_1,\ldots,x_n$ mit p Merkmalen gegeben und $U=[u_{ij}]$ eine Fuzzy c-Partition mit $u_{ij} := u_i(x_j)$ und $i=1,\ldots,c$; $j=1,\ldots,n$. Dann heißt

$$J_m : M_{fc0} \times \mathbb{R}^{cp} \rightarrow \mathbb{R};\ m\in[1,\infty[$$

$$J_m(U,v) := \sum_{k=1}^{n} \sum_{i=1}^{c} (u_{ik})^m \left\|x_k - v_i\right\|^2$$

ein **Fuzzy c-Mittel Funktional**.

Dabei heißen die v_i die **Clusterzentren** der Fuzzy Mengen u_i ($1\leq i\leq c$). Wir setzen $v = (v_1,\ldots,v_c)^T \in \mathbb{R}^{cp}$ mit $v_i = (v_{1i},\ldots,v_{pi})^T \in \mathbb{R}^p$ und $\|u\| = \sqrt{\langle u,u\rangle}$ die euklidische Norm des $\mathbb{R}^p$ gegeben durch das Skalarprodukt $\langle,\rangle$ des $\mathbb{R}^p$. u_i ist die Zugehörigkeitsfunktion der i-ten Fuzzy Menge der Fuzzy c-Partition und M_{fc0} der Raum der Fuzzy c-Partitionen auf der Grundmenge $G =\{x_1,\ldots,x_n\}$.

Bei vorgegebener Menge $G = \{x_1,\ldots,x_n\}$der Merkmalsvektoren mit p Merkmalen können wir eine Optimierungsaufgabe dadurch bestimmen, dass wir dieses Funktional J_m zu einem gegebenen m minimieren. Eine Lösung (U^*,v^*) des Minimierungsproblems besteht aus einer $c\times n$-Matrix U^* mit den Einträgen u^*_{ij} und aus einem optimalen Vektor von Vektoren: $v^*=(v^*_1,\ldots,v^*_c)^T$, mit $v^*_i := (v^*_{1i},\ldots,v^*_{pi})^T$. Dabei ist p die Dimension des zugrundeliegenden Merkmalraumes. Es gilt dann der

1.10.2 Satz

In der Menge G der Merkmalsvektoren mit $|G|=n>c$ sollen mindestens $\tilde{n}$ paarweise voneinander verschiedene Punkte ($c<\tilde{n}\leq n$) existieren. Für festes $m\in]1,\infty[$ setzen wir:

$$I_k := \{ i \mid i \in \{1,...,c\} \text{ und } d_{ik} := \|x_k - v_i\| = 0 \}, \quad \tilde{I}_k := \{1,...,c\} \setminus I_k, \quad 1 \le k \le n$$

Für eine Lösung $(U^*,v^*) \in M_{fc0} \times \mathbb{R}^{cp}$ des Minimalproblems von $J_m(U,v)$ gilt:

(1a), falls $I_k = \varnothing$:

$$u^*_{jk} = \frac{1}{\sum_{i=1}^{c} \left(\frac{\|x_k - v^*_j\|}{\|x_k - v^*_i\|} \right)^{2/m-1}}, \quad 1 \le j \le c, \ 1 \le k \le n$$

(1b), falls $I_k \ne \varnothing$ und $i \in I_k$ ist, so gilt

$$u^*_{jk} = 0 \text{ für } j \in \tilde{I}_k \text{ und } u^*_{ik} = 1 \text{ wegen } \sum_{r=1}^{c} u^*_{rk} = 1$$

Insbesondere ist $| I_k | = 1$.

(2): $U^* \in M_{fc}$, d.h. U^* ist nicht degeneriert.

(3):

$$v^*_j = \frac{\sum_{k=1}^{n} (u^*_{jk})^m x_k}{\sum_{k=1}^{n} (u^*_{jk})^m}, \quad 1 \le j \le c$$

Beweis:

Es ist das Funktional $J_m(U,v)$ zu minimieren:

$$J_m(U,v) := \sum_{k=1}^{n} \sum_{i=1}^{c} (u_{ik})^m \|x_k - v_i\|^2 \quad \to \quad \min$$

Da $U \in M_{fc0}$ ist, können die Spalten von U statistisch voneinander unabhängig betrachtet werden. Denn eine Spalte von U gibt die Clustereinteilung für einen fest vorgegebenen Punkt x_k im Sinne von Fuzzy Zugehörigkeiten wieder. M_{fc} enthält dagegen Matrizen, deren Spalten statistisch abhängig sind, da dort ein Spalteneintrag z.B. davon abhängt, ob in einer Zeile ansonsten nur Nulleinträge auftauchen. Ist dies der Fall, so muß jene Spalte in dieser Nullzeile (hier i-te Zeile) einen Eintrag $\ne 0$ besitzen, um die Bedingung $0 < \sum_k u_{ik} < n$ zu erfüllen.

Mit der Methode der Lagrange- Multiplikatoren erhält man nun notwendige Bedingungen für eine minimale Lösung (U*,v*). Dabei sind weiterhin die Nebenbedingungen $u_{ij} \geq 0$ und $\sum_i u_{ik} - 1 = 0$ für alle $k \in \{1,...,n\}$ zu beachten. Es ergibt sich somit folgende Lagrange Funktion mit $\lambda=(\lambda_1,..,\lambda_n)^T$:

$$J_m(\lambda, U, v) := \sum_{k=1}^{n} \sum_{i=1}^{c} (u_{ik})^m \|x_k - v_i\|^2 - \lambda_1 \left(\sum_{i=1}^{c} u_{i1} - 1 \right) - ... - \lambda_n \left(\sum_{i=1}^{c} u_{in} - 1 \right)$$

$$= \sum_{k=1}^{n} \left[\sum_{i=1}^{c} (u_{ik})^m d_{ik}^2 - \lambda_k \left(\sum_{i=1}^{c} u_{i1} - 1 \right) \right]$$

Daraus berechnen wir die notwendigen Bedingungen

(I) $$\frac{\partial F(\lambda, U, v)}{\partial u_{ik}} = m(u_{ik})^{m-1} d_{ik}^2 - \lambda_k = 0 \quad \text{für alle } i \in \{1,...,c\},\ k \in \{1,...,n\}$$

(II) $$\frac{\partial F(\lambda, U, v)}{\partial \lambda_k} = \sum_{i=1}^{c} u_{ik} - 1 = 0 \quad \text{für alle } k \in \{1,...,n\}$$

(III) Die Richtungsableitungen von F im Punkt (λ,U,v) müssen für alle Richtungen $w \in \mathbb{R}^p$ mit $|w|=1$ und für alle v_i, $i \in \{1,...,c\}$, verschwinden:

$$\frac{\partial F(\lambda, U, v)}{\partial w} = w^T \begin{pmatrix} \frac{\partial F(\lambda, U, v)}{\partial v_{1i}} \\ \vdots \\ \frac{\partial F(\lambda, U, v)}{\partial v_{pi}} \end{pmatrix} = 0 \quad \text{für alle } i \in \{1,...,c\}, \text{für alle } w \text{ mit } |w| = 1$$

Zu (1): Aus (I) folgt für m>1 unmittelbar:

$$u_{st} = \left[\frac{\lambda_t}{m(d_{st})^2} \right]^{1/m-1}, \quad 1 \leq s \leq c,\ 1 \leq t \leq n$$

Wird dieses Ergebnis in (II) eingesetzt, so ergibt sich:

$$\sum_{j=1}^{c} u_{jt} = \left(\frac{\lambda_t}{m}\right)^{1/m-1} \sum_{j=1}^{c} \left(\frac{1}{(d_{jt})^2}\right)^{1/m-1} = 1$$

Durch Umstellung erhalten wir unmittelbar:

$$\left(\frac{\lambda_t}{m}\right)^{1/m-1} = \frac{1}{\sum_{j=1}^{c} \left(\frac{1}{(d_{jt})^2}\right)^{1/m-1}}$$

Dieses Ergebnis in u_{st} eingesetzt, führt zum Resultat:

$$u_{st} = \frac{1}{\sum_{j=1}^{c} \left(\frac{d_{st}}{d_{jt}}\right)^{2/m-1}}$$

Zu (1a): Ist $I_t = \varnothing$, so ist u_{st} wie voran stehend gefunden, da in der Formel keine Singularitäten auftreten.

Zu (1b): Ist $I_t \neq \varnothing$, so existiert mindestens ein $i \in I_t$ mit $d_{it} = 0$. Beachten wir, dass allgemein gilt:

$$\sum_{i=1}^{c} (u_{it})^m (d_{it})^2 \geq 0$$

D.h., dass das globale Minimum dieser Summe genau dann angenommen wird, wenn gilt:

$$\sum_{i=1}^{c} (u_{it})^m (d_{it})^2 = 0 \quad \Leftrightarrow$$

$$\sum_{j \in \tilde{I}_t} (u_{jt})^m (d_{jt})^2 + \sum_{j \in I_t} (u_{jt})^m (d_{jt})^2 = 0$$

Da nach der Definition von I_t der zweite Summand verschwindet, folgt aus dem Verschwinden des ersten Summanden wegen $d_{jt} \neq 0$ für $j \in \tilde{I}_t$, dass für alle $j \in \tilde{I}_t$ die Zugehörigkeitsgrade $u_{jt} = 0$ sind.

Aus der Einelementigkeit von $I_t = \{i\}$ und der Spaltensumme 1 finden wir $u_{it} = 1$. Also insgesamt:

$$u_{jt} = \begin{cases} 1 & \text{für } j=i \\ 0 & \text{für } j \neq i \end{cases}$$

Zu (2) haben wir zu zeigen, dass U nicht degeneriert ist, d.h. dass es bei einer beliebigen aber fest vorgegebenen Zeile i ($1 \le i \le c$) mindestens ein k ($1 \le k \le n$) gibt, so dass $u_{ik} > 0$ ist und ein j ($(1 \le j \le n)$ existiert, für das $u_{ij} < 1$ gilt. Wir unterscheiden die zwei Fälle:

Im Fall (1a) sind wegen $I_k = \emptyset$ alle $d_{ik} > 0$, also

$$0 < u_{ik} = \frac{1}{\sum_{j=1}^{c} \left(\frac{d_{ik}}{d_{jk}} \right)^{2/m-1}} < 1$$

Es gilt auch $u_{ik} < 1$, da im Nenner wegen $d_{ik} \neq 0$ der Summand für j=i den Wert 1 annimmt.

Im Fall (1b) ist $I_k \neq \emptyset$. Wir beweisen diesen Fall durch Widerspruch. Wäre $\sum_k u_{ik} = n$, so folgt daraus $\sum_k u_{jk} = 0$ für alle $j \in \{1,...,c\} \setminus \{i\}$. Denn
Annahme: Es existiert eine Zeile r ($1 \le r \le c$) mit $\sum_k u_{rk} = 0$, d.h. für ein festes r ist $u_{rk} = 0$ für alle k ($1 \le k \le n$).
Es sei x_m, $1 \le m \le n$, mit $x_m \neq v_i$ für alle i ($1 \le i \le c$). x_m existiert, da es nach Voraussetzung mehr als c voneinander verschiedene Datenpunkte gibt. Nun setzen wir

$$v_i^{\#} := \begin{cases} v_i & \text{für } i \neq r \\ x_m & \text{für } i = r \end{cases}$$

Dann gilt:

$$0 = \sum_{k=1}^{n} (u_{rk})^m (d_{rk})^2 = \sum_{k=1}^{n} (u_{rk})^m (d_{rk}^{\#})^2 \quad \text{mit } d_{rk}^{\#} = \left\| x_k - v_r^{\#} \right\| \text{ für alle r mit } 1 \le r \le c$$

Demnach ist aber $(U, v^{\#})$ ebenfalls ein globales Minimum von J_m. Da $v^{\#}$ so gewählt wurde, dass $v^{\#}_r = x_m$ ist, gilt $I_k = \{r\}$, d.h. $u_{rm} = 1$ im Widerspruch zur Annahme.

Nun kann gefolgert werden:

$$\sum_k u_{rk} \neq 0 \text{ für alle } (1 \le r \le c), \quad \text{also} \quad \sum_k u_{rk} < 1,$$

da jede Zeilensumme $\neq 0$ ist und somit nicht eine Zeilensumme = n sein kann.

Zu (3): Aus den notwendigen Bedingungen, die am Anfang des Beweises zusammengestellt wurden, wird nun noch (III) verwendet:

$$\text{(III)}\quad \frac{\partial F(\lambda, U, v)}{\partial w} = w^T \begin{pmatrix} \dfrac{\partial F(\lambda, U, v)}{\partial v_{1i}} \\ \vdots \\ \dfrac{\partial F(\lambda, U, v)}{\partial v_{pi}} \end{pmatrix} = 0 \quad \text{für alle } i \in \{1,...,c\}, \text{für alle } w \text{ mit} \mid w \mid = 1$$

Hieraus folgt durch Rechnung:

$$w^T \begin{pmatrix} \dfrac{\partial F(\lambda, U, v)}{\partial v_{1i}} \\ \vdots \\ \dfrac{\partial F(\lambda, U, v)}{\partial v_{pi}} \end{pmatrix} = -2 \sum_{k=1}^{n} u_{ik}^m \langle x_k - v_i, w \rangle = 0$$

$$\Leftrightarrow \quad \left\langle \sum_{k=1}^{n} u_{ik}^m (x_k - v_i), w \right\rangle = 0 \quad \text{für alle } i \in \{1,...,c\}, \text{für alle } w \text{ mit} \mid w \mid = 1$$

$$\Leftrightarrow \quad \sum_{k=1}^{n} u_{ik}^m (x_k - v_i) = 0 \quad \text{für alle } i \in \{1,...,c\}$$

Die Auflösung der letzten Formel nach v_i liefert die Behauptung aus (3). □

Der **Fuzzy c-Mittel** (Fuzzy c-Means) **Algorithmus**, auch kurz **FCM Algorithmus** genannt, ist ein Berechnungsverfahren zur Auffindung von Fuzzy c-Partitionen und basiert in erster Linie auf den notwendigen Kriterien zur Findung eines Minimums. Man „hofft" so, die Minima zu finden. Dabei ist es durchaus möglich, dass nur Sattelpunkte oder lokale Minima gefunden werden. Es ist leider in gewisser Weise ein Ausprobieren notwendig. Dabei können dann sogenannte Korrektheitsfunktionale für die Auswahl der „besten" Lösung eingesetzt werden.

Die Algorithmen, die das obige Funktional benutzen, heißen dann:

harter ISODATA für m=1 oder auch HCM

Fuzzy ISODATA für m=2 oder allgemein FCM für $m \in]1,\infty[$.

Als Ergebnis der Minimierung von $J_m(U,v)$ ergeben sich folgende Eigenschaften für eine optimale Lösung U* und v*, wenn sie, wie in Satz 1.10.2 beschrieben, gewonnen werden:

$$J_m(U^*,v^*) \leq J_m(U^*,v) \text{ für alle } v\in\mathbb{R}^{cp},$$
$$J_m(U^*,v^*) \leq J_m(U,v^*) \text{ für alle } U\in M_{fc}.$$

In einem FCM Algorithmus werden die nachfolgenden Konstruktionsregeln angewendet:

$$u^*_{jk} = \frac{1}{\sum_{i=1}^{c} \left(\frac{\|x_k - v^*_j\|}{\|x_k - v^*_i\|} \right)^{2/m-1}}, \quad 1\leq j\leq c,\ 1\leq k\leq n,\ m\in]1,\infty[,\ \|x_k - v_i\| \neq 0$$

Gilt $\|x_k - v_i\|=0$, so setzen wir $u_{ik} = 1$ und sonst $u_{jk} = 0$ für alle $j \neq i$.

Sollen dagegen harte Partitionen wie im Fall HCM des harten ISODATA ermittelt werden, so ist m=1 zu setzen. In diesem Fall ist die **„nearest neighbour rule"** zu verwenden:

$$u_{jk} = \begin{cases} 1, & d_{jk} = \min\limits_{1\leq c\leq m}(d_{mk}) \\ 0, & \text{sonst} \end{cases}$$

Die neuen Clusterzentren erhalten wir dann nach der Formel:

$$v_j = \frac{\sum_{k=1}^{n} (u_{jk})^m x_k}{\sum_{k=1}^{n} (u_{jk})^m}, \quad 1\leq j\leq c$$

In Anlehnung an den Beweis des voran stehenden Satzes ergibt sich nun der

FCM Algorithmus:

(1) Wähle ein $c\in\mathbb{N}$, ein $m\in]1,\infty[$ und ein $\varepsilon>0$. Initial geben wir eine nicht degenerierte Fuzzy c-Partition $U^0 \in M_{fc}$ vor und setzen r=0.

(2) Wir berechnen v_j nach der Formel

$$v_j = \frac{\sum_{k=1}^{n}(u_{jk})^m x_k}{\sum_{k=1}^{n}(u_{jk})^m}, \quad 1 \le j \le c$$

(3) Dann aktualisieren wir $U^r \to U^{r+1}$ gemäß

$$u^*_{jk} = \frac{1}{\sum_{i=1}^{c}\left(\frac{\|x_k - v^*_j\|}{\|x_k - v^*_i\|}\right)^{2/m-1}}, \quad 1 \le j \le c,\ 1 \le k \le n,\ m \in]1,\infty[,\ \|x_k - v_i\| \ne 0$$

Gilt $\|x_k - v_i\|=0$, so setzen wir $u_{ik} = 1$ und sonst $u_{jk} = 0$ für alle $j \ne i$.

(4) Die Abbruchbedingung ist $\|U^r - U^{r+1}\| < \varepsilon$, wobei eine geeignete Matrixnorm $\|.\|$ zu verwenden ist. Im Fall des Abbruchs wird U^{r+1} als Resultat ausgegeben. Sonst erfolgt der Rücksprung nach (2).

Zur Konvergenz des FCM Algorithmus verweisen wir auf [BED80] und [B+H87].

Der FCM Algorithmus versucht bei vorgegebenen c Teilmengen $S_1,\ldots,S_c$ einer Grundmenge G prinzipiell den Quadratfehler

(*) $$\sum_{i=1}^{c}\sum_{x \in S_i}\|x - v_i\|^2$$

zu minimieren, wobei das Zentrum v_i auch als Mittel der Datenvektoren aus S_i betrachtet werden kann. Man bestimmt also die Ähnlichkeit eines Datenpunktes zu „seinem" Cluster über ein Ähnlichkeitsmaß. Da aber die Datenpunkte Zugehörigkeiten zu „ihrem" Cluster besitzen, die im allgemeinen von 1 verschieden sind, müssen diese Zugehörigkeitswerte mitberücksichtigt werden, so dass ein Punkt mit geringer Zugehörigkeit zur Menge S_i bei der Distanzmessung zum i-ten Clusterzentrum v_i weniger Gewicht erhält. Somit gelangt in die Formel (*) noch die Zugehörigkeit des Datenpunktes zum jeweiligen Cluster. Diese Zugehörigkeiten u_{ij} werden durch das sogenannte Exponent-Gewicht m gedämpft. Dieses m „filtert" gewissermaßen Störungen heraus. Denn wird m sehr groß gewählt, so läuft $(u_{ij})^m$ gegen 0, falls u_{ij} vorher klein war. Damit wird aus (*) das eigentliche Fuzzy c-Funktional. Es gilt natürlich $(m \to \infty) \Rightarrow U \to [1/c]$, und alle v_i konvergieren gegen das Zentrum von G mit $u_{ij} = 1/c$. In der Praxis ist $m \in]1,2]$ üblich. Klar ist, dass die Funktion J_m dann kleiner wird, je näher die Datenpunkte x_k an den Clusterzentren v_i liegen. Der FCM Algorithmus liefert immer Matrizen $U \in M_{fc}$ (n>c), da die Matrizen nach Konstruktion nur dann hart werden können, wenn alle Datenpunkte auch Clusterzentren sind. In der Anwendung ist es bei mehrelementigen Clustern selten, dass ein Datenpunkt auf dem Fuzzy Clusterzentrum liegt, so dass sogar harte Spalten in der Matrix U höchst selten sind.

Durch die Bildung von Fuzzy c-Partitionen sollen Strukturen in Datenmengen aufgedeckt werden. Ob dabei gesuchte oder gewünschte Strukturen gefunden werden, hängt nicht zuletzt von einer subjektiven Beurteilung ab. Um in diese Art der Bewertung mehr Systematik und mathematische Aussagekraft hineinzubringen, werden zusätzlich Korrektheits- und Gütefunktionale betrachtet, die in der Literatur auch als **objektive Funktionen** oder **Zielfunktion** bezeichnet werden. Dabei ist zu berücksich-tigen, dass ein Suchalgorithmus wie der FCM Algorithmus nur soviel leisten kann, wie in seiner Konstruktion an mathematischen Konstruktionsprinzipien hineingelegt wurden. Der FCM Algorithmus arbeitet mit Zentren und Abständen. Er ist daher wenig geeignet, einen Wegzusammenhang in Mengen von Merkmalspunkten aufzudecken wie etwa im Beispiel 1.10.3.1 des sogenannten Schmetterling-Datensatzes.

Ein häufig als objektive Funktion verwendetes Funktional ist der sogenannte **Partitionskoeffizient**:

1.10.2.1 Definition

Sei U eine Fuzzy c-Partition auf der Grudmenge G mit n Objekten und c Clustern, beschrieben durch die Matrix der Zugehörigkeitsfunktionen der Cluster, dann heißt

$$F_c(U) := \frac{1}{n} \sum_{i=1}^{c} \sum_{k=1}^{n} u_{ik}^2$$

der **Partitionskoeffizient**.

Bemerkung:

Wir können zeigen, dass gilt

$$1/c \leq F_c(U) \leq 1$$
$$F_c(U) = 1 \quad \Leftrightarrow \quad U \in M_{c0}$$
$$F_c(U) = 1/c \quad \Leftrightarrow \quad U = [1/c]$$

Die zweite Aussage ist unmittelbar einzusehen. Die erste und die dritte Aussage leiten wir nun her:

Dass $F_c(U) \leq 1$ gilt, ist sofort aus der Tatsache klar, dass nach der binomischen Formel gilt:

$$\sum_{i=1}^{c} u_{ik}^2 \leq \left(\sum_{i=1}^{c} u_{ik}\right)^2 = 1 \quad \text{mit } u_{ik} \in [0,1]$$

$1/c \leq F_c(U)$ und die dritte Aussage lassen sich über einen Minimierungsansatz herleiten. Denn $F_c(U)$ nimmt genau dann das Minimum an, wenn jeder der n Summanden

$$\frac{1}{n}\sum_{i=1}^{c} u_{ik}^2, \quad k = 1,...,n$$

minimal wird. Wir betrachten die Lagrange Funktion

$$\frac{1}{n}\sum_{i=1}^{c}\sum_{k=1}^{n} u_{ik}^2 - \lambda \sum_{k=1}^{n} \left(\sum_{i=1}^{c} u_{ik} - 1\right)$$

mit den Nebenbedingungen $\sum_i u_{ik} = 1$ (k=1,...,c). Dann ist der k-te Summand der Lagrange Funktion:

$$L_k(\lambda, U) := \frac{1}{n}\sum_{i=1}^{c} u_{ik}^2 - \lambda\left(\sum_{i=1}^{c} u_{ik} - 1\right)$$

Da sowohl $F_c(U)$ und insbesondere jeder k-te Summand eine konvexe Funktion in U ist, und da auch die Nebenbedingungen für jedes k konvex sind, so sind die nachfolgenden notwendigen Bedingungen auch hinreichend:

$$\frac{\partial L_k}{\partial \lambda}(\lambda, U) = \sum_{i=1}^{c} u_{ik} - 1 = 0$$

$$\frac{\partial L_k}{\partial u_{jk}}(\lambda, U) = \frac{2u_{jk}}{n} - \lambda = 0$$

Aus der zweiten Bedingung folgt $u_{jk} = \lambda n/2$. Damit ergibt sich durch Summation über j aus der ersten der beiden voran stehenden Bedingungen $\lambda = 2/nc$ und damit $u_{jk} = 1/c$ für alle j=1,...,c, und alle k=1,...,n.

Ist U =[1/c] die Matrix der Fuzzy Clusterung, die an jeder Stelle den Eintrag 1/c hat, so gilt $F_c(U) = 1/c$. $F_c(U)$ ist also genau dann minimal, wenn U =[1/c] ist. Damit sind die drei Aussagen der Bemerkung gezeigt. □

1.10.2.2 Beispiel

Wir betrachten eine einfache künstliche Datenmenge mit 16 Datenpunkten, die sogenannten Sneath & Sokal Data.

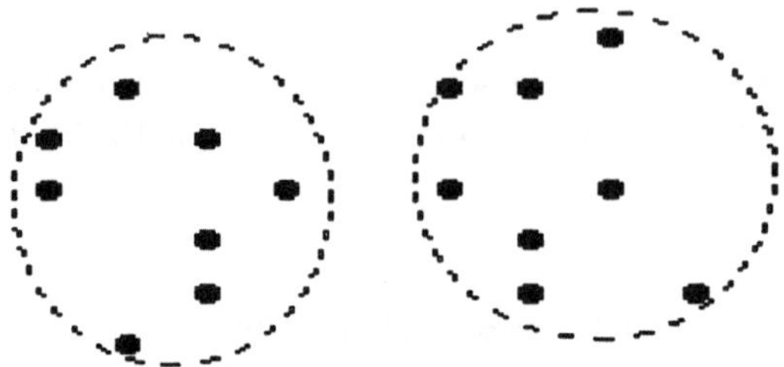

Wird der FCM Algorithmus für c=2 (m=2; eukl. Metrik) benutzt, so ergibt sich folgende Zugehörigkeitstabelle, in der zusätzlich die Zwischenwerte $\widetilde{F}_j$ mit

$$\widetilde{F}_j := \sum_{l=1}^{c} u_{ij}^2$$

eingetragen sind. Aus Platzersparnis sind die u_2–Werte nicht aufgenommen worden ($u_2 = 1 - u_1$). Es gilt nun für dieses Beispiel mit n = 16 Punkten:

$$F_2(U) = \frac{1}{16}\sum_{j=1}^{16}\widetilde{F}_j = 0.794$$

Nr. des Obj.	u_1	$\widetilde{F}_j$	Nr. des Obj.	u_1	$\widetilde{F}_j$
1	0.919	0.865	9	0.215	0.668
2	0.948	0.905	10	0.118	0.789
3	0.860	0.759	11	0.176	0.705
4	0.915	0.836	12	0.100	0.820
5	0.804	0.680	13	0.022	0.961
6	0.949	0.905	14	0.060	0.887
7	0.858	0.759	15	0.163	0.731
8	0.818	0.705	16	0.147	0.745

Der Partitionskoeffizient wird häufig benutzt, hat aber wenig Aussagekraft. Wir betrachten den besser geeigneten **Trennungskoeffizient** von Gunderson (siehe [GUN78]).

1.10.3 Definition

Es sei $U \in M_c$ eine nicht entartete harte c-Partition auf der Grundmenge X. Es seien v_i für alle i=1,..,c aus der Konvexen Hülle der Punkte von u_i die c Clusterzentren für die Clustermengen u_i. Es sei r_i der Radius der kleinsten abgeschlossenen Kugel $cl(B(v_i,r_i))$, die v_i als Zentrum hat und das harte Cluster u_i ganz enthält. Für $1 \le i \le c$ ist also

$$r_i = \max\{u_{ik} d(x_k, v_i)\}$$

Sei mit c_{ij} der Trennungsabstand zwischen zwei Clusterzentren v_i und v_j bezeichnet: $c_{ij} = d(v_i,v_j) = \|v_i - v_j\|$ für $1 \le i \neq j \le c$, wobei $\|.\|$ der euklidische Abstand ist. Dann heißt

$$G(U; v; c; X, d) := 1 - \max_{1 \le i \neq j \le c} \{(r_i + r_j)/c_{ij}\} = \min_{1 \le i \neq j \le c} \{1 - (r_i + r_j)/c_{ij}\}$$

der **Gundersonsche Trennungskoeffizient** von U.

Die v_i können aus der Grundmenge X und der Partition U für m=1 gewonnen werden, oder es läßt sich, falls bereits $v = (v_1,...,v_c)$ gegeben ist, eine harte c-Partition U auf X nach der „nearest neighbour rule" (siehe Seite 116) wie folgt finden:

$$u_{ik} := \begin{cases} 1, & \|x_k - v_i\| = \min_{1 \le j \le c} \|x_k - v_j\| \\ 0, & \text{sonst} \end{cases}$$

Ebenso sollen die v_i auch nur Näherungen an die „wahren" Clusterzentren der harten v_i sein. Sie dienen letztendlich nur dazu, die geometrische Substanz bzw. Struktur der Grundmenge X zu erfassen und gehen dann wesentlich in die Berechnung von r_i und c_{ij} ein. Ist der Vektor $v^* = (v_1^*,...,v_c^*)$ aus dem obigen FCM Algorithmus direkt mitgeliefert, so sollte dieses „prototypische" v^* ausreichend die Clusterzentren der zugehörigen harten Partition (gewonnen aus maximalen Zugehörigkeitswerten oder einem α-Schnitt) annähern. Dies begründet sich daraus, dass v^* und U^* das Funktional $J_m(U,v)$ minimieren und v^* daher als Näherung der harten Clusterzentren in X verstanden werden kann (in $J_m(U,v)$ wird der Quadratfehler der Abstände von x_k zu „ihrem" Clusterzentrum v_l minimiert).

Da d eine Metrik ist, sind die c_{ij} positiv für $i \neq j$, und es gilt $(r_i + r_j)/c_{ij} \ge 0$. Der Radius r_i verschwindet genau dann, wenn das i-te Cluster u_i^* genau aus einem Punkt, nämlich dem Clusterzentrum v_i besteht. $(r_i + r_j)/c_{ij} = 0$ gilt daher genau dann, wenn die Cluster u_i und u_j einpunktige Mengen sind.

Es ist $G(U;v;c;X,d) \in]-\infty,1[$, und $G(U;v;c;X,d) = 1$ genau dann, wenn c=n ist. Diesen letzten Fall schließen wir meistens als trival aus. Die wichtigsten Eigenschaften der Gundersonschen Trennungskoeffizienten werden durch sein Vorzeichen angezeigt.

0<G<1 $(1>(r_i+r_j)/c_{ij}>0$ $\Leftrightarrow<c_{ij}>(r_i+r_j)$)	**G=0** ($1= (r_i+r_j)/c_{ij}$ $\Leftrightarrow(r_i+r_j)=c_{ij}$)	**G<0** ($1<(r_i+r_j)/c_{ij}$ $\Leftrightarrow(r_i+r_j)>c_{ij}$)
Kein Paar der abgeschlossenen Bälle $cl(B(v_i,r_i)),cl(B(v_j,r_j))$ schneidet einander	Die sich am nächsten liegenden Paare $cl(B(v_i,r_i)),cl(B(v_j,r_j))$ berühren sich nur	Mindestens ein Paar $cl(B(v_i,r_i)),cl(B(v_j,r_j))$ hat einen echten Schnitt

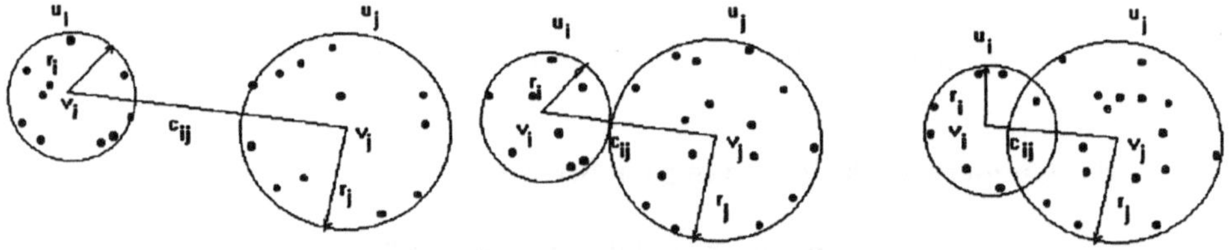

Alle obigen Eigenschaften beziehen sich gemäß der Definition des Trennungskoeffizienten G auf die abgeschlossenen Kugeln, die die scharfen Cluster umschließen. Insbesondere müssen sich Schnitt- und Berührungseigenschaften der Kugeln nicht unbedingt direkt auf die Cluster selbst übertragen. Überlappen sich die Cluster aber, oder berühren sie sich, so ist sichergestellt, dass es auch die sie umschließenden Kugeln tun.

Klar ist aber: Ist 0<G<1und nähert sich G sogar der 1, so ist eine klare Struktur in der Grundmenge G erkannt worden, die durch Kugeln der gewählten Metrik trennbar ist. Etwas einfacher ausgedrückt heißt das, dass der Wert 0 als Entscheidungsgrenze dafür dient, ob einer Partition das Prädikat „gut trennbar" verliehen werden kann oder nicht.

Diese einfachen Beobachtungen sind Grundlage der Strategie nach Gunderson:
Sei nun Ω_c die endliche Menge optimaler harter c-Partitionen, die mit einem Algorithmus erzeugt wurde (z.B. ISODATA mit Metrik $\tilde{d}$). Dann soll der Trennungskoeffizient auf der Parametermenge $M_{c0} \times \mathbb{R}^{cp}$ maximiert werden. Ist (U^*,v^*) die beste Einteilung der Datenmenge G mit c* Clustern, so löst (U^*,v^*) das Problem:

$$\max_{2\le c<n}\{\max_{(U,v)\in\Omega_c} G(U;v;c;X,d)\}$$

Hieraus wird der **ALGORITHMUS von GUNDERSON** abgeleitet:

Sei c mit $1 \leq c < n$ fest.

a) Finde ein $U \in M_{c0}$ (z.B. mit FCM Algorithmus oder einem beliebigen anderen Algorithmus, der Partitionen generiert)

b) Für $1 \leq i \leq c$ finde die α-Schnittmenge von u_i für ein gewähltes $\alpha \in]0,1[$:

$$C(u_i,\alpha) = \{x \in X \mid (u_i(x) > \alpha\} \subset X$$

Sei u_i' die charakteristische Funktion von $C(u_i,\alpha)$. Ordne die u_{ik}' in einer Matrix an, die das Format $c \times n$ hat. Nun werden die 0-Spalten dieser Matrix gestrichen (z.B. $k_1,\ldots,k_j$), die u.U. durch den α-Schnitt entstanden sind. Die so entstandene Matrix $U' \in M_c$ sei nun die harte c-Partition von $X' := X \setminus \{x_{k1},\ldots,x_{kj}\}$.

c) Für $1 \leq i \leq c$ berechne die „Prototypen" v_i' der Zentren der u_i' mit:

$$v_i' := \sum_{k=1}^{n}(u_{ik}')x_k / \sum_{k=1}^{n}(u_{ik}')$$

wobei $u_{ik}' = 0$ für alle i gilt, falls die k-te Spalte in b) gestrichen ist. Falls U' nicht entartet ist, gilt außerdem

$$\sum_{k=1}^{n} u_{ik}' > 0$$

d) Für $1 \leq i \leq c$, $1 \leq k \leq n$ berechne nun die Fuzzy Zugehörigkeiten u_{ik}'' bezüglich der neu gewonnenen Clusterzentren v_i' für alle $x_k \in X$ mit $d_{ik} = \|x_k - v_i'\| \neq 0$

$$u_{ik}'' := \frac{1}{\sum_{j=1}^{c}\left(d_{ik}/d_{jk}\right)^{2/m-1}} \quad \text{für } d_{ik} = \|x_k - v_i'\| \neq 0$$

und $u_{ik}'' = 1$ für $d_{ik} = 0$ und mit $m \in]1,\infty[$. Diese Partition heißt dann $U'' \in M_{fc}$.

e) Wandle U" in $U''' \in M_c$ um, wobei U"' eine harte Partition von X" ist, die mittels β-Schnitt aus U" gewonnen wird und X" analog zu b) als reduzierte Datenmenge von X zu verstehen ist.

Die i-te Zeile von U"' ist wieder als charakteristische Funktion von $C(u_i'',\beta)$ auffassbar. Nun kann $G(U''';v';c;X''',d)$ gemäß Definition 1.10.3 berechnet werden.

Bemerkungen:

- ° α,β sollen aus dem Intervall $[1/2,1[$ gewählt werden, damit vermieden wird, dass die Spaltensummenforderung verletzt wird (sonst sind mehrere 1-Einträge pro Spalte denkbar).

- ° Der Aufwand der zweimaligen Konvertierung muß vorgenommen werden, um prototypische Clusterzentren zu finden. Werden diese direkt durch einen Clusterbildungs-Algorithmus mitgeliefert, und ist man mit einer Beschneidung der Datenmenge X erst im Endschritt zufrieden, so reduziert sich der Algorithmus auf a) und e). Da der Algorithmus von GUNDERSON aber für Probleme gedacht ist, bei denen nur Fuzzy Partitionen zur Verfügung stehen, ist i.a. der höhere Aufwand notwendig. Die Berechnung der v_i und der u_{ik} kann auch auf beliebig andere sinnvolle Weise vorgenommen werden.

- ° Wir halten fest, dass der Algorithmus u.U. Punkte $x_k \in X$ in b) bzw. e) ausschneidet und damit nicht mehr die Trennungseigenschaft der Grundmenge X, sondern von einer Teilmenge $X''' \subset X$ durch den Trennungskoeffizient G bewertet wird. Das heißt, dass die Maximum-Strategie nach GUNDERSON u.U. nicht mehr auf X angewendet wird, sondern nur noch auf eine Teilmenge X'''.

- ° Durch die beiden α-Schnitte gehen zumindest in abgeschwächter Form die Fuzzy Zugehörigkeiten auf X ein.

Wiederum ist es eine subjektive Entscheidung des Anwenders, ob das Fehlen eines geringen Prozentsatzes der ursprünglichen Daten die eigentlichen Eigenschaften der Datenmenge X verfälscht oder vielleicht sogar eher hervorhebt.

Sicherlich bringt die Methode des Ausschneidens Vorteile mit sich, wenn es darum geht, durch diese Schnitte eventuelle Störer aus der Menge zu nehmen, falls ihre Zugehörigkeit zu jedem Cluster sehr gering ist.

Ähnlich ist es bei der „Brückenbildung". So wird z.B. bei dem oft zitierten Schmetterling-Datensatz (siehe unten) bei Anwendung des GUNDERSON Algorithmus (α=0.8, β=0.51) genau der „Brückenpunkt" herausgeschnitten, so dass eine Trennbarkeit durch zwei disjunkte Bälle, die die restlichen Punkte umschließen, vorgenommen werden kann und $G > 0$ gilt.

1.10.3.1 Beispiel Schmetterling

Das neben stehende Bild zeigt den Schmetterling-Datensatz für c=2 mit dem Herausschneiden der Brücke durch den GUNDERSONsche Algorithmus.

Dabei ist der Gundersonsche Trennungskoeffizient mit α=0.8 und β=0.51 berechnet worden, während G_{mm} mit dem maximalen Zugehörigkeitsgrad als Zugehörigkeit zu einem harten Cluster ermittelt wurde, so dass das Herausschneiden von Punkten verhindert wurde. Für c=4 liefert G zwar den Wert 0.0, doch werden mehr als die Hälfte der Punkte herausgeschnitten, so daß das Resultat nicht mehr auf die ursprüngliche Datenmenge ohne Zweifel übertragen werden kann.

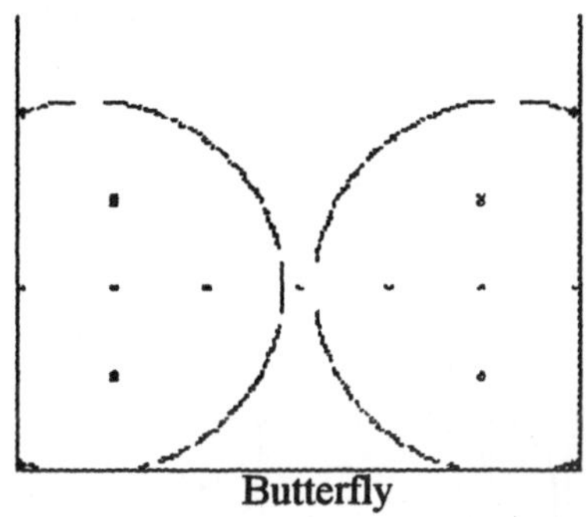
Butterfly

Clusteranzahl	G	G_{mm}	F_c
c=2	0.071 (1 Pkt weniger)	0.035	0.792
c=3	-0.225	-0.225	0.640
c=4	0.0 (8 Pkte weniger)	-0.250	0.528

1.10.3.2 Beispiel Sternbilder

Gunderson untersuchte die Wirkungsweise des Trennungskoeffizienten noch auf einer durch die Natur gegebenen Datenmenge [GUN78]: Er versuchte, das Sternbild in der Umgebung des Polarsterns am Nordhimmel zu gruppieren, und strebte als „Sollwert" die von Astronomen gegebene Einteilung in Sternbildern an. Er verwendete als Algorithmus zur Herstellung einer Fuzzy Partition den FCM Algorithmus, bewertete die Partitionen mit F_c, H und G für Werte $2 \leq c \leq 4$ und gelangte zu einem optimalen c*=3, obwohl nach astronomischen Gesichtspunkten 9 verschiedene Cluster bildbar gewesen wären. Aufgrund der Werte von F_c und H, die genau in der Mitte ihres Wertebereichs liegen, nahm Gunderson an, dass c*=3 nicht die „beste" Clusterung sein könnte und wandte die Methode der *sequentiellen Trennung* an, in der in jedem gefundenen Cluster eine komplette, erneute Clusteranalyse, unabhängig von den umliegenden Clustern, durchgeführt wird. Als Ergebnis konnte festgestellt werden, dass G die besten Ergebnisse erzielt. Insbesondere wird durch G die Clusterungen als gut erkannt, die nahe derjenigen der astronomisch festgelegten liegt. Die Clusterfehler entstanden dadurch, dass durch den GUNDERSON Algorithmus drei Sterne herausgeschnitten wurden und ein Sternenbild (großer Bär) in zwei Cluster eingeteilt wurde.

Es ist intuitiv klar, dass G hier bessere Ergebnisse erzielt, da gerade bei geometrischen Clusterungen (nur x,y-Koordinaten der Sterne wurden betrachtet) die ebenfalls „geometrische Sichtweise“ von G Vorteile mit sich bringt.

Im Vergleich zu der von den Astronomen vorgeschlagene Einteilung zeigen wir eine Einteilung des Sternenhimmels nach dem Verfahren von Gunderson mit c=3:

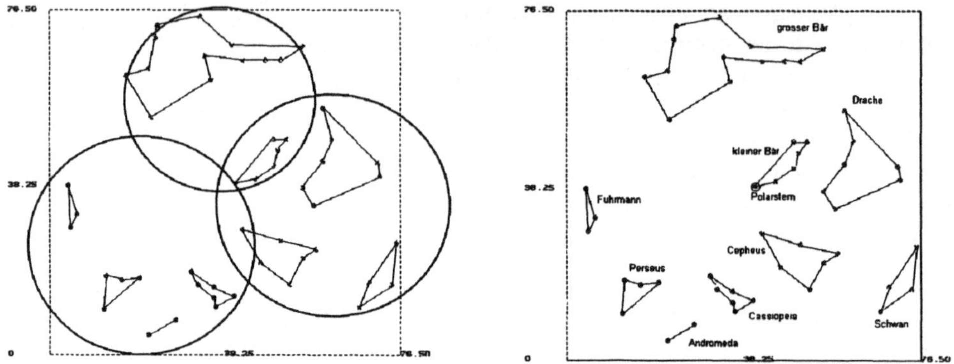

Wir wiederholen das Verfahren nach Gunderson für jedes der drei Clustermengen getrennt. Dann erhalten wir das Bild:

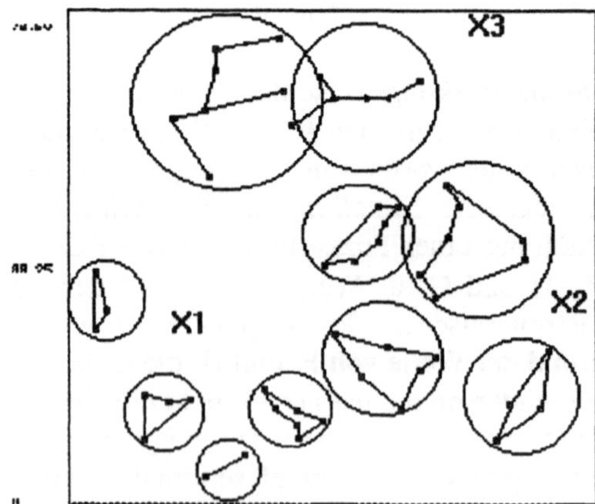

Dabei wurde jeweils diejenige Unterclusterbildung bevorzugt, für die der Gundersonsche Trennungskoeffizient positiv oder im negativen Fall möglichst nahe bei Null liegt.

Wie die nachfolgende Tabelle zeigt, ist der Partitionskoeffizient F_c von geringer Aussagekraft.

Datenmenge X	Anzahl der Cluster c	Partitions-koeffizient F_c	Partitions-entropie H	Trennungs-koeffizient G
X1	2	0.83 *	0.27 *	-0.10
	3	0.83 *	0.33	-0.08
	4*	0.79	0.43	0.14*
X2	2	0.77 *	0.37 *	-0.44
	3	0.66	0.60	-0.40
	4*	0.64	0.70	-0.28*
X3	2*	0.80 *	0.32 *	-0.14*
	3	0.71	0.52	-0.22
	4	α	α	α

Die in der Tabelle verwendete Partitionsentropie H soll hier nur definiert werden, da sie ähnlich schwache Eigenschaften hat wie der Trennungskoeffizient F_c (siehe [WIN82]).

Die nachfolgende Definition der Partitionsentropie geben wir ohne Diskussion und weitere Erläuterungen an (siehe [WIN82]).

1.10.4 Definition

Es seien u_{ik} Einträge einer Partitionsmatrix $U \in M_{fc0}$, $a \in]1,\infty[$ und $u_{ik}\log_a(u_{ik}) = 0 \Leftrightarrow u_{ik} = 0$, so heißt

$$H(U,c) := -\frac{1}{n}\sum_{k=1}^{n} \sum_{i=1}^{c} u_{ik}\log_a(u_{ik})$$

die **Partitionsentropie** von U.

Verwenden wir die euklidische Norm $\|.\|$ für den Abstand der Datenpunkte, so erhalten wir für die abgeschlossenen Bälle, in denen die Cluster u_i einer c-Partition U liegen, immer kreis- oder kugelförmige Gebilde. Wie das voran stehende Beispiel 1.10.3.2 Sternbider zeigt, gibt es aber auch länglich schlanke Formen von Clustern. Solche elliptischen Formen werden besser durch ellipsenförmige Normen beschrieben. Wir nehmen dazu eine positiv definite symmetrische Matrix M im $\mathbb{R}^p$ und definieren hierzu das Abstandsquadrat zweier Punkte $x,y \in \mathbb{R}^p$ (als Zeilenvektoren geschrieben, T steht für die Transponierte) durch $d_M(x,y)^2 := \|x - y\|^2 := x\,M\,y^T$. Wird M in Anlehnung an die Statistik als sogenannte Covarianzmatrix definiert, so sprechen wir von einer MAHALANOBIS Norm (siehe [DUN74]).

1.10.5 Definition

Es seien U eine nichtentartete harte c-Partition aus M_c auf der Grundmenge $X = \{x_k \mid x_k \in \mathbb{R}^p, k=1,...,n\}$ und v_i die c Clusterzentren zu den Clustern u_i $(i=1,...,c)$ mit $u_{ik} := u_i(x_k) \in \{0,1\}$. Dann heißt

$$C_i := \frac{1}{n_i}\sum_{k=1}^{n} u_{ik}(x_k - v_i)^T(x_k - v_i) \quad \text{mit} \quad n_i := |u_i|,\ v_i := \frac{1}{n_i}\sum_{x_k \in u_i} x_k,\ i = 1,...,c$$

die harte **Covarianz-Matrix** des i-ten Clusters (i=1,...,c).
Die durch

$$d_{MAH}(x,y)^2 := \|x - y\|^2_{MAH} := (x - y)\ [covM]^{-1}\ (x - y)^T \quad \text{mit} \quad [covM] := \frac{1}{n}\sum_{i=1}^{c} C_i$$

definierte Norm $\|.\|_{MAH}$ heißt die harte **MAHALANOBIS Norm** von U.

Bemerkung:

Die Matrix [covM] ist symmetrisch, aber nicht immer positiv definit, so dass es vor Null verschiedene Vektoren gibt, deren Länge verschwindet. Dieser Fall tritt genau dann ein, wenn alle Datenpunkte eines Clusters in einer (Hyper)Ebene liegen, z.B. auf einer Geraden. In diesem Fall können wir die Matrix durch Hinzufügen einer kleiner positiven Größe ε bei den Koeffizienten in der Hauptdiagonale leicht stören, um die Matrix regulär zu machen.

1.10.5.1 Beispiel MAHALANOBIS Norm

Die Abbildung zeigt fünf Cluster mit den abgeschlossenen Bällen, für die die MAHALANOBIS-Norm zum jeweiligen Cluster verwendet wurde.

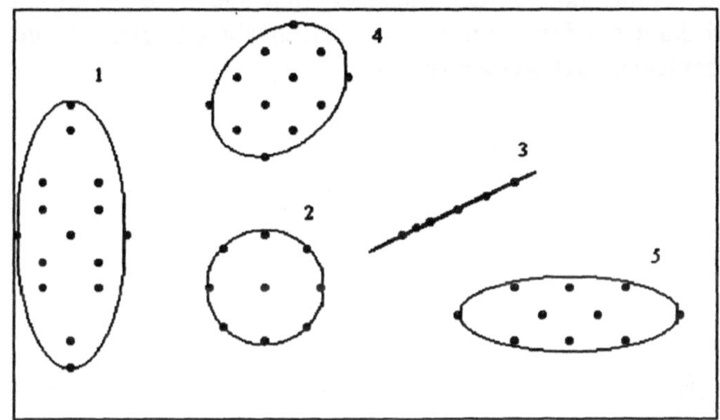

Die MAHALANOBIS Normen können wir auch auf Fuzzy c-Partitionen übertragen.

1.10.6 Definition

Es seien U eine nichtentartete Fuzzy c-Partition aus M_{fc} auf der Grundmenge $X = \{x_k \mid x_k \in \mathbb{R}^p, k=1,...,n\}$, v_i die c Clusterzentren zu den Clustern u_i $(i=1,...,c)$ mit $u_{ik} := u_i(x_k) \in [0,1]$ und $m \in [1,\infty[$. Dann heißt

$$C_i^f := \frac{\sum_{k=1}^{n}(u_{ik})^m (x_k - v_i)^T (x_k - v_i)}{\sum_{k=1}^{n}(u_{ik})^m} \quad \text{mit} \quad v_i := \frac{\sum_{k=1}^{n} u_{ik} x_k}{\sum_{k=1}^{n} u_{ik}}, \; i = 1,...,c$$

die **Fuzzy Covarianz-Matrix** des i-ten Clusters (i=1,...,c) mit dem Gewicht m. Die durch

$$d_{fMAH}(x,y)^2 := \|x-y\|_{fMAH}^2 := (x-y)[\text{covfM}]^{-1}(x-y)^T \quad \text{mit } [\text{covfM}] := \frac{1}{n}\sum_{i=1}^{c} C_i^f$$

definierte Norm $\|.\|_{fMAH}$ heißt die **Fuzzy MAHALANOBIS Norm** von U.

Bemerkung:

Die Fuzzy Covarianz-Matrix neigt wegen der Einträge u_{ik}, die mit zunehmendem Abstand vom jeweiligen Clusterzentrum geringer werden und auch von Punkten benachbarter Cluster stammen können, mehr zur Regularität als die harte Covarianz-Matrix. Der Einfachheit halber können die Clusterzentren auch wie im harten Fall berechnet werden, wobei dann nur Punkte mit einem Zugehörigkeitsgrad z.B. größer als 0.5 für jedes Cluster berücksichtigt werden sollen.

1.11 Fuzzy Lineare Regression

Die Regressionsanalyse untersucht funktionale Zusammenhänge zwischen Datenreihen, wie sie z.B. bei der Betrachtung von Wirtschaftdaten auftreten. Ein Beispiel für eine solche Datenreihen aus der Medizin ist eine Tabelle, in der die Größe und das Gewicht einer Anzahl von Menschen eingetragen ist. In diesem Fall kann die Aufgabe der Regressionsanalyse darin bestehen, einen funktionalen Zusammenhang zwischen der Körpergröße und dem Gewicht von Menschen zu finden. Aus einem solchen Zusammenhang könnte man dann die sogenannte Normalgewichtigkeit eines Menschen schließen. Dazu setzt man die Körpergröße eines Menschen in die gefundene Funktion ein und vergleicht den Funktionswert mit dem tatsächlichen Gewicht. Stimmen beide Werte überein, so spricht man von Normalgewichtigkeit. Dieses Beispiel macht anschaulich deutlich, daß es einen exakten mathematischen Zusammenhang von zwei solchen zugeordneten Daten meistens nicht gibt. Man kann sich dann höchstens auf eine approximierende Funktion verständigen, die es für unser Beispiel in der Praxis gibt: „Körpergröße ist gleich dem Köpergewicht plus 100“. In dieser Gleichung muß man auf die Maßangaben verzichten, jedoch die Wertangaben für die Größe in cm und das Gewicht in kg beziehen.

Der Einfachheit halber sucht man nach einem linearen Zusammenhang zusammengehörender Daten, der als Regressionsgerade

$$y' = -96.1504 + 0.9639\ x$$

bekannt ist. Dieser Regressionsgeraden liegt die nachfolgende Tabelle zugrunde:

i	x_i	y_i	y_i^*	i	x_i	y_i	y_i^*
1	175	75	72.532	2	168	67	63.857
3	175	73	72.532	4	160	45	58.074
5	184	74	81.207	6	157	47	55.182
7	180	82	77.352	8	158	61	56.146
9	173	77	70.604	10	163	57	60.965
11	173	70	70.604	12	168	57	65.785
13	184	88	81.207	14	170	69	67.712
15	179	68	76.388	16	163	76	60.965

i	x_i	y_i	y_i^*	i	x_i	y_i	y_i^*
17	168	60	65.785	18	158	54	56.146
19	183	82	80.243	20	166	61	63.857
21	178	79	75.424	22	167	62	64.821
23	185	86	82.171	24	161	51	59.038
25	180	64	77.352	26	172	62	69.640
27	175	70	72.532	28	156	50	54.218
29	173	64	70.604	30	165	63	60.001
31	180	91	77.352	32	168	56	65.785
33	185	84	82.171	34	160	72	58.074
35	170	81	67.712	36	156	60	54.218
37	178	72	75.424	38	164	81	61.929
39	166	67	63.857				

1.11.1.1 Beispiel Köpergröße und Gewicht

In der voran stehenden Tabelle sind x_i die Körpergröße, y_i das Gewicht und y_i^* das geschätzte Idealgewicht der i-ten Person. Zeichnet man die zusammengehörenden Daten als Punkte in einem zweidimensionalen Raum, so erkennt man eine flächenhaft ausgebreitete Punktwolke, aber keine dazu gehörende Gerade des funktionalen Zusammenhangs.

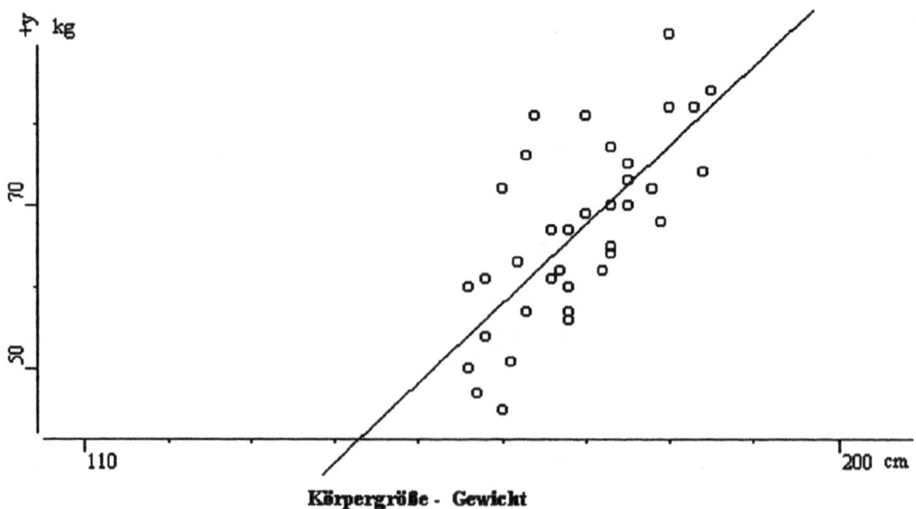

Körpergröße - Gewicht

Die eingezeichnete Regressionsgerade erscheint willkürlich, wenngleich sie einem mathematischen Verfahren entstammt. Wünschenswerter erscheint, daß ein geeigneter Korridor gezeigt wird, in dem ein „akzeptales" Maß für den „gesunden" Zusammenhang zwischen Körpergröße und Gewicht eines Menschen erkennbar ist. Eine solche Beschreibung erwarten wir von einer Relaxierung der Problemlösung im Sinne von Fuzzy Mengen.

Wir beginnen mit einigen Bemerkungen zur klassischen Lösung des Problems „lineare Regression".

Der Begriff „Regression" wurde von einem Biologen namens **Galton** in der Vererbungslehre (1889) benutzt. Ansonsten ist die Terminologie durch die mathematische Statistik geprägt. Wir führen daher zunächst einige Grundbegriffe aus diesem Bereich an. Die **Regression eines Merkmals Y auf ein Merkmal X** ist gegeben durch eine Funktion f:

$$y = f(x) \qquad x \in X,\ y \in Y$$

Dabei heißt x die **unabhängige** oder **Einflußvariable** und y die **abhängige** Variable oder der **Schätzer** oder die **Vorhersagevariable**.

f heißt	**Lineare Regression**	**f** lineare Funktion
	Nichtlineare Regression	**f** beliebige Funktion
	possibilistische Regression	**f** possibilistisch

Für „**f** possibilistisch" muß eine Erweiterung des Definitionsbereichs der unabhängigen Variablen und des Vorhersagewertes möglich sein. Es handelt sich nicht um eine Funktion im klassischen Sinne der Mathematik. Die Darstellung der possibilistischen Regression kann z.B. durch ein Sytem von Regeln teilweise oder vollständig gegeben werden. Man denke etwa an einen Fuzzy Controller siehe ([K+F94]).

Zur Bestimmung einer Regression **f** kann man aus der Grundgesamtheit, welche die Merkmale X und Y trägt, eine Stichprobe vom Umfang n ziehen, deren Elemente die Ausprägungskombinationen (x_1,y_1), ... ,(x_n,y_n) sind. Mit Hilfe dieser Daten kann dann der funktionale Zusammenhang **f** geschätzt werden.

Die Regression kommt für beliebige Daten in Frage und kann unterschiedliche Ziele verfolgen:

- Nachweis einer bekannten Beziehung
- Schätzen der unabhängigen Variablen einer funktionalen Beziehung
- Erkennen eines funktionalen Zusammenhangs
- empirische Repräsentation einer großen Datenmenge
- Interpolation von fehlenden Daten
- Vorhersage von zukünftigen Daten

Liegt nur ein Merkmal X vor, so können als Schätzer Konstanten benutzt werden, die nicht selten als Maßzahlen zu interpretieren sind.

1.11.1.2 Beispiel Lebensdauer von Glühbirnen

n = 30 Glühbirnen werden einer Lebensdauerprüfung unterzogen. Die Lebensdauer x_i der i-ten Glühbirne ist in der nachfolgenden Tabelle enthalten.

i	x_i	i	x_i	i	x_i
1	375.3	11	772.5	21	918.3
2	392.5	12	799.4	22	935.4
3	467.9	13	799.6	23	952.1
4	503.1	14	803.9	24	964.9
5	591.2	15	808.7	25	968.8
6	657.8	16	810.5	26	1006.6
7	738.5	17	812.1	27	1014.7
8	749.6	18	848.6	28	1189.0
9	752.0	19	867.0	29	1215.6
10	765.8	20	904.3	30	1407.2

Bei dieser Datenreihe ist ein konstanter funktionaler Zusammenhang gegeben durch die aus der Statistik bekannte **Varianz**, die hier als Varianz der Lebensdauer bezeichnet wird:

$$V := \frac{1}{n-1}\sum_{i=1}^{n}(x_i - x^\circ)^2 \quad \text{mit} \quad x^\circ := \frac{1}{n}\sum_{i=1}^{n} x_i$$

Wir erhalten die Werte V = 52025.361 für die Varianz und x° = 826,39 für den Mittelwert der Lebensdauer.

Weiterhin können wir die sogenannte **Standardabweichung** S berechnen durch:

$$S := \sqrt{V}$$

Die Standardabweichung hat dieselbe Dimension wie das Merkmal X. Im voran stehenden Beispiel erhalten wir den Wert S = 228.091 Stunden.

Für die Lineare Regression f betrachten wir die beiden Merkmale X und Y und setzen **f** als lineare Funktion an:

$$y = \alpha + \beta x + e$$

α heißt das **Absolutglied und** β der **Steigungsparameter** der Linearen Regression. e ist der **zufällige Fehler**.

In diesen Ansatz ist nun die Realisation $(x_1,y_1), \ldots ,(x_n,y_n)$ der Stichprobe einzusetzen:

$$Y_i = \alpha + \beta x_i + e_i \quad (i=1,\ldots,n)$$

e_i ist der zufällige Fehler der i-ten Ausprägung der Stichprobe.

Zunächst sieht man bereits am Beispiel 1.11.1.1, daß es i.a. keine Gerade gibt, die das Lineare Regressionsproblem löst. Man muß vielmehr eine Bedingung angeben, welche die Lösung zu erfüllen hat. Wir können nun Schätzer a und b für das Absolutglied α und den Steigungsparameter β der Linearen Regression derart finden, dass durch die **Regressionsgerade**

$$y^* = a + b\,x$$

eine möglichst gute Schätzung y* für die Ausprägung x des Merkmals X bestimmt ist. Als Kriterium für die Güte der Schätzung fordern wir, dass die Summe der Fehlerquadrate

$$S^2 := \sum_{i=1}^{n} (y_i - a - bx_i)^2$$

minimal ist. Die **Schätzer** a und b werden also nach der Gaußschen Methode der kleinsten Fehlerquarate bestimmt.

Aus der Bedingung des Minimums von S^2 folgen die beiden linearen Gleichungssysteme für die Schätzer a und b:

$$\frac{\partial S^2}{\partial a} = -2\sum_{i=1}^{n} (y_i - a - bx_i) = 0$$

$$\frac{\partial S^2}{\partial b} = -2\sum_{i=1}^{n} x_i (y_i - a - bx_i) = 0$$

Wir erhalten die Lösung

$$b = \sum_{i=1}^{n} (x_i - x^\circ)(y_i - y^\circ) \Big/ \sum_{i=1}^{n} (x_i - x^\circ)^2$$

$$a = y^\circ - b\,x^\circ \qquad \text{mit } x^\circ := \tfrac{1}{n}\sum_{i=1}^{n} x_i \,,\; y^\circ := \tfrac{1}{n}\sum_{i=1}^{n} y_i$$

Wir nennen diese Lösungen auch die **Kleinsten-Quadrat-Schätzer**.

1.11.1.3 Beispiel

Wir betrachten noch einmal das Beispiel „Körpergröße und Gewicht“ 1.11.1.1. Die Kleinsten-Quadrat-Schätzer sind a = -96.1504 und b = 0.9639. Daher ist die so berechnete Regressionsgerade

$$y^* = -96.1504 + 0.9639\,x$$

Durch Aufrunden erhalten wir daraus die bekannte Gesundheitsregel: „Körpergröße (in cm) gleich Gewicht (in kg) plus 100“.

Diese harte Regel entspricht nicht der Natur des Menschen und kann in dieser Absolutheit nicht akzeptabel sein. Wir werden daher das Verfahren der Linearen Regression relaxieren im Sinne der Fuzzy Mengen. Zunächst weisen wir noch auf zwei **Bestimmtheitsmaße der Regression** hin:

$$B := \sum_{i=1}^{n}(y_i^* - y^\circ)^2 \Big/ \sum_{i=1}^{n}(y_i - y^\circ)^2, \quad B^* := 1 - \sum_{i=1}^{n}(y_i - y_i^*)^2 \Big/ \sum_{i=1}^{n}(y_i - y^\circ)^2$$

Im Beispiel „Körpergröße und Gewicht“ ist B = 0.57, also nicht sehr „überzeugend“.

Betrachten wir k+1 Merkmale $Y, X_1, \ldots, X_k$, so nennt man die Schätzung eines funktionalen Zusammenhangs von Y auf den Merkmalen $X_1, \ldots, X_k$ eine **Multiple Regression**. Für einen linearen Zusammenhang ist der Ansatz zu betrachten:

$$y(x_1, \ldots, x_k) = \alpha + \beta_1 x_1 + \ldots + \beta_k x_k,$$

Wir sprechen auch bei diesem Ansatz kurz von Linearer Regression.

Wir beginnen nun mit der Relaxierung der Linearen Regression. Der einfachste Ansatz besteht darin, dass wir die Schätzer a und b durch Fuzzy Zahlen ersetzen und die Ausprägungen der Merkmale X einer Stichprobe als harte Zahlen (Singletons) belassen. Zwangsläufig ist dann die Vorhersagevariable y bzw. y* eine Fuzzy Zahl. Wir benutzen die Fuzzy Zahlen in der eingeschränkten Dreiecksform 1.1.8.1 und kürzen sie hier mit großen Buchstaben ab:

$$A = (a,d),\ A_i = (a_i,d_i),\ C = (c,d_0) \text{ und } Y = (y,e),$$

wobei $a = (a_1, \ldots, a_k)$ und $d = (d_1, \ldots, d_k)$ Vektoren des k-dimensionalen Merkmals-Raumes X mit $d_j \geq 0$, j=0,1,...,k, sind. Die $A_i = (a_i,d_i)$ und $C = (c,d_0)$ heißen auch **Fuzzy Schätzer** und d_i sind die Einflußbreiten dieser Fuzzy Koeffizienten bei der Fuzzy Linearen Regression.

Dann ist die **Fuzzy Lineare Regression** gegeben durch den fuzzy-linearen Ansatz:

$$Y_i^* = C + A_1 x_{i1} + \ldots + A_k x_{ik} \quad , \; i=1,\ldots,n$$

Die Ausprägungen $(x_1,y_1),\ldots,(x_n,y_n)$ der Stichprobe im Umfang n mit k Merkmalen können als harte Zahlen mit der Toleranzbreite 0 angenommen werden. $C,A_1,\ldots,A_k$ sind Fuzzy Zahlen. Außerdem werden wir die i-te Ausprägung y_i als Fuzzy Zahl $Y_i = (y_i,e_i)$ mit der Toleranz $e_i \geq 0$, $i=1,\ldots,n$, modellieren. e_i gibt dann eine subjektive Größe an, die den Bereich der vermuteten Possibilität von y_i zu einer Merkmalsausprägung $(x_{i1},\ldots,x_{ik},y_i)$ beschreibt; d.h. die Möglichkeit (Possibilität), bei der Abweichungen bis zur Größe e_i hätten eintreten können. Die Zugehörigkeitsfunktion der Fuzzy Ausprägung y_i ist dann nach 1.1.8.1:

$$\mu_{Y_i}(y) = \max\{0, 1 - \frac{|y_i - y|}{e_i}\}$$

für alle $y \in \mathbb{R}$.

Die Merkmalsausprägungen $x_{i1},\ldots,x_{ik}$ $(i=1,\ldots,n)$ werden als harte Zahlen eingesetzt, da eine zusätzliche Fuzzifizierung keine weiteren Vorteile bringt.

Entsprechend sind die Fuzzy Zahlen des Schätzwerts Y* bei gegebenen Ausprägungen $x \in X$ zu modellieren:

$$\mu_{Y^*}(y) := \begin{cases} \max\left(0, 1 - \dfrac{|y - c - ax|}{d_0 + d|x|}\right) & \text{für} \quad d_0 + d|x| \neq 0 \\ 1 & \text{für} \quad d_0 + d|x| = 0, \quad y - c - ax = 0 \\ 0 & \text{für} \quad d_0 + d|x| = 0, \quad y - c - ax \neq 0 \end{cases}$$

wobei $d|x|$ das Skalarprodukt des Vektors $d = (d_1,\ldots,d_k)$ mit dem Vektor $|x| := (|x_{.1}|,\ldots,|x_{.k}|)$ ist, dessen Komponenten die Beträge der Komponenten des Vektors x sind. Entsprechend sind die Schätzwerte y_i als Fuzzy Zahlen zu modellieren, indem wir in der voran stehenden Zugehörigkeitsfunktion Y*durch Y_i^* und x durch x_i ersetzen.

Sind alle $(d_0,d_1,\ldots,d_k)$ gleich 0, so haben wir eine harte Lineare Regression, die im Folgenden nicht mehr von Interesse ist. Für $d_0 = 0$ und $x = 0$ kann der Fall $y = c$ auftreten, den wir mit dem Zugehörigkeitsgrad 1 akzeptieren.

Für C=(0,0) erhalten wir den homogenen Ansatz für die Fuzzy Lineare Regression:

$$Y_i^* = A_1 x_{i1} + \ldots + A_k x_{ik} \quad , \; i=1,\ldots,n$$

1.11.1.4 Beispiel

Wir betrachten den **homogenen Ansatz**:

$$Y^* = A_1 x_1 + A_2 x_2 \quad \text{mit} \quad A = \{(3,1),(1,2)\}$$

Für die Ausprägung x=(1,1) erhalten wir nach den obigen Rechenregeln Y*=(4,3). Denn die Zugehörigkeitsfunktion berechnet sich nach der obigen Formel für Y* zu:

$$\mu_{Y^*}(y) := \max\left(0, 1 - \frac{\left| y - (3,1)\begin{pmatrix}1\\1\end{pmatrix}\right|}{(1,2)\begin{pmatrix}1\\1\end{pmatrix}}\right) = \max\left(0, 1 - \frac{|y-4|}{3}\right)$$

Finden wir in einer anderen Stichprobe vom Umfang n die Ausprägungen $(t_{i1},\dots,t_{ik},t_{yi})$, so sind die Grade der Zugehörigkeit h_i, i=1,...,n, in bezug auf die zunächst gezogene Stichprobe gegeben durch

$$h_i = \mu_{y_i}(t_{y_i}) = \max\left(0, 1 - \frac{|t_{y_i} - y_i|}{e_i}\right)$$

Es gibt genau eine Ausprägung y, die bezüglich der Fuzzy Zahlen zu y_i und y_i^* denselben positiven Zugehörigkeitsgrad besitzt. Sind die Fuzzy Schätzer $A_1,\dots,A_k$ und die Ausprägungen y_i, i=1,...,n, bekannt, so kann die Fehlertoleranz e_i zu der Ausprägung y_i durch die zusätzliche Forderung bestimmt werden, dass die Zugehörigkeitsgrade einer Ausprägung y bezüglich (y_i,e_i) und bezüglich des Schätzwerts $(y_i,d_0 + d|y_i|)$ gleich sind:

$$h_i = \mu_{y_i}(y) = \max(0, 1 - \frac{|y - y_i|}{e_i}) = \max(0, 1 - \frac{|y - c - ax|}{d_0 + d|x_i|}) = \mu_{y_i^*}(y)$$

Hieraus findet man durch Rechnung oder mit einem Strahlensatz für die dreiecksförmigen sich schneidenden Graphen der beiden Fuzzy Mengen:

$$1 - h_i = \frac{w}{d_0 + d|x_i|} = \frac{e_i(1-h_i) + |y_i - c - ax_i|}{d_0 + d|x_i|}$$
$$\text{mit } w = v|y_i - c - ax_i| = e_i(1-h_i) + |y_i - c - ax_i| \text{ und } v = e_i(1-h_i)$$

Durch Umrechnen ergibt sich hieraus:

$$e_i = d_0 + d|x_i| - \frac{|y_i - c - ax_i|}{1-h_i} \quad \text{und} \quad h_i = 1 - \frac{|y_i - c - ax_i|}{d_0 + d|x_i| - e_i}$$

Sind die Toleranzgrößen d_i bekannt, so sind die e_i bei gegebenem h_i eindeutig bestimmt. Umgekehrt sind auch die d_i bestimmt (lineares Gleichungssystem!), wenn die e_i vorgegeben werden. Wir werden die $e_i = 0$ setzen, d.h. die Ausprägungen y_i als harte Zahlen (Singletons) nehmen, wenn nicht durch die Problemstellung Werte für e_i bestimmt werden können.

Wir werden nun eine allgemeine Akzeptanzschwelle H vorgeben und fordern, dass alle Ausprägungen y und y*, die in die Betrachtung eingehen, mindestens den Zugehörigkeitsgrad H bezüglich der gebildeten Fuzzy Mengen haben, d.h. $h_i \geq H$. Diese Bedingung ist nach der obigen Rechnung garantiert, wenn entweder die e_i oder die d_i wie voran stehend gewählt sind. Für $e_i = 0$ gehen dann nur die harten Ausprägungen y_i mit mindestens dem Akzeptanzgrad H in die Fuzzy Lineare Regression ein. Nach dieser Wahl sind bei vorgegebener Stichprobe vom Umfang n nun noch die Toleranzen $d_0,d_1,...,d_k$ frei wählbar. Wir legen dann die Fuzzy Schätzer A und C so fest, dass zu einem vorgegebenen Schwellenwert H das Funktional $\mathbf{J} = d_0 + d_1 +...+ d_k$ unter den Bedingungen $h_i \geq H$, i=1,...,n, minimal wird. Die Nebenbedingungen dieses Optimierungsproblems sind daher:

$$h_i = 1 - \frac{|y_i - c - ax_i|}{d_0 + d|x_i| - e_i} \geq H, \; i = 1,...,n$$

Durch Rechnung finden wir: Die Fuzzy Parameter $(A,d) = ((a_1,d_1),...,(a_k,d_k))$ und $C = (c,d_0)$ sind bei fest vorgegebenen Toleranzen $e_1,...,e_n$ der Merkmalsausprägungen y_i einer gegebenen Stichprobe vom Umfang n und vorgegebenem Erfüllungsgrad H Lösungen vom

1.11.2 Optimierungsproblem der Fuzzy Linearen Regression

$$\begin{aligned}
&J = d_0 + d_1 + ... + d_k \;\rightarrow\; \min \\
&c + ax_i + (1-H)(d_0 + d|x_i|) \geq y_i + (1-H)e_i \\
&-c - ax_i + (1-H)(d_0 + d|x_i|) \geq -y_i + (1-H)e_i \\
&d_0 \geq 0, \;\; d = (d_1,...,d_k) \geq 0 \text{ und } i = 1,...,n
\end{aligned}$$

Aus den voran stehenden Ungleichungen lesen wir für $e_i = 0$ das Intervall ab:

$$c + ax_i - (1-H)(d_0 + d|x_i|) \leq y_i \leq c + ax_i + (1-H)(d_0 + d|x_i|)$$

das wir auch als **Possibilitätsinterval** bezeichnen können. Das Possibilitätsintervall entspricht dem Konfidenzintervall der Statistik mit dem Erfüllungsgrad H.

Insbesondere sieht man hieraus, daß der Schätzwert y* zur Ausprägung $x \in X$ ein Intervall definiert, das in Abhängigkeit von x einen Zielkorridor bestimmt, in dem alle geschätzten Ausprägungen y* liegen. Dieser Zielkorridor ist ein **Korridor des Möglichen**:

$$c + ax - (1 - H)(d_0 + d \mid x \mid) \leq y \leq c + ax + (1 - H)(d_0 + d \mid x \mid)$$

Anwendung auf die Modellbildung von Prognose-Algorithmen:

Die Fuzzy Lineare Regression können wir nun dazu benutzen, im Sinne der Possibilität Prognose-Systeme zu modellieren. Wir nehmen eine Stichprobe $(x_1,y_1),\dots,(x_n,y_n)$ vom Umfang n der k+1 Merkmale Y, X_1 ,..., X_k. Durch die Lösung des Optimierungsproblems der Fuzzy Linearen Regression wird eine lineare Fuzzy Prognose-Funktion

$$Y^* = C + A_1x_1 + \dots + A_kx_k$$

bestimmt. Setzen wir für die unabhängige Variable $x = (x_1,\dots,x_k)$ Werte ein, so erhalten wir den dazu gehörenden Prognosewert y* als Fuzzy Zahl, deren Einflußintervall gerade das voran stehende Intervall der Possibilität ist. Bei einer solchen Prognose-Funktion ist dann in der Praxis einer Problemumgebung die Frage zu beantworten, welche Werte wird x in einem nachfolgenden Zyklus annehmen. Hier kann der Versuch unternommen werden, die n Ausprägungen jedes Merkmals $X_1,\dots,X_k$ als Zeitreihe aufzufassen und diese fortzuschreiben. Ein solches Prognosemodell hängt von der genommenen Stichprobe und der Wahl des Akzeptanzgrades H ab. Die Güte eines Prognose-Modells kann dadurch bewertet werden, dass wir etwa die Summe der Fehlerquadrate $(y_i - y_i^*)^2$ betrachten. Je kleiner diese Summe ist, desto besser ist das Modell.

Weiter kann entsprechend dem Konfidenzgrad der Statistik ein **Possibilitätsgrad** berechnet werden. Dies kann durch die Bildung eines arithmetischen Mittelwerts erfolgen, der aus den prozentualen Abweichungen der gefundenen Ausprägungen y_i von den geschätzten Werten y_i^* berechnet wird.

Ausreißer können die Modellbildung stark stören. Sie haben jedoch bei dieser Modellbildung einen Akzeptanzgrad, der nahe bei H liegt oder gleich H ist. Man kann nun sukzessive die Ausprägung aus der Stichprobe herausnehmen, die den kleinsten Akzeptanzgrad besitzt und ohne die bei einer Neuberechnung der Fuzzy Linearen Regression die Fehlerquadratsumme und das Funktional **J** unter allen anderen Herausnahmen minimal sind. Dieses Verfahren scheitert nur dann, wenn alle Ausprägungen einen Akzeptanzgrad bei ungefähr H haben. Dann liegen die Datenpunkte dieser Ausprägungen nahe der beiden Ränder des Possibilitätskorridors. Dieses Fuzzy Prognose-Modell beschreibt dann ein breites Band längs der Datenpunkte.

2 Fuzzy Logik

2.1 Einleitende Bemerkungen

Zum Verständnis der weiteren Betrachtungen erinnern wir in Kurzform an einige Grundkonzepte der Klassischen Mathematischen Logik.

Wir benutzen den Begriff „Aussage“ im Sinne eines sprachlichen Satzes, der seiner inhaltlichen Bedeutung entsprechend entweder wahr (W) oder falsch (F) sein kann. Die Bewertungen einer Aussage mit wahr oder falsch führen uns auf die sogenannte **zweiwertige Logik**.

Z.B. „Holz ist brennbar“ ist eine wahre Aussage,
„Jede Aussage ist wahr“ ist eine falsche Aussage.

Für Fuzzy Mengen ist offensichtlich eine derartige zweiwertige Logik als Grundlage unseres Schließens (z.B. im Sinne eines Entscheidens oder Beweisens) nicht brauchbar. Umgangsprachlich drückt sich dies aus in unscharfen Aussagen wie:

- wahrscheinlich wahr,
- kaum wahr,
- selten falsch

usw.

Wir benötigen eine mehrwertige Logik, wobei die Werte in Analogie zu den Fuzzy Mengen aus dem Intervall [0, 1] entnommen werden können. Die Werte 0 und 1 bezeichnen dann die Wahrheitswerte der Klassischen Logik „falsch“ und „wahr“.

Das mathematische Schließen beruht in der klassischen Mathematischen Logik darauf, dass wir die Verknüpfungsoperatoren für Aussagen durch Abstraktion mittels Wahrheitswerte-Tabellen als Funktionen auf einer endlichen Grundmenge definieren können. Hier zeichnet sich ein wesentlicher Unterschied zu einer Logik im Sinne des Fuzzy Mengen-Kalküls ab.

2.2 Zur klassischen Mathematischen Logik

In diesem Abschnitt soll kurz an die Grundbegriffe der klassischen Mathematischen Logik erinnert werden, da wir später einige dieser Begriffe und Methoden aufgreifen und zu einer fuzzy-wertigen Logik - d.h. einer Logik mit Wahrheitswerten aus einem Verband (z.B. auf dem Einheitsintervall) - verallgemeinern werden.

Bis zum Ende des 19. Jahrhunderts wurden mathematische Theorien zumeist in intuitiver oder axiomatischer Art aufgebaut. Besonders in der Mengenlehre traten jedoch durch die Existenzannahme und den Gebrauch von immer unüberschaubareren unendlichen Gesamtheiten Widersprüche auf (z.B. die Russellsche Antinomie, siehe [R+S68]). Eine der Schlüsselfiguren für eine Neubegründung der Mathematik war **D. Hilbert**, der vorschlug, nicht die mathematischen Objekte an sich zum Gegenstand der Untersuchungen zu machen, sondern vielmehr die Sprache zu formalisieren, mit der wir die Objekte beschreiben (die sog. Objektsprache). Wir formulieren also mathematische Aussagen als „Sätze", die endliche Buchstabenfolgen in einer „formalen Sprache" sind. Auf diese Sätze dürfen wir formale logische Schlüsse anwenden. Dabei ist nur die syntaktische Struktur von Bedeutung, auf die Semantik, d.h. den Inhalt der Sätze, wird kein Bezug genommen.

Im folgenden müssen wir zwischen der **Objektsprache** und der **Metasprache** (die Sprache, mit der wir über die Objektsprache sprechen) unterscheiden.

Das **Alphabet** der von uns betrachteten Objektsprache (die sogenannte Sprache der Prädikatenlogik) besteht aus folgenden Grundzeichen:

° Logische Zeichen, nämlich:
  - zwei Junktoren: $\neg$ (nicht), $\wedge$ (und)
  - ein Quantor: $\forall$ (für alle)

° Variablen: $v_0, \ldots, v_n$ ($n \in \mathbb{N}_0$)

° Relationszeichen: R_i ($i \in I$)

° Funktionszeichen: f_j ($j \in J$)

° Konstanten: c_k ($k \in K$)

° Hilfszeichen: (,)

Dabei seien I, J, K beliebige Indexmengen.

Zu den Relationszeichen bzw. Funktionszeichen benötigen wir zwei Funktionen

$$\lambda : I \to \mathbb{N}_0, \quad \mu : J \to \mathbb{N}_0,$$

die jedem $i \in I$ bzw. $j \in J$ die Stellenzahl $\lambda(i)$ des Relationszeichens R_i bzw. die Stellenzahl $\mu(j)$ des Funktionszeichens f_j zuordnen. Es ist $\lambda(i) \geq 1$ und $\mu(j) \geq 1$.

Die Menge der Konstanten, der Funktionszeichen und der Relationszeichen heißt **Symbolmenge S** der Objektsprache. Aus den Symbolen der Symbolmenge S und den logischen Zeichen können Zeichenreihen aufgebaut werden. Die Menge aller so gebildeten Zeichenreihen nennen wir (Objekt-)**Sprache L(S)** oder **L über der Symbolmenge S**.

Wir können spezielle Zeichenreihen in L(S) unterscheiden. Dazu führen wir zwei neue Begriffe „Terme“ und „Formeln“ ein. Für Formeln wird auch der Begriff „Ausdruck“ verwendet.

Wir definieren **Terme**, indem wir die folgenden Regeln zum induktiven Aufbau dieser Zeichenreihen festlegen:

(a) Jede Variable v_n und jede Konstante c_k ist ein Term.

(b) Sind $t_1, \ldots, t_{\mu(j)}$ Terme, so ist auch $f_j(t_1, \ldots, t_{\mu(j)})$ ein Term.

(c) Keine weiteren Zeichenreihen sind Terme.

Aus den Termen können wir **atomare Formeln** bilden:

(a) Sind t_1 und t_2 Terme, so ist $t_1 = t_2$ eine atomare Formel.

(b) Sind $t_1, \ldots, t_{\lambda(i)}$ Terme, so ist auch $R_i(t_1, \ldots, t_{\lambda(i)})$ eine atomare Formel.

(c) Keine weiteren Zeichenreihen sind atomare Formeln.

Formeln werden folgendermaßen gebildet:

(a) Atomare Formeln sind Formeln.

(b) Sind φ und ψ Formeln, und ist v eine Variable, so sind auch $\neg\varphi$ und $\varphi \wedge \psi$ sowie $\forall v \varphi$ Formeln.

(c) Keine weiteren Zeichenreihen sind Formeln.

Die Menge aller Formeln in der Sprache L bezeichnen wir mit **F(L)**. Manche der so gebildeten Formeln können durch zusätzliche logische Zeichen verkürzt und dadurch in eine leichter lesbare Form gebracht werden:

2.2.1 Abkürzungen

Es seien φ und ψ Formeln und v eine Variable. Wir führen die folgenden Abkürzungen ein:

$$\begin{aligned}
\varphi \vee \psi &:= \neg(\neg\varphi \wedge \neg\psi) \\
\varphi \to \psi &:= \neg(\varphi \wedge \neg\psi) \\
\varphi \leftrightarrow \psi &:= (\varphi \to \psi) \wedge (\psi \to \varphi) \\
\exists v \varphi &:= \neg(\forall v \neg\varphi)
\end{aligned}$$

Zur Vereinfachung der Schreibweise vereinbaren wir, dass $\wedge$ und $\vee$ stärker binden sollen als $\rightarrow$ und $\leftrightarrow$, und dass $\neg$ stärker bindet als $\wedge$ und $\vee$. Teilweise kann die Lesbarkeit auch durch Hilfszeichen verbessert werden. Bei zweistelligen Relationszeichen schreiben wir oft $t_1 R_i t_2$ an Stelle von $R_i(t_1,t_2)$.

Die Rolle von Variablen wird in Formeln durch Quantoren bestimmt. In der Formel $(\forall v \varphi)$ heißt φ **Wirkungsbereich** des Quantors $\forall$. Liegt eine Variable v, die in einer Formel φ vorkommt, im Wirkungsbereich eines Quantors $\forall$, so heißt sie **gebunden**, andernfalls **frei**. Kommt in einer Formel φ keine freie Variable vor, so nennen wir φ eine **Aussage**.

Als nächstes kann der Begriff eines (formalen) Beweises definiert werden. Die Definition enthält die Begriffe „logisches Axiom" und „Inferenzregel", die anschließend präzisiert werden.

2.2.2 Definition

Es sei $\Sigma \subseteq F(L)$ eine Menge von Formeln (**Axiomen**). Eine Folge $\varphi_1,\dots,\varphi_n$ von Formeln heißt **Beweis** (oder **Ableitung**) von φ_n, falls für jedes φ_i $(i=1,\dots,n)$ eine der folgenden Bedingungen erfüllt ist:

(a) $\varphi_i \in \Sigma$, oder

(b) φ_i ist ein **logisches Axiom** (s.u.), oder

(c) φ_i ist durch Anwendung einer **Inferenzregel** (siehe unten) aus Formeln φ_j mit Index $j < i$ entstanden.

Die Formeln φ_i $(i=1,\dots,n)$ heißen **Zeilen** des Beweises.

Wir sagen: φ_n ist **aus Σ beweisbar** oder **ableitbar**.

Die logischen Axiome bestehen aus **aussagenlogischen Tautologien**, **identitätslogischen Axiomen** und **quantorenlogischen Axiomen**, wobei hier nur die aussagenlogischen Tautologien untersucht werden sollen. Als Inferenzregeln werden wir hier den **Modus Ponens**, d.h.die Ersetzungsregel, und die **Generalisierungsregel** zulassen.

Um den Begriff der aussagenlogischen Tautologie einführen zu können, benötigen wir zunächst die aussagenlogische Sprache.

Das **Alphabet der aussagenlogischen Sprache** bestehe aus den logischen Zeichen

$$\neg, \wedge,$$

sowie aus Zeichen

$$a_0, a_1, \dots, a_n, \dots \ (n \in \mathbb{N}_0),$$

die wir **Aussagenvariablen** nennen. Aus diesen Grundzeichen bilden wir **Aussageformen** induktiv nach den folgenden Regeln:

(a) a_0, a_1, ... sind Aussageformen.

(b) Sind Φ und Ψ Aussageformen, so auch $\neg\Phi$ und $\Phi\wedge\Psi$.

(c) Keine weiteren Zeichenreihen sind Aussageformen.

In der aussagenlogischen Sprache, deren Aussageformen zum Beispiel Zeichenreihen aus einer Objektsprache L(S) sein können, werden nur Zeichenreihen gebildet, indem Aussagenvariable mittels der Junktoren $\neg$ und $\wedge$ verbunden werden. Hierbei sind die Aussagenvariablen „Platzhalter für Aussagen".

In der mathematischen Aussagenlogik spielen die Inhalte der Aussagen keine Rolle. Die Inhaltsangabe einer Aussage kann nur in einem Modell (siehe 3.1.5) geschehen. Das einfachste Beipiel einer Aussagenlogik ist auf den sogenannten Wahrheitswerten „W=wahr" und „F=falsch" definiert. Es ist üblich, die Menge {W,F} durch logische Zeichen $\neg$ und $\wedge$ zu ergänzen, die nachfolgend definiert sind:

Die **Negation** ($\neg$ heißt Negator) mit

$\neg$ W = F

$\neg$ F = W

Die **Konjunktion** $\wedge$ mit

W$\wedge$W = W, W$\wedge$F = F, F$\wedge$W = F, F$\wedge$F = F.

Jede Aussagenlogik kann nun auf die Menge {W,F}mit Hilfe einer Bewertung δ abgebildet werden, indem man jede Aussageform a_i mit der Bewertung „wahr" oder „falsch" bewertet:

$$\delta(a_i) = W \quad \text{oder} \quad \delta(a_i) = F,$$

und festsetzt:

$$\delta(\neg a_i) = \neg\,\delta(a_i).$$

Für beliebige Aussageformen a und b einer Aussagenlogik erhalten wir dann die Bewertungstabelle:

a	b	$a \wedge b$	$a \vee b$	$a \rightarrow b$	$a \leftrightarrow b$
W	W	W	W	W	W
W	F	F	W	F	F
F	W	F	W	W	F
F	F	F	F	W	W

Durch diese Tabelle sind **Konjunktion** $\wedge$, **Disjunktion** $\vee$, **Subjunktion** $\rightarrow$ und **Bijunktion** $\leftrightarrow$ als zweistellige Verknüpfungen auf der Menge {W,F} definiert. Die

Bewertung der Verknüpfungen der Aussagenformen sind also über sogenannte Wahrheitswertetabellen bestimmt.

Die Bewertung jeder Aussageform in einer Aussagenlogik kann berechnet werden. Wir betrachten dazu Beispiele für Aussageformen und deren Wahrheitswertetabellen.

2.2.2.1 Beispiel $a \wedge (b \rightarrow \neg a \vee c) \leftrightarrow b$

a	b	c	$\neg a$	$\neg a \vee c$	$b \rightarrow \neg a \vee c$	$a \wedge (b \rightarrow \neg a \vee c)$	$a \wedge (b \rightarrow \neg a \vee c) \leftrightarrow b$
W	W	W	F	W	W	W	W
W	W	F	F	F	F	F	F
W	F	W	F	W	W	W	F
W	F	F	F	F	W	W	F
F	W	W	W	W	W	F	F
F	W	F	W	W	W	F	F
F	F	W	W	W	W	F	W
F	F	F	W	W	W	F	W

Daraus lesen wir die Menge der n-Tupel (hier n=3) von Wahrheitswerten für die gegebene Aussagenform ab, die in der n-stelligen Aussageform den Wahrheitswert W (d.h. wahr) ergeben. Diese Menge nennen wir die **Erfüllungsmenge E** der Aussageform. In diesem Beispiel also:

$$E[A] = \{(W, W, W), (F, F, W), (F, F, F)\}.$$

2.2.2.2 Beispiel $(a \leftrightarrow b) \rightarrow (\neg a \leftrightarrow \neg b)$

a	b	$a \leftrightarrow b$	$\neg a$	$\neg b$	$\neg a \leftrightarrow \neg b$	$(a \leftrightarrow b) \rightarrow (\neg a \leftrightarrow \neg b)$
W	W	W	F	F	W	W
W	F	F	F	W	F	W
F	W	F	W	F	F	W
F	F	W	W	W	W	W

In diesem Beispiel besteht die Erfüllungsmenge aus allen Kombinationen von Wahrheitswerten W und F:

$$E[A] = \{(W, W), (W, F), (F, W), (F, F)\}.$$

Diese Aussage mit dieser Erfüllungsmenge nennen wir eine aussagenlogische Tautologie.

Man sieht an diesen Beispielen, dass es Aussagen von unterschiedlicher Gewichtung gibt, wenn wir auf die Wahrheitswerte im Resultat achten. Wir definieren daher:

2.2.3 Definition

Eine n-stellige Aussageform heißt **allgemeingültig** oder **Tautologie**, wenn sie für alle 2^n Belegungen mit Wahrheitswerten wahr ist.
Sie heißt **teilgültig** oder eine **Kontingenz**, wenn sie für mindestens eine aber nicht für jede Belegung den Wahrheitswerten wahr ergibt.
Sie heißt **ungültig** oder **Kondiktion**, wenn sie für keine Belegungen wahr ist.

Diese Eigenschaften können durch Algorithmen, etwa mit Hilfe eines Computers, überprüft werden und sind damit in endlich vielen Schritten **entscheidbar** (Touring-Maschine). Die allgemein gültigen Aussagen, d.h. die Tautologien, bilden die mathematische Grundlage für das Ableiten, d.h. für das Beweisen.

Wir betrachten dazu das Beispiel des **Syllogismus**:

$$[(a \rightarrow b, b \rightarrow c) \Rightarrow (a \rightarrow c)] \text{ ist wahr (auch „}\Rightarrow W\text{“).}$$

Der Doppelpfeil $\Rightarrow$ gehört der Metasprache von Aussagen über Aussagen in einer gegebenen Syntax an. Wenn wir nur Aussagen über Wahrheitswerte betrachten, können wir alle Pfeile gleichartig schreiben, und dies ist dann auch allgemein übliche mathematische Praxis.

Sollen sprachliche Konstrukte wie aussagenlogische Aussageformen mit einem Rechner bearbeitet werden, so ist eine „Bewertung“ im Sinne einer Abbildung δ in die reellen Zahlen erforderlich. Voranstehend ist diese **Bewertung** eine Abbildung δ der Menge der Aussagevariablen $\{a_0, a_1, \ldots\}$ in die Menge der Wahrheitswerte $\{0,1\}$, wobei 0 „falsch“ und 1 „wahr“ bedeuten soll.

Diese Bewertungsfunktion $\delta = |\ |$ läßt sich durch folgende Festsetzung auf die Menge aller Aussageformen fortsetzen:

$$
\begin{aligned}
|\neg\Phi| &= 1 - |\Phi| \\
|\Phi\wedge\Psi| &= |\Phi| \wedge |\Psi| \\
|\Phi\vee\Psi| &= |\Phi| \vee |\Psi| \\
|\Phi\rightarrow\Psi| &= |\Phi| \rightarrow |\Psi|
\end{aligned}
$$

Dabei sind die Operationen $\neg$, $\wedge$, $\vee$ und $\rightarrow$ auf der rechten Seite jeweils als entsprechende Operationen der linken Seite aufzufassen und nun Operationen in der zweielementigen Booleschen Algebra $\{0, 1\}$, mit den beiden Verknüpfungen $\wedge$ und $\vee$ und der Komplementbildung $\neg$. Für diese Bewertungen gilt die

2.2.3.1 Tabelle

a_0	a_1	$\neg a_0$	$a_0 \wedge a_1$	$a_0 \vee a_1$	$a_0 \rightarrow a_1$
1	1	0	1	1	1
1	0	0	0	1	0
0	1	1	0	1	1
0	0	1	0	0	1

Ist Φ eine Aussageform mit n Aussagenvariablen, so können wir die Tautologieeigenschaft überprüfen, indem wir für jede Variable die Werte 0 und 1 einsetzen. Wir müssen also 2^n verschiedene Wertekombinationen betrachten. Eine Aussageform Φ ist dann eine **aussagenlogische Tautologie**, falls Φ bei jeder eingegebenen Kombination von Werten 0 und 1 den Wert 1 crgibt.

Im folgenden Satz werden wir einige aussagenlogische Tautologien mit Bewertungen in der Booleschen Algebra $\{0,1\}$ zusammenstellen. Insbesondere wird in Teil (k) deutlich, daß die Rückführung der Implikation $\rightarrow$ auf das (sogenannte relative Pseudo-) Komplement $\neg$ (siehe 2.2.1 und [NEU98]) im zweielementigen Booleschen Verband erlaubt und sinnvoll ist.

2.2.4 SATZ

Folgende Aussageformen sind Tautologien:

(a) Satz vom ausgeschlossenen Dritten („tertium non datur")
$a_0 \vee \neg a_0$

(b) Satz vom ausgeschlossenen Widerspruch
$\neg(a_0 \wedge \neg a_0)$

(c) Satz von der doppelten Verneinung
$\neg(\neg a_0) \leftrightarrow a_0$

(d) Idempotenz von $\wedge$ und $\vee$
$a_0 \vee a_0 \leftrightarrow a_0$
$a_0 \wedge a_0 \leftrightarrow a_0$

(e) Kommutativität von $\wedge$ und $\vee$
$a_0 \vee a_1 \leftrightarrow a_1 \vee a_0$
$a_0 \wedge a_1 \leftrightarrow a_1 \wedge a_0$

(f) Assoziativität von $\wedge$ und $\vee$
$(a_0 \vee a_1) \vee a_2 \leftrightarrow a_0 \vee (a_1 \vee a_2)$
$(a_0 \wedge a_1) \wedge a_2 \leftrightarrow a_0 \wedge (a_1 \wedge a_2)$

(g) Distributivgesetze für $\wedge$ und $\vee$
$a_0 \vee (a_1 \wedge a_2) \leftrightarrow (a_0 \vee a_1) \wedge (a_1 \vee a_2)$
$a_0 \wedge (a_1 \vee a_2) \leftrightarrow (a_0 \wedge a_1) \vee (a_1 \wedge a_2)$

(h) Adjunktivität von $\wedge$ und $\vee$
$a_0 \wedge (a_0 \vee a_1) \leftrightarrow a_0$
$a_0 \vee (a_0 \wedge a_1) \leftrightarrow a_0$

(i) Gesetze von de Morgan
$\neg(a_0 \wedge a_1) \leftrightarrow \neg a_0 \vee \neg a_1$
$\neg(a_0 \vee a_1) \leftrightarrow \neg a_0 \wedge \neg a_1$

(j) Kontrapositionsgesetz
$(a_0 \rightarrow a_1) \leftrightarrow (\neg a_1 \rightarrow \neg a_0)$

(k) Rückführung der Implikation
$(a_0 \rightarrow a_1) \leftrightarrow (\neg a_0 \vee a_1)$

(l) Gesetz zum Modus Ponens
$(a_0 \wedge (a_0 \rightarrow a_1)) \rightarrow a_1$

(m) Gesetz zu Modus Tollens
$(\neg a_1 \wedge (\neg a_0 \rightarrow a_1)) \rightarrow a_0$

(n) Kettenregel
$((a_0 \rightarrow a_1) \wedge (a_1 \rightarrow a_2)) \rightarrow (a_0 \rightarrow a_2)$

Einige dieser Tautologien (z.B. die Gesetze (i) von de Morgan) werden wir später benutzen, um Operationen in der Fuzzy Logik zu definieren, andere Tautologien hingegen (z.B. die Idempotenz und die Distributivgesetze und insbesondere (k) die Rückführung der Implikation) werden nur von ganz speziellen fuzzy-logischen Operationen erfüllt und sollten daher generell für Fuzzy Logiken nicht gefordert werden. Es zeigt sich, dass die Auswahl der Operatoren $\wedge$, $\vee$ in der Fuzzy Logik aussagenlogische Tautologien bestimmt und umgekehrt durch aussagenlogische Tautologien die Auswahl der Operatoren $\wedge$, $\vee$ in der Fuzzy Logik eingeschränkt wird. Die Eigenschaften der ausgewählten Operatoren $\wedge$, $\vee$ in der Fuzzy Logik bestimmen die Eigenschaften der Algebra der Bewertungen δ einer Fuzzy Logik (siehe Kapitel 2.3).

Als nächstes werden wir den Begriff der Inferenzregel definieren. **Inferenzregeln** sind logische Regeln, die angewendet auf Zeilen eines Beweises eine neue Beweiszeile ergeben. Inferenzregeln sind eine andere Formulierung für Tautologien.

Der **Modus Ponens** ist eine Inferenzregel, die auf zwei Formeln der Gestalt $\varphi \rightarrow \psi$ und φ angewendet werden darf und als Ergebnis die Formel ψ hat. Wir schreiben dies in der Form

$$\frac{\begin{array}{l}\varphi \rightarrow \psi \\ \varphi\end{array}}{\psi} \quad \text{(MP)}$$

Mit der **Generalisierungsregel** können wir von einer Zeile φ übergehen zu der Formel $\forall x\varphi$, wobei x eine beliebige Variablenbelegung in φ ist. Wir schreiben diese Regel in der Form

$$\frac{\varphi}{\forall x\varphi} \quad (\forall)$$

Mit Hilfe von aussagenlogischen Tautologien können wir aus diesen Inferenzregeln **abgeleitete Regeln** formulieren. So erhalten wir z.B. aus der Tautologie $(\varphi \rightarrow \psi) \rightarrow ((\psi \rightarrow \xi) \rightarrow (\varphi \rightarrow \xi))$ durch zweifache Anwendung des Modus Ponens mit den Formeln $\varphi \rightarrow \psi$ und $\psi \rightarrow \xi$ die abgeleitete Regel des **Kettenschlusses**:

$$\frac{\begin{array}{l}\varphi \rightarrow \psi \\ \psi \rightarrow \xi\end{array}}{\varphi \rightarrow \xi} \quad \text{(KS)}$$

Inferenzregeln werden in der Fuzzy Logik benutzt, um aus unscharfen Informationen mit Hilfe von festgelegten Regeln, die z.B. menschliche Erfahrungswerte nachbilden sollen, Schlüsse zu ziehen (z.B. Stellgrößen für Maschinensteuerungen zu berechnen und auf diese Art etwa Maschinen zu steuern). Diese Anwendung der Fuzzy Logik nennen wir „Fuzzy Control“. Im Bereich des „Fuzzy Control“ spielt besonders die Anwendung des Modus Ponens eine große Rolle. Es wird also insbesondere ein Anliegen sein, den Modus Ponens als Tautologie einer Fuzzy Logik zur Verfügung zu haben (siehe 2.3.3 und 2.4.7.1). Einen Einblick in „Fuzzy Control“ bietet die umfangreiche Literatur (siehe hierzu z.B. [M+A75], [MAM76], [MEI90], [FRA92], [K+F93]).

Die Bewertung einer Aussage a im Sinne eines Wahrheitswertes schreiben wir als $|a|$ (Betrag von a). Die Aussagenverknüpfungen sind dann Funktionen auf $\{W,F\}$ wie in der Tabelle 2.2.3.1 und können wie in der Informatik durch **Ablaufpläne** (Schaltpläne der Elektrotechnik), auch **Flußdiagramme** genannt, dargestellt werden.

2.2.4.1 Beispiel

$$|\neg a| \;=\; (|a| = W \rightarrow F, W)$$

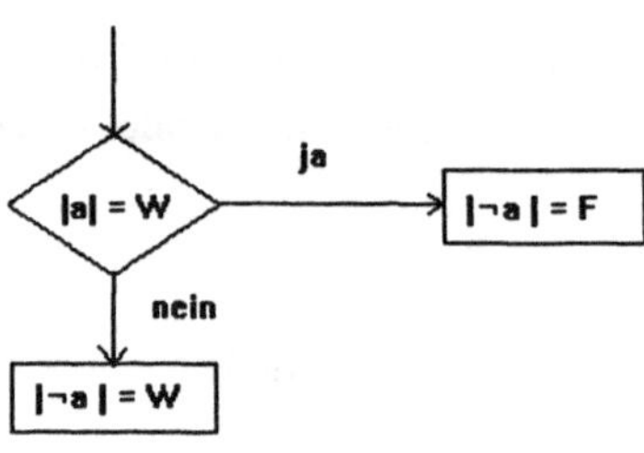

2.2.4.2 Beispiel

$$|a \wedge b| = (|a| = W \rightarrow (|b| = W \rightarrow W, F)F)$$

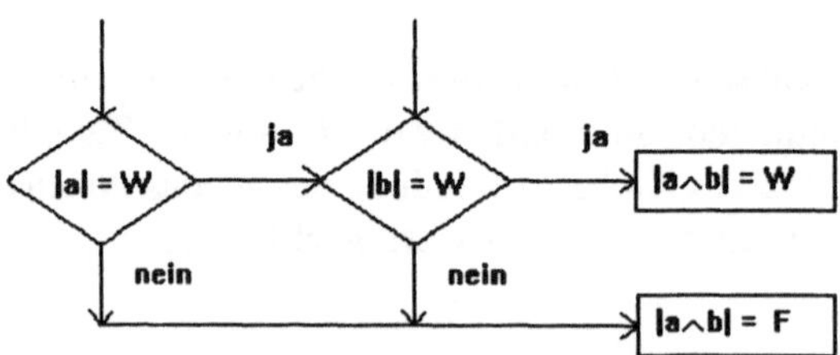

Aus den voran stehenden Diagrammen lesen wir die Aussagen des nachfolgenden Satzes ab.

2.2.5 Satz

Der Wahrheitswert des Verknüpfungsergebnisses ist gleich der Verknüpfung der Wahrheitswerte der beteiligten Aussagen:

$$\begin{aligned} |\neg a| &= \neg|a| \\ |a \wedge b| &= |a| \wedge |b| \\ |a \vee b| &= |a| \vee |b| \\ |a \rightarrow b| &= |a| \rightarrow |b| \\ |a \leftrightarrow b| &= |a| \leftrightarrow |b| \end{aligned}$$

Bemerkung:

Wird |W| = 1 und |F| = 0 gesetzt, so haben wir ein algebraisches System $(\{0,1\},\wedge,\vee,\cdot,\rightarrow)$ mit Verknüpfungen $\wedge$, $\vee$ und $\rightarrow$, die durch Tabelle 2.2.3.1 definiert sind, und der üblichen Multiplikation $\cdot$ der reellen Zahlen, die hier zufällig mit $\wedge$ übereinstimmt.

In Fortsetzung von den Gleichungen und den darin verwendeten Ausdrücken, die durch einmalige Anwendung je einer Verknüpfung entstehen, kann man Ausdrücke rekursiv als Verknüpfungen und Gleichheiten bilden. Abstrakt entsteht ein System von Buchstaben für Ausdrücke und logische Zeichen für Verknüpfungen und für die Gleichheit, das wir **Syntax** nennen. In der Syntax ist durch Regeln - **Syntaxregeln** - das korrekte Konstruieren von Ausdrücken organisiert. Auf den Inhalt der in den Ausdrücken enthaltenen Aussagen und Zeichen - wir sprechen von **Semantik** - kommt es dabei nicht an.

Aus den Flußdiagrammen der obigen Beispiele sieht man, dass die Korrektheit von syntaktischen Ausdrücken durch **Algorithmen**, die die Wahrheitswerte abprüfen, festgestellt werden kann. Dieser Sachverhalt kann für die Syntax einer Computer-Sprache beim sogenannten Debuggen genutzt werden.

Zusammenfassend sehen wir: Das mathematische Beweisen verläuft durch die korrekte Anwendung von Operatoren, wie z. B. den Pfeil-Operator $\rightarrow$. Dabei wird die Korrektheit der Anwendung auf einem minimalen Modell von zwei Wahrheitswerten überprüft. Den Operatoren entsprechen dabei Operatoren auf der Menge der Wahrheitswerte {F,W}, so dass eine homomorphe Zuordnung zu einem Zahlenmodell entsteht. In der Mathematik setzen wir zur Untersuchung des Systems der Wahrheitswerte für F und W die reellen Zahlen 0 und 1 ein. Dann erhalten wir mit den logischen Verknüpfungen $\wedge$, $\vee$, $\rightarrow$ und der reellen Multiplikation $\cdot$ die spezielle Boolesche Algebra

$$\mathbb{L} := (\{0,1\}, \wedge, \vee, \cdot, \rightarrow)$$

Merke: Die Aufgabe für das Folgende besteht nun darin, für die Fuzzy Logik eine Algebra

$$\mathbb{L} := ([0,1], \cap, \cup, \otimes, \rightarrow)$$

zu finden, die dasselbe für eine Fuzzy Logik leistet wie $\mathbb{L}$ für die Klassische Logik.

Es sei auf ausführlichere Darstellungen zur Aussagenlogik hingewiesen in [BÖH81], [PRE86], [HER61] und [R+S68].

2.3 Algebren für Fuzzy Wahrheitswerte

In diesem Abschnitt betrachten wir Verbände auf dem Intervall [0,1], die als Algebren für Fuzzy Wahrheitswerte in Frage kommen.

2.3.1 Definition

Ein **Verband** $(V,\cap,\cup)$ ist eine Menge V mit zwei inneren Verknüpfungen $\cap$ und $\cup$ mit den Eigenschaften:

(3.1) $a \cap b = b \cap a$
$a \cup b = b \cup a$ (kommutativ)

(3.2) $a \cap (b \cap c) = (a \cap b) \cap c$
$a \cup (b \cup c) = (a \cup b) \cup c$ (assoziativ)

(3.3) $a \cap (a \cup b) = a$
$a \cup (a \cap b) = a$ (Verschmelzung)

für alle a, b, c aus V.

In einem Verband ist in natürlicher Weise eine **partielle Ordnung** erklärt durch

(3.4) $a \leq b$ genau dann, wenn $a \cap b = a$.

Es gilt in jedem Verband das **Dualitätsprinzip**, dass durch Vertauschen von $\cap$ und $\cup$ und der daraus abgeleiteten Begriffe aus einer wahren Aussage wieder eine wahre Aussage entsteht. Insbesondere sind die obigen Eigenschaften (Axiome) bereits dual zueinander formuliert. Für (3.4) erhalten wir die äquivalente Definition der partiellen Ordnung

(3.4') $a \geq b$ genau dann, wenn $a \cup b = a$.

$\leq$ und $\geq$ sind konverse (binäre) Relationen in einem Verband V.

2.3.1.1 Beispiel $Ł$ = ([0,1], min, max)

also $a \cap b := \min(a, b)$
$a \cup b := \max(a, b)$.

Ł ist durch direktes Nachrechnen als Verband zu erkennen. Die Operatorenbesetzung mit $\cap$=min und $\cup$=max ist auf [0,1] mit der Ordnung der reellen Zahlen eindeutig bestimmt (siehe [NEU98] Abschnitt 3.1). Wir ergänzen Ł durch zwei weitere Operationen $\odot$ und $\xrightarrow{o}$ zu einer Algebra. Gilt

$$a \odot b := \max(0, a + b - 1)$$
$$a \xrightarrow{o} b := \min(1, 1 - a + b),$$

so heißt

$$\mathbb{Ł} := ([0,1], \min, \max, \odot, \xrightarrow{o}) = (Ł, \odot, \xrightarrow{o})$$

Lukasiewicz Algebra. Sie stimmt auf den Werten 0 und 1 mit der im vorherigen Abschnitt unter gleicher Bezeichnung $\mathbb{Ł}$ angeführten Booleschen Algebra überein.

2.3.1.2 Beispiel

$\mathcal{F}$(G) sei die Menge aller Fuzzy Mengen in der Grundmenge G. Dann ist ($\mathcal{F}$(G),$\cap$,$\cup$) mit $\cap$=min und $\cup$=max ein Verband. Der Beweis wird durch Nachrechnen erbracht.

Sollen für $\cap$ und $\cup$ auch andere Operatoren benutzt werden können, so müssen wir auf die Verschmelzungsgesetze verzichten. Daher

2.3.2 Definition

Es sei ([0,1],$\cap$,$\cup$,$\otimes$,$\rightsquigarrow$) eine algebraische Struktur auf dem Intervall [0,1] mit der Ordnung der reellen Zahlen, mit den binären Operatoren Durchschnitt $\cap$ und Vereinigung $\cup$, die kommutativ und assoziativ sein sollen, der Kontextverknüpfung $\otimes$ und der Residuation $\rightsquigarrow$. Dann heißt ([0,1],$\cap$,$\cup$,$\otimes$,$\rightsquigarrow$) eine **Fuzzy Algebra**, falls gilt:

(3.5) $a \leq b \Rightarrow (a \cap d \leq b \cap d$ und $d \cap a \leq d \cap b)$
(3.6) $a \leq b \Rightarrow (a \cup d \leq b \cup d$ und $d \cup a \leq d \cup b)$
(3.7) $a \leq b \Rightarrow (a \otimes d \leq b \otimes d$ und $d \otimes a \leq d \otimes b)$
(3.8) $a \leq b \Rightarrow d \rightsquigarrow a \leq d \rightsquigarrow b$

für alle a, b, d $\in$ [0,1].

Bemerkung:

Das nachfolgende **Gesetz der Antitonie** im ersten Argument

(3.9) $a \leq b \Rightarrow b \rightsquigarrow d \leq a \rightsquigarrow d \quad \forall a, b, d \in V$

wird in der Literatur für einen Verband mit Residuation $\rightsquigarrow$ gefordert (siehe [NOV89], Def. 2.4(c)). Wir verzichten bei der Definition der Fuzzy Algebra ausdrücklich auf die Antitonie, da sie für $\rightsquigarrow := {}_R\!\rightarrow$ bezüglich einer Relation R auf der Potenzmenge $\mathscr{F}$ (G) aller Fuzzy Mengen auf einer Grundmenge G nicht gilt. Hier deutet sich bereits ein wesentlicher Unterschied zur klassischen Mathematischen Logik an.

2.3.2.1 Beispiel

Wir erklären im Verband V der Fuzzy Mengen über einer vierelementigen Menge G den Operator $\rightsquigarrow$ durch eine Fuzzy Relationsmatrix R auf G×G und setzen $a \rightsquigarrow c := a \circ R$ mit $a \circ R = c$.

Es seien a=(0.9 0.7 0.5 0.1) und b=(1.0 0.7 0.5 0.2) Fuzzy Mengen auf einer Grundmenge mit vier Elementen und die Fuzzy Relation

$$R = \begin{bmatrix} 0.5 & 0.3 & 0.6 & 0.0 \\ 0.7 & 0.2 & 1.0 & 0.8 \\ 0.4 & 0.5 & 0.6 & 0.5 \\ 0.1 & 0.3 & 0.5 & 0.4 \end{bmatrix}, \quad c = (0.7, 0.5, 0.7, 0.7)$$

gegeben. Dann berechnet man $a \le b$ und $a \circ R = b \circ R = c$ und zeigt, dass a nicht fuzzy-ähnlich zu b ist (H(a) < H(b)=1, siehe Satz 1.5.5 !).

Es seien die Fuzzy Mengen

$$\hat{a} = (1.0, 0.7, 0.5, 0.2) \le \hat{b} = (1.0, 0.9, 0.6, 0.3)$$

und die Fuzzy Relation R wie oben gegeben. Dann finden wir durch Rechnung die Fuzzy Mengen

$$\hat{a} \circ R = (0.7, 0.5, 0.7, 0.7) \le \hat{b} \circ R = (0.7, 0.5, 0.9, 0.8)$$

Obgleich die letzten beiden durch R abgebildeten Fuzzy Mengen normal sind, ist die Antitonie für $\rightsquigarrow$ nicht erfüllt.

Die Antitonie-Eigenschaft gilt nicht für Pfeiloperatoren $\rightsquigarrow$, die durch Relationen beschrieben werden.

2.3.3 Definition

Eine Fuzzy Algebra $([0,1],\cap,\cup,\otimes,\rightsquigarrow)$ auf $[0,1]$ heißt eine **Fuzzy Implikationsalgebra**, wenn gilt:

(3.10) $a \otimes (a \rightsquigarrow b) \leq b$

(3.11) $1 \otimes a = a \otimes 1 = a$

2.3.3.1 Beispiel

Wir überprüfen die Bedingungen für eine Fuzzy Implikationsalgebra am Beispiel der Lukasiewicz Algebra $\mathbb{L} := ([0,1], \min, \max, \odot, \xrightarrow{\circ})$ mit

$$a \odot b := \max(0, a + b - 1)$$
$$a \xrightarrow{\circ} b := \min(1, 1 - a + b).$$

(3.5) und (3.6) sind unmittelbar einzusehen.

Zu (3.7):

Aus $a \leq b$ und $0 \leq d \leq 1$ folgt: $\max(0, d + a - 1) \leq \max(0, d + b - 1)$.

Es gilt daher die Isotonie für den Kontextoperators $\odot$.

(3.8) gilt für $\mathbb{L}$, denn aus $a \leq b$ folgt

$$d \xrightarrow{\circ} a = \min(1, 1 - d + a) \leq \min(1, 1 - d + b) = d \xrightarrow{\circ} b$$

Es gilt hier die Antitonie (3.9).

$$a \leq b \Rightarrow a \xrightarrow{\circ} d = \min(1, 1 - a + d) \geq \min(1, 1 - b + d) = b \xrightarrow{\circ} d$$

Zu (3.10) finden wir:

$$a \odot (a \xrightarrow{\circ} b) = \max(0, a + \min(1, 1 - a + b) - 1) \leq b$$

mit Hilfe der Fallunterscheidung $a \leq b$ und $a > b$.

(3.11) bestätigt man unmittelbar durch Einsetzen von $b = 1$ in

$$a \odot b = \max(0, a + b - 1) = b \odot a$$

Die Eigenschaft der Antitonie zeigt, dass die Lukasiewicz Algebra $\mathbb{L}$ nicht als Algebra der Fuzzy Wahrheitswerte in Frage kommt, wenn die Residuation $\rightsquigarrow$ mit Hilfe einer Fuzzy Relation erklärt ist. Dies gilt insbesondere für die derzeitige Generation der Fuzzy Controller und aller regelbasierten Systeme.

Bemerkung:

Für die Lukasiewicz-Algebra $\mathbb{L}$ gelten weitere auffallende Bedingungen, die für mathematische Modellbildungen wenig geeignet erscheinen.
Z.B.: Für beliebiges d aus $\mathbb{L}$ gilt:

(3.10*) $\quad (a \xrightarrow{\circ} b) = (d \odot a \xrightarrow{\circ} d \odot b)$ und $(a \xrightarrow{\circ} b) = (a \odot d \xrightarrow{\circ} b \odot d)$

Da der Operator $\odot$ kommutativ ist, genügt es, die erste der beiden Ungleichungen zu beweisen. Wir unterscheiden vier Fälle:

(I)

$$0 \le d + a - 1 \quad \text{und} \quad 0 \le d + b - 1$$
$$1 - a + b = 1 - (d + a - 1) + (d + b - 1)$$

also

$$\begin{aligned} a \xrightarrow{\circ} b &= \min(1, 1 - a + b) = \min(1, 1 - (d + a - 1) + (d + b - 1)) \\ &= \min(1, 1 - \max(0, (d + a - 1)) + \max(0, (d + b - 1))) \\ &= (d \odot a \xrightarrow{\circ} d \odot b). \end{aligned}$$

(II)

$$d + a - 1 < 0 \le d + b - 1$$
$$1 - a + b = 1 - (d + a - 1) + (d + b - 1) \ge 1 - 0 + \max(0, d + a - 1) \ge 1,$$

also

$$a \xrightarrow{\circ} b = 1 = (d \odot a \xrightarrow{\circ} d \odot b).$$

(III)

$$d + b - 1 < 0 \le d + a - 1$$
$$1 - \max(0,(d + a - 1)) + \max(0,(d + b - 1)) = 1 - (d + a - 1) + 0 = 1 - a + (1 - d) \ge 1 - a + b$$

also

$$(d \odot a \xrightarrow{\circ} d \odot b) \ge a \xrightarrow{\circ} b \qquad \text{wegen } 1 - a + b \ge 1.$$

(IV)

$$d + a - 1 \le 0 \quad \text{und} \quad d + b - 1 \le 0$$

also

$$\max(0, d + a - 1) = \max(0, d + b - 1) = 0$$
$$a \xrightarrow{\circ} b \le 1 = (d \odot a \xrightarrow{\circ} d \odot b).$$

Daher ist (3.10*) in $\mathbb{L}$ erfüllt.

2.3.3.2 Beispiel

Die Boolesche Algebra Ł (siehe Beispiel 2.3.1.1) der Wahrheitswerte 0 und 1 der klassischen Logik mit $\otimes$ = min und der Verknüpfungstabelle 2.2.3.1 ist eine Fuzzy Implikationsalgebra.

2.3.3.3 Beispiel

Wir bezeichnen die Menge der normalen Fuzzy Mengen auf der Grundmenge G mit $\mathcal{F}_N(G)$. In $\mathcal{F}_N(G)$ können wir für die Operatoren $\cap$=min, $\cup$=max, $\otimes$=min definieren und $\rightsquigarrow$ in jedem Ausdruck durch die Inferenzabbildung bezüglich der $\times$-Produkte der Fuzzy Mengen (siehe Satz 1.5.5) ersetzen. Dann gilt die Bedingung (3.10) $b \otimes (b \rightsquigarrow c) \leq c$. Da die derzeitige Generation von Fuzzy Controllern auf normalen Fuzzy Mengen aufgebaut werden kann, kann man solche Fuzzy Controller hintereinandersetzen. Insgesamt zeigt man, dass ($\mathcal{F}_N(G)$,$\cap$=min,$\cup$=max,$\otimes$=min,$\rightsquigarrow$=$\times$) eine Fuzzy Implikationsalgebra ist.

2.3.4 Satz über $\mathbb{L}$ von Lukasiewicz

Die Lukasiewicz Algebra $\mathbb{L}$ ist bis auf Isomorphie die einzige Fuzzy Implikationsalgebra über [0, 1], die zusätzlich die Eigenschaften der Antitonie (3.9) besitzt und die folgenden Axiome erfüllt:

$$a \xrightarrow{o} b = 1 \quad \Leftrightarrow \quad a \leq b$$
$$a \xrightarrow{o} (b \xrightarrow{o} c) = b \xrightarrow{o} (a \xrightarrow{o} c)$$
$$a \odot b \leq c \quad \Leftrightarrow \quad a \leq (b \xrightarrow{o} c)$$

Beweis: siehe [WEC78] und Abschnitt 3.6. □

2.3.5 Satz

Ist (V, $\cap$, $\cup$, $\otimes$, $\rightsquigarrow$) eine Fuzzy Implikationsalgebra, so gelten:

$$a \rightsquigarrow b = 1 \quad \Rightarrow \quad a \leq b$$
$$d \otimes a \leq d \qquad \text{für alle } a, b, d \in V.$$

Beweis:

Die erste Beziehung folgt aus (3.10) unter Berücksichtigung von (3.11). Diese Beziehung besagt, dass für eine wahre Aussage ($a \rightsquigarrow b$) der Wahrheitswert von a höchstens so groß ist wie der Wahrheitswert von b. Hierin ist die Möglichkeit für die Regel der klassischen Logik enthalten: Die Aussage „Aus falsch folgt wahr“ ist wahr.

Die zweite Aussage folgt aus (3.7) zusammen mit (3.11) wegen $a \leq 1$. □

2.4 Fuzzy Aussagenlogik

Entsprechend der klassischen Prädikatenlogik erster Stufe ist hier der Aufbau einer mehrwertigen Fuzzy Logik erster Stufe zu skizzieren. Dies soll nun in groben Zügen geschehen. Wie in der klassischen Prädikatenlogik benutzen wir die Junktoren $\wedge$ (Konjunktion), $\vee$ (Disjunktion), $\otimes$ (Fuzzy Kreuzjunktion) und $\approx>$ (Fuzzy Implikation). Die Fuzzy Wahrheitswerte entnehmen wir einer Fuzzy Implikationsalgebra $\mathbb{L} = ([0,1], \cap, \cup, \otimes, \rightsquigarrow)$. Da wir für die Fuzzy Logik auf [0, 1] die Zeichen $\bigwedge$=inf und $\bigvee$=sup besetzt haben, benutzen wir die Quantorenzeichen $\exists$ (Existenzquantor) und $\forall$ (Allquantor).

Zur Sprache der Fuzzy Logik gehört wieder ein

Alphabet

(a) Logische Zeichen: Junktoren $\wedge, \vee, \otimes, \approx>$
Quantoren $\exists, \forall, \bigwedge = \inf, \bigvee = \sup$

(b) Variablen x, y, ...

(c) n-stelligen Relationssymbolen (Prädiktorsymbole) R, P, ...

(d) n-stellige Funktionssymbole f, g, ...

(f) Konstanten c, ...

(h) Hilfszeichen wie (,), [,], {, }, ...

Die **Stelligkeit** oder der **Grad** einer Funktion oder einer Relation wird durch die Zuordnungszeichen μ, λ gegeben:

$$\mu(f), \ \lambda(R).$$

Die Konstanten und die Funktions- und Relationssymbole bilden die **Symbolmenge** S. Die Menge aller Zeichenreihen, die mit den Symbolen und den logischen Zeichen aufgebaut sind, ist die **Sprache** J über S.

Terme

(a') Variable und Konstanten sind Terme.

(b') Sind $t_1, t_2, \dots, t_n$ Terme und ist $\mu(f) = n$ die Stelligkeit der Funktion f, so ist $f(t_1, t_2, \dots, t_n)$ ein Term.

Formeln

(i) Sind t_1, t_2 Terme, dann sind $t_1 = t_2$, $t_1 \sim t_2$, $t_1 \approx t_2$ (atomare) Formeln

(ii) Sind $t_1, t_2, \ldots, t_n$ Terme und ist der Grad der Relation P (Prädikat) $\lambda(P) = m$, dann ist $P(t_1, t_2, \ldots, t_n)$ eine (atomare) Formel.

(iii) Sind φ und ψ Formeln, dann sind auch Fomeln
$\varphi \wedge \psi$, $\varphi \vee \psi$, $\varphi \otimes \psi$, $\varphi \approx> \psi$, $\exists x \varphi$, $\forall x \varphi$, $\bigwedge \varphi(x)$, $\bigvee \varphi(x)$.

Wir verwenden die folgenden Schreibweisen zur Abkürzung:

$\varphi <\approx> \psi := (\varphi \approx> \psi) \wedge (\psi \approx> \varphi)$ **Äquivalenz**

$\varphi^n := \varphi \otimes \varphi \otimes \ldots \otimes \varphi$ (n Faktoren)

Die Menge aller Formeln in einer Sprache J bezeichnen wir mit F_J.

In den Formeln $\exists x \varphi$, $\forall x \varphi$, $\bigwedge \varphi(x)$, $\bigvee \varphi(x)$ sagt man, x liegt im **Wirkungsbereich des Quantors.** Eine Variable x, die in einer Formel φ vorkommt, heißt **gebunden**, falls sie im Wirkungsbereich eines Quantors $\exists$, $\forall$, $\bigwedge$ = inf, $\bigvee$ = sup vorkommt. Sonst heißt die Variable **frei**. Eine Formel φ heißt **abgeschlossen**, wenn in ihr keine freie Variable vorkommt. Kommen in φ die freien Variablen $x_1, x_2, \ldots, x_n$ vor, so schreiben wir $\varphi(x_1, x_2, \ldots, x_n)$ und unterscheiden dabei formal nicht zwischen Term und Formel. In einer Formel φ kann eine Variable x durch einen Term t **substituiert** werden. Wir schreiben $\varphi_x[t]$.

2.4.1.1 Beispiel Formel

$$(\forall x)(f(x) \wedge R(x,y)) \approx> \alpha \quad \text{d.h.} \quad \min_x (f(x), R(x,y)) = \alpha$$

Die Semantik der Fuzzy Logik besteht in der Bewertung der fuzzy-logischen Formeln im Sinne einer Interpretation. In der Klassischen Logik läuft dies darauf hinaus, dass man in jeder Formel (Ausdrucksform) A die Variablen x_i, $i \in I$, mit den Wahrheitswerten 0 und 1 (d.h. falsch und wahr) belegt und daraus jeweils in Abhängigkeit der Belegung die Bewertung des Ausdrucks als 0 oder 1 berechnet, falls dem Ausdruck nicht a priori für alle Belegungen eine Bewertung zugeordnet ist:

$$|A(x_1, \ldots, x_n)| = A(|x_1|, \ldots, |x_n|).$$

Die Regeln für das Berechnen der Bewertungen sind durch Regeln (sprich Axiome) in der gegebenen Sprache J festgelegt. Diese Regeln sind für die klassische Logik als Axiome für $\mathbb{L}$ in 2.2.3.1 in Abschnitt 2.2 formuliert. Die Sprache und die Regeln fassen wir im Begriff der Struktur einer Sprache zusammen. Die Regeln können auch durch die Definition von Operatoren bestimmt sein.

2.4.2 Definition Struktur

Eine Fuzzy **Struktur $\mathbb{D}_J$** einer Sprache J zur Symbolmenge S auf der Menge D := $\mathcal{F}$(G) aller Fuzzy Mengen auf der Grundmenge G ist gegeben durch

$$\mathbb{D}_J := \langle D, \alpha \rangle$$

mit der Abbildung α auf S, so dass gilt:
Ist R ein n-stelliges Relationssysymbol in S, so ist α(R) ein eine n-stellige Fuzzy Relation in D:

$$\alpha(R) : D^n \to [0,1]$$

Ist f ein m-stelliges Funktionssymbol in S, dann ist α(f) eine n-stellige Funktion auf D:

$$\alpha(f) : D^n \to D$$

Ist c eine Konstante in S, so ist α(c) ∈ D ein Wert in D, d.h. eine Fuzzy Menge auf G.

Durch eine zusätzliche Abbildung β auf der Menge der Variablen erhalten wir aus der Strucktur eine Interpretation der Struktur $\mathbb{D}_J$.

2.4.3 Definition Interpretation

Eine **Interpretation $\mathbb{I}_J$** der Sprache J mit der Struktur $\mathbb{D}_J$ ist definiert durch eine Abbildung β der Variablen von J in D mit:

$$\pi(t) := \begin{cases} \alpha(t), & \text{falls t eine Konstante ist} \\ \beta(t), & \text{falls t eine Variable ist} \\ \alpha(f)(\pi(t_1), \dots, \pi(t_n)), & \text{falls f eine n-stellige Funktion und } t = ft_1 \dots t_n \end{cases}$$

Wir gehen hier davon aus, dass D = $\mathcal{F}$(G) die Menge von Fuzzy Mengen auf der Grundmenge G ist. Für die Bewertung einer Fuzzy Menge oder eines Fuzzy Ausdrucks im Sinne eines Fuzzy Wahrheitswertes kann man nun unterschiedliche Ansätze verfolgen (siehe [NOV89], [MEI90] usw.).

Befindet man sich jedoch an einer Stelle $x \in G$ in der Grundmenge, dann ordnet jede Fuzzy Menge $a : G \rightarrow [0, 1]$ der Stelle x den Zugehörigkeitswert a(x) mit $0 \leq a(x) \leq 1$ zu. Diesen Zugehörigkeitswert a(x) können wir dann als Wahrheitswert für a, das als Interpretation von a eine Fuzzy Menge ist und an der Stelle x, die wir etwa als aktuelles Ereignis x im Raum G interpretieren können, den Erfüllungsgrad a(x) hat. Ein sinnfälliges Beispiel zu dieser Interpretation ist das Diagnosesystem für Kurven (siehe [FRA89]).

Durch diese Betrachtung wird deutlich, dass die Rechenregeln über Fuzzy Mengen notwendigerweise homomorph (siehe [WEC78]) auf die Rechenregeln der Fuzzy Wahrheitswerte in einer Fuzzy Implikationsalgebra W abgebildet werden müssen. Daher ist einsehbar, dass für unterschiedliche Definitionen der Operationen auf Fuzzy Mengen auch Algebren für eine Fuzzy Wahrheitswerte-Logik auftreten müssen, die von der Lukasiewicz Algebra verschiedene sind.

2.4.4 Definition

Eine **Fuzzy Bewertung** δ der Interpretation mit der S-Struktur $ID_J = \langle D,\alpha \rangle$ und einer Fuzzy Implikationsalgebra $W = ([0,1],\cap,\cup,\otimes,\rightarrow)$ ist ein Homomorphismus $\delta: ID \rightarrow W$ mit

(4.1) $\delta(a \wedge b) = \delta(a) \wedge \delta(b)$

(4.2) $\delta(a \vee b) = \delta(a) \vee \delta(b)$

(4.3) $\delta(a \otimes b) = \delta(a) \otimes \delta(b)$

(4.4) $\delta(a \approx> b) = \delta(a) \rightarrow \delta(b)$

Es gilt:

(4.5) $a \mapsto \delta(a)$, $\delta(a) \in [0,1]$, $a \in D$

(4.6) $P \mapsto \delta(P)$, $\delta(P): [0,1]^n \rightarrow [0,1]$ für P eine n-stelligeRelation

(4.7) $f \mapsto \delta(f)$, $\delta(f): [0,1]^n \rightarrow [0,1]$ für f eine n-stellige Funktion

Bemerkung:

Zur Bewertung gehört neben der Interpretation immer eine Fuzzy Implikationsalgebra der Fuzzy Wahrheitswerte, und in beiden Strukturen muß gleichlautend gerechnet werden. Insbesondere entsteht zu jeder Interpretation einer Fuzzy Struktur ID_J und einer festen Stelle $x \in G$ eine spezielle Interpretation, wenn die Fuzzy Mengen als Singletons an der Stelle x geschrieben werden. Die Zugehörigkeitswerte dieser Singletons sind aber eine Bewertung im Sinn der obigen Definition. D.h. durch Beschränkung auf eine Stelle $x \in G$ erhalten wir für alle $x \in G$ eine große Menge von Bewertungen.

Es sind jetzt noch Rechenregeln für die Bewertungen der Quantoren unter der Bewertung δ zu definieren. Wir setzen willkürlich fest:

$$\chi := (\exists d)\varphi \;\mapsto\; \delta(\chi) := \sup_{d \in D} \delta(\varphi(d))$$

wobei φ ein einstelliges Prädikat ist, also φ(d)∈D für d∈D und daher nach (4.6) δ(φ(d)) ∈[0,1] ist. Entsprechend setzen wir

$$\chi := (\forall d)\varphi \;\mapsto\; \delta(\chi) := \inf_{d \in D} \delta(\varphi(d))$$

2.4.5 Definition

Es sei $\varphi(d_1, ..., d_n)$ eine Formel in der Struktur $\mathbb{D}_J$ und

$$\delta(\varphi) := \inf_{d_i \in D,\, i=1,...n} \delta(\varphi(d_1, ..., d_n))$$

Dann heißt φ eine **α-Tautologie**, wenn für alle Fuzzy Bewertungen δ auf $\mathbb{D}_J$ gilt:

$$\inf_{\delta} \{ \inf_{d_i \in D,\, i=1,...n} \delta(\varphi(d_1, ..., d_n)) \mid \delta : D \to V \} = \alpha$$

Für α = 1 sprechen wir wie in der klassischen Mathematischen Logik kurz von **Tautologie**.

2.4.5.1 Beispiel

Ist α∈[0, 1], so ist

$$\alpha \otimes (\alpha \rightsquigarrow \alpha)$$

eine α-Tautologie für die Sprache J mit den Operatoren ⊗ = ⇝ = ∧ und dem zweistelligen Operator ∧, der idempotent sein soll, d.h. a ∧ a = a.

Das logische Schließen in der Mathematik beruht auf Tautologien. Seine Beschreibung zerfällt in einen syntaktischen Anteil und in einen semantischen Anteil, die wir im Folgenden in einer zweistufigen Form beschreiben werden. Im syntaktischen Teil der Logik werden mit Hilfe von Regeln aus gegebenen Formeln neue Formeln hergeleitet. Solche Regeln heißen Inferenzregeln (oder Schließungsregeln). Im semantischen Teil wird der Wahrheitswert der hergeleiteten Formeln berechnet. Es wird sich zeigen, dass der Begriff der α-Tautologie für $\alpha<1$ nicht für den Aufbau einer Fuzzy Logik geeignet ist. Wir können vielmehr andere Arten der Tautologie, wie Fuzzy Tautologie und Quasi-Tautologie einführen, die sich auch als klassische Tautologien (d.h.mit $\alpha=1$) schreiben lassen.

Den syntaktischen Teil einer Formel r in der Sprache J werden wir mit r^{syn} bezeichnen, die semantische Entsprechung bezüglich einer Fuzzy Bewertung δ einer Struktur $\mathbb{D}_J$ über der Sprache J mit r^{sem}. Der Fuzzy Wahrheitswert r^{sem} läßt sich dann mit Hilfe der voran stehenden Formeln zu $\forall$ und $\exists$ und den Axiomen (3.1) bis (3.11) aus Abschnitt 2.3 in einer Fuzzy Algebra $\mathbb{L}$ der Fuzzy Wahrheitswerte berechnen. Wir definieren:

2.4.6 Definition

Eine **Inferenzregel** vom Grad n ist ein Paar (r^{sem},r^{syn}) mit:

- r^{syn} ist eine teilweise n-stellige Funktion auf der Menge der Formeln über J.
- r^{sem} ist eine n-stellige Funktion auf $\mathbb{L}$, die formal r^{syn} entspricht und die die **Halbstetigkeits**-Eigenschaft besitzt:

$$r^{sem}(\alpha_1,...,\alpha_{k-1}, \sup_{\alpha_k\in\mathbb{L}} \alpha_k, \alpha_{k+1},...,\alpha_n) = \sup_{\alpha_k\in\mathbb{L}} r^{sem}(\alpha_1,...,\alpha_{k-1},\alpha_k,\alpha_{k+1},...,\alpha_n)$$

für alle k = 1,...,n.

- Die Regel r hat die Schreibweise:

$$r := \frac{\varphi_1,...,\varphi_n}{r^{syn}(\varphi_1,...,\varphi_n)}\left(\frac{\alpha_1,...,\alpha_n}{r^{sem}(\alpha_1,...,\alpha_n)}\right)$$

mit $\alpha_i := \delta(\varphi_i)$ für eine Fuzzy Bewertung δ auf der Struktur $\mathbb{D}_J$.

2.4.7 Definition

Eine Inferenzregel heißt **schlüssig** in einer Struktur $\mathbb{D}_J$, wenn für alle Bewertungen δ in einer Fuzzy Algebra $\mathbb{L}$ gilt:

$$\delta(r^{syn}(\varphi_1, ..., \varphi_n)) \geq r^{sem}(\delta(\varphi_1), ..., \delta(\varphi_n)).$$

Wir zeigen die Arbeitsweise dieses Formalismus an den nachfolgenden Beispielen.

2.4.7.1 Beispiel Modus Ponens

Der Modus Ponens wird nun geschrieben in der Form:

$$r_{MP} := \frac{\varphi, \varphi \approx> \psi}{\psi}\left(\frac{\alpha, \beta}{\alpha \otimes \beta}\right)$$

Dabei sind die Operatoren $\approx>$ und $\otimes$ zweistellig. Der Beweis der Schlüssigkeit dieser Inferenzregel folgt nun mit Hilfe von (3.10) aus Definition 2.3.3, falls $\mathbb{IL}$ eine Fuzzy Implikationsalgebra ist:

$$r^{sem}(\delta(\varphi),\delta(\varphi \approx> \psi)) = \delta(\varphi) \otimes \delta(\varphi \approx> \psi) = \delta(\varphi) \otimes (\delta(\varphi) \rightsquigarrow \delta(\psi)) \leq \delta(\psi) = \delta(r^{syn}(\varphi, \varphi \approx> \psi))$$

2.4.7.2 Beispiel Modus Generalisierung

Ist φ eine α-Tautologie, so gilt:

$$r_G := \frac{\varphi}{(\forall x)\varphi}\left(\frac{\alpha}{\alpha}\right)$$

Der Beweis der Schlüssigkeit dieser Inferenzregel folgt aus der Festsetzung für $\forall$:

$$r^{syn}(\delta(\varphi)) = \delta((\forall x)\varphi) = \inf_{x \in D} \delta(\varphi(x)) \geq \alpha = r^{rem}(\delta(\varphi))$$

Denn „φ hat den Fuzzy Wahrheitswert α“ heißt: $\delta(\varphi(x)) \geq \alpha$ für alle $x \in D$.

In der Fuzzy Logik arbeiten wir mit einer Fuzzy Implikationsalgebra $\mathbb{IL}$, in der die Menge $A_{\mathbb{IL}}$ der Axiome (3.1) bis (3.11) ohne (3.9) aus Abschnitt 2.3 und die Menge $R_{\mathbb{IL}}$ der schlüssigen Regeln über $\mathbb{ID}_J$ (z.B. der Modus Ponens) gelten. Das Paar $(A_{\mathbb{IL}},R_{\mathbb{IL}})$ wird auch als **Syntax der Fuzzy Logik** bezeichnet.

Bemerkung:

Die naive Komplementbildung für Fuzzy Mengen ergibt keinen booleschen Verband. Die Frage der Kontradiktion muß wohl abweichend von der bisherigen Literatur neu gefaßt werden. Sie wird hier zunächst zurückgestellt.

Ist A_S eine Menge von zusätzlichen Axiomen in der Syntax der Fuzzy Logik (A_{IL},R_{IL}), die nicht aus den Axiomen A_{IL} hergeleitet werden können, so heißt TT := (A_{IL},A_S,R_{IL}), eine **Fuzzy Theorie** in der Sprache J. Das Herleiten durch formale Anwendung der Syntaxregeln bezeichnen wir bekanntlich als Beweis. Wir definieren daher:

2.4.8 Definition

Gegeben sei eine Fuzzy Theorie TT := (A_{IL},A_S,R_{IL}). Eine Kette von Formeln

$$\varphi_1, \dots, \varphi_n = \varphi$$

heißt ein **Beweis der Formel** φ, wenn für jedes $i \in \{1,\dots,n\}$ die Formel φ_i ein fuzzy-logisches Axiom aus A_{IL} oder ein spezielles Axiom aus A_S oder

$$\varphi_i = r_i^{syn}(\varphi_1, \dots, \varphi_m), \quad m<i$$

eine höchstens m-stellige Inferenzregel ist, die schlüssig auf ID_J bei Fuzzy Bewertung δ in IL ist.

Der Fuzzy Wahrheitswert von φ berechnet sich nach den obigen Formeln aus den Fuzzy Wahrheitswerten der fuzzy-logischen und der speziellen Axiome und aus

$$\delta(\varphi_i) = r_i^{sem}(\delta(\varphi_1),\dots,\delta(\varphi_m)).$$

Bemerkung:

Für die klassische Mathematische Logik gibt es nichts zu berechnen, da nur Wahrheitswerte 1 auftreten.

2.4.9 Definition

In der Struktur $ID_{J\#}$ auf der Sprache J# seien mehr Prädikate und Funktionen als in ID_J erklärt, und es sei TT eine Fuzzy Theorie auf der Sprache J# mit der Struktur $ID_{J\#}$. Dann heißt die Bewertung (Interpretation) δ' ein **Modell** der Fuzzy Theorie TT, wenn für jede Bewertung δ auf ID_J gilt:

$$\delta(\varphi) \leq \delta'(\varphi) \quad \text{für jede Formel } \varphi \text{ aus } ID_J.$$

2.4.9.1 Beispiel

Die Lukasiewicz Algebra IL ist ein Modell für eine Struktur, in der das zusätzliche Axiom der Antitonie (3.9) aus Abschnitt 2.3 oder die Bedingungen aus Satz 2.3.4 gelten.

2.4.9.2 Beispiel Steinhaufen-Paradoxon

Wir haben einen kleinen Steinhaufen und legen noch einen Stein dazu, so ist der Haufen immer noch klein. Wir können nun nicht daraus folgern, daß der Steinhaufen, wenn wir beliebig oft einen weiteren Stein dazu legen, klein bleibt. Der Fuzzy Wahrheitswert für „kleinen Steinhaufen" muß also abnehmen. Dieses Problem können wir mathematisch in einer Fuzzy Theorie modellieren (siehe [NOV89], example 45: heap of stones).

Fuzzy Theorie für kleine Steinhaufen:

Wir betrachten in der obigen Fuzzy Logik die Menge der zusätzlichen speziellen Axiome

$$A_S := \{\delta(\varphi_0)=1,\ \delta(\varphi_n \rightsquigarrow \varphi_{n+1}) = 1-\varepsilon;\ \mathrm{Card}(\mathrm{supp}\ \varphi_n) = n\},$$

wobei ε eine vorgegebene Zahl mit $0<\varepsilon<1$ ist.

φ_n sei die Aussage „Steinhaufen mit n Steinen ist klein" mit dem Fuzzy Wahrheitswert $\delta(\varphi_n)$. Legen wir zum Steinhaufen, auf den φ_n anwendbar ist, einen weiteren Stein dazu, so erhalten wir einen Steinhaufen, auf den φ_{n+1} anwendbar ist. Nach der Regel des Modus Ponens können wir mit Hilfe von A_S den Fuzzy Wahrheitswert von „kleiner Steinhaufen" von φ_{n+1} berechnen:

$$\delta(\varphi_{n+1}) = \delta(\varphi_n) \otimes \delta(\varphi_n \rightsquigarrow \varphi_{n+1}),\quad n \in \mathbb{N}_0.$$

Diese Rekursionsformel ergibt wegen der Anfangsbedingung $\delta(\varphi_0)=1$ nach vollständiger Induktion:

$$\delta(\varphi_{n+1}) = (1-\varepsilon)\otimes\ldots\otimes(1-\varepsilon) \quad \text{mit n Faktoren}$$

Ist $\otimes$=min, so bleibt der Wert für alle n>0 konstant. Ist $\otimes$ die Multiplikation auf den reellen Zahlen, so ist wegen $0<\varepsilon<1$ die Folge $(1-\varepsilon)^n$ eine monotone Nullfolge. Unsere Anschauung wird in dieser Fuzzy Theorie also befriedigend modelliert.

Bemerkung:

Die Schließungsregel des Modus Ponens ist in der Lukasiewicz Algebra eine Tautologie. In der **Mamdani Algebra**

$$\mathbb{M} := \{[0,1], \min,\max,\min,\min\}$$

ist der Modus Ponens keine Tautologie. Dieses zeigt man auf den Werten {0,1}. Wir finden die Tabelle:

a	b	$a \otimes (a \rightsquigarrow b) \rightsquigarrow b$	$\bullet \rightsquigarrow 1$
0	0	0	0
0	1	0	0
1	0	0	0
1	1	1	1

In der letzten Spalte müßten nur 1 stehen, wenn eine Tautologie vorläge.

Die Lukasiewicz Algebra ist auch dadurch gezeichnet, daß der Modus Ponens auf [0,1] eine Tautologie ist.

a b	$a \rightsquigarrow b$	$a \otimes \bullet$	$\bullet \rightsquigarrow b$	$\bullet \rightsquigarrow 1$
$a \le b$	a	1	1	1
$a > b$	$1 - a + b$	b	1	1

Wir definieren daher:

2.4.10 Definition

Eine Aussage $\varphi(a_1,\ldots,a_n)$ in einer Struktur $\mathbb{D}_J$ mit der Bewertung δ heißt eine **Fuzzy Tautologie**, wenn der Wert ihres Erfüllungsgrads auf [0,1] mindestens so groß ist wie das Minimum der Werte für die Fuzzy Variable $a_1, \ldots, a_n$:

$$\min\{\delta(a_1),\ldots,\delta(a_n),\delta(\varphi(a_1,\ldots,a_n))\} = \min\{\delta(a_1),\ldots,\delta(a_n)\}.$$

Auf der Mamdani Algebra $\mathbb{M}$ ist der Modus Ponens eine Fuzzy Tautologie. Wir finden die Wertetabelle:

a b	$a \otimes (a \rightsquigarrow b)$	$\bullet \rightsquigarrow b$	$a \wedge b$	=
$a \le b$	a	a	a	1
$a > b$	b	b	b	1

Die schwächste Forderung für die Verallgemeinerung einer Tautologie in der Fuzzy Logik ist:

2.4.11 Definition

Eine Aussage $\varphi(a_1,...,a_n)$ in einer Struktur $\mathbb{D}_J$ mit der Bewertung δ heißt eine **Quasi Tautologie**, wenn die Wahrheitswerte 1 für alle Fuzzy Variablen den Wahrheitswert 1 für die Aussagenform zur Folge haben:

$$\delta(\varphi(a_1,...,a_n)) = 1 \quad \text{für alle } \delta(a_i) = 1; \quad i=1,...,n.$$

2.4.11.1 Beispiel Max-Prod Algebra IP

Ist der Bewertung δ die Max-Prod Algebra IP zugrunde gelegt mit

$$\mathbb{P} := ([0, 1], \min, \max, \min, *),$$

wobei $*$ die Multiplikation der reellen Zahlen ist, dann ist der Modus Ponens eine Quasi Tautologie, jedoch keine Fuzzy Tautologie:

a	b	$a \otimes (a \rightsquigarrow b)$	$\bullet \rightsquigarrow b$
1	1	1	1

2.4.12 Satz

Jede Fuzzy Tautologie ist eine Quasi-Tautologie.

Beweis: Aus den Definitionen. □

3 Fuzzy Linguistik und Expertensysteme

3.1 Das Konzept der fuzzy linguistischen Variablen

In diesem Abschnitt geht es um die Fuzzy Modellierung „umgangssprachlich“ formulierter Problemumgebungen, wie wir sie etwa in Expertensystemen oder Datenbanken antreffen. Das fundamentale Konzept zur Modellierung natürlicher Sprachkonstrukte durch Fuzzy Mengen beruht auf dem Begriff „linguistische Variable“ und dessen Modifikation durch Attribute. Den linguistischen Variablen werden keine numerisch exakten Werte zugeordnet, sondern sprachliche Konstrukte im Sinne unscharfer Informationen, die dann Fuzzy Terme oder kurz Terme genannt werden.

Beim Aufbau der mathematischen Grundlagen steht die klassische Aussagenlogik wieder Pate. Wir definieren zunächst die linguistische Variable, die als Argument in den fuzzy-logischen Aussagen später auftritt.

3.1.1 Definition

Eine **linguistische Variable** ist ein Tripel (ℓ, T(ℓ), G) mit

- ℓ ein Name (Sprachkonstrukt),
- T(ℓ) eine Menge von Termen, die der linguistischen Variablen als Werte zugeordnet werden können. Die Terme heißen **linguistische Terme**.
- G eine syntaktische Regel oder eine **Grammatik**, mit der die Menge der Terme erzeugt wird.

Wir schreiben für eine linguistische Variable auch nur die Kurzform ℓ.

3.1.1.1 Beispiel Temperatur

Linguistische Terme auf der linguistischen Variable „Temperatur“ zeigt die nachfolgende Abbildung. Wir definieren die linguistischen Terme „niedrige Temperatur“,

„mittlere Temperatur", „hohe Temperatur", direkt als Fuzzy Mengen. Eine der Produktionsregeln $A \mapsto B$ aus einer möglichen Grammatik G besteht etwa darin, dass $A \mapsto B$ einem sogenannten „nichtterminalen Symbol" A (= Name „ℓ" = „Temperatur") ein „terminales Symbol" B aus der Menge der Terme

$$T(\ell) = \{T_n = \text{niedrige Temperatur},\ T_m = \text{mittlere Temperatur},\ T_h = \text{hohe Temperatur}\}$$

zuordnet. Z.B. Temperatur $\mapsto T_n$.

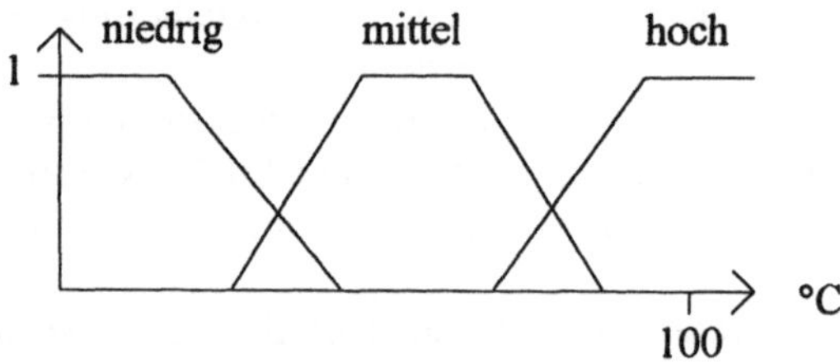

Das Verfahren in diesem Beispiel gehört der sogenannten „Syntax" einer Sprache an, während die Fuzzy Mengen ein Modell der Syntax, eine sogenannte „Semantik", liefern. Man sieht bereits an diesem einfachen Beispiel, dass zu einer Syntax eine beliebig große Menge von Semantiken gehören kann, z.B. mit unterschiedlichen Fuzzy Mengen. In jedem Fall ist das Belegen von Syntax-Konstrukten mit Wahrheitswerten, das wir auch als Bewertung bezeichnet haben, eine Semantik.

Wir verfolgen nun das im voran stehenden Beispiel angedeutete Konzept in Anlehnung an die klassische Aussagenlogik.

3.1.2 Definition

Eine **Grammatik G** := (V_N, V_T, P, S) besteht aus

- einer Menge von **Nicht-Terminal-Symbolen** V_N,
- einer Menge von **Terminal-Symbolen** V_T mit $V_N \cap V_T = \varnothing$,
- einer endlichen Menge von **Produktionsregeln**
  $$P = \{p = (\alpha \mapsto \beta) \mid \alpha, \beta \in (V_N \cup V_T)^*\}$$
- einem **Startsymbol** $S \in V_N$.
- $\varepsilon \in V_N$ sei das **leere Wort**.

Das Symbol * soll anzeigen, dass die Menge nur Elemente enthält, die aus einer endliche Anzahl von beliebigen Elementen der gekennzeichneten Menge durch Aneinanderreihen („Konkatenieren") entstanden sind, also

$$A^* := \{a_1 a_2 \dots a_n \mid n \in \mathbb{N}, a_i \in A, i=1,\dots,n\} \cup \{\varepsilon\}.$$

Wir benutzen die unterschiedlichen Schreibweisen für die Produktionsregeln:

$$p = (\alpha \mapsto \beta) \text{ oder } p : \alpha \mapsto \beta \text{ oder } \alpha \;{}_p\!\!\mapsto \beta$$

3.1.3 Definition

Es seien $\alpha, \beta \in (V_N \cup V_T)^*$. β heißt von α **ableitbar** mittels der Grammatik G (geschrieben $\alpha \;{}_G\!\!\Rightarrow \beta$) genau dann, wenn es $\alpha_1, \dots, \alpha_{n-1} \in (V_N \cup V_T)^*$ und Produktionsregeln $p_1, \dots, p_n \in P$ gibt, so dass gilt:

$$\alpha \;{}_{p_1}\!\!\mapsto \alpha_1 \;{}_{p_2}\!\!\mapsto \dots {}_{p_{n-1}}\!\!\mapsto \alpha_{n-1} \;{}_{p_n}\!\!\mapsto \beta.$$

Mit Hilfe einer Grammatik G wird die **Sprache L(G)** erzeugt, welche alle aus Terminal-Symbolen bestehenden Konstrukte enthält, die von dem Startsymbol S ableitbar sind :

$$L(G) := \{\omega \in V_T^* \mid S \;{}_G\!\!\Rightarrow \omega\}.$$

3.1.4 Definition

Durch Forderungen an die Herleitungsregeln werden mehrere Grammatik-Typen unterschieden. Es sei $p \in P$ eine beliebige Produktionsregel von G. Dann sind die gebräuchlichen Typen von **Grammatiken**:

Typ 0 :

$p = (\alpha \mapsto \beta)$ mit $\alpha, \beta \in (V_N \cup V_T)^*$

Typ 1 oder kontext-sensitiv:

$p = (\alpha_1 A \alpha_2 \mapsto \alpha_1 \beta \alpha_2)$ mit $A \in V_N$ und $\alpha_1, \alpha_2, \beta \in (V_N \cup V_T)^*$, $\beta \neq \varepsilon$

oder $p = (S \mapsto \varepsilon)$

Typ 2 oder kontext-frei:

$p = (A \mapsto \beta)$ mit $A \in V_N$ und $\beta \in (V_N \cup V_T)^*$, $\beta \neq \varepsilon$

oder $p = (S \mapsto \varepsilon)$

Typ 3 oder regulär:

$p = (A \mapsto aB)$

oder $p = (A \mapsto a)$ mit $A,B \in V_N$ und $a \in V_T$

oder $p = (S \mapsto \varepsilon)$.

Eine Grammatik vom Typ 2 heißt kontext-frei, weil die Anwendung einer Regel auf ein Nicht-Terminal-Symbol immer zum gleichen Ergebnis führt, unabhängig von den Zeichen, die dieses Symbol umgeben („Kontext"). Außerdem hat sie die Eigenschaft, daß Terminal-Symbole nicht weiter abgeleitet werden können, da sie nur als Resultat einer Produktion auftreten können.

Ist für eine linguistische Variable ℓ einer Grammatik vorgegeben, so besteht die Menge der Terme $T(\ell)$ der linguistischen Variablen ℓ aus der durch die Grammatik erzeugten Sprache, also $T(\ell) = L(G)$.

3.1.4.1 Beispiel Alter

Wir betrachten die linguistische Variable ℓ := Alter mit einer kontext-sensitive Grammatik:

$T(\ell)$:= {alt, sehr alt, sehr sehr alt, sehr sehr sehr alt, ... } = {sehr^n alt | $n \in \mathbb{N}_0$}.

Die Term-Menge $T(\ell)$ wird durch die Grammatik $G:=(V_N, V_T, P, S)$ erzeugt mit

$$V_N := \{S,A\},\ V_T := \{\text{sehr},\text{alt}\} \text{ und } P := \{S \mapsto A,\ A \mapsto \text{sehr } A,\ A \mapsto \text{alt}\}.$$

Z.B.: $S \mapsto A \mapsto \text{sehr } A \mapsto \text{sehr alt}$

Zu dieser linguistischen Variablen „Alter" kann ein Fuzzy Modell $\mathbf{M}(\ell) := (U,M)$ auf der Grundmenge $U := [0, 100]$ mit der semantischen Regel M erklärt werden:

$$M := \{M(\text{alt}), M(\text{sehr}^n \text{ alt}) \mid n=1,2,\dots\}$$

Wir wählen als Modell von „alt" die Fuzzy Menge:

$$M(\text{alt})(t) := \max\{0, \tfrac{t-50}{50}\},\quad t \in [0,100]$$

und für „sehr" verwenden wir die Abbildung CON 1.2.5:

$$M(\text{sehr}^{\,n}\ \text{alt})(t) := \text{CON}^{n}(M(\text{alt}))(t) := \max\{0, \left(\tfrac{t-50}{50}\right)^{2n}\},\ t \in [0,100], n \in N$$

Bei der Fuzzy Modellierung behandeln wir die Sprachkonstrukte nicht immer in gleicher Weise. Der Term „alt" ist hier als Fuzzy Menge modelliert. Der Term „sehr" jedoch im Sinne eines Attributs als Operator CON, der auf die Fuzzy Menge des ursprünglichen Terms „alt" einwirkt. Dieser Operator CON hat die Eigenschaft, eine zur ursprünglichen Fuzzy Menge fuzzy-ähnliche Fuzzy Menge zu modellieren. Später werden wir zeigen, dass auch Modellierungen möglich und denkbar sind, die nicht fuzzy-ähnlich zum ursprünglich gegebenen Fuzzy Term sind.

Dieses Beispiel zeigt, dass wir nicht alle Konstrukte einer Syntax in der Modellbildung gleichbehandeln wollen. Dies bringt dann allerdings zusätzlich die Einschränkung, dass die syntaktischen Regeln, d.h. die Grammatik, für eine oder mehrere linguistische Variable bereits unter Berücksichtigung der später angestrebten Semantiken gebildet werden müssen.

3.1.5 Definition

Ein **Fuzzy Modell** $\mathbf{M}(\ell)$ zu einer linguistischen Variable ℓ wird durch ein Paar (U,M) definiert. Dabei ist M eine **semantische Regel**, mit der jedem Term aus $T(\ell)$ eine Bedeutung, d.h. eine Fuzzy Menge auf der Grundmenge U, zugeordnet wird. Die **Bedeutung eines Terms** $X \in T(\ell)$ wird mit **M(X)** bezeichnet.

Durch die Modellierung einer linguistischen Variable wird jedem linguistischen Term X aus $T(\ell)$ eine Bedeutung gegeben. Diese ist eine Fuzzy Menge auf der Grundmenge U und wird häufig auch als **Restriktion** bezeichnet. Die Bezeichnung „Restriktion" wird gewählt, weil die Fuzzy Menge in diesem Zusammenhang eine Einschränkung für die Interpretation von sprachlichen Termen darstellt.

ℓ	linguistische Variable
$\downarrow$ G	**Syntax**
$T(\ell) = \{X_1,\dots,X_n\}$	linguistische Terme
$\downarrow$ M(G)	**Semantik**
$\mathbf{M} = \{M(X_1),\dots,M(X_n)\}$	**Fuzzy Modell**: Bedeutung auf U

Wir verwenden die Schreibweise: Für die Zugehörigkeitsfunktion der Bedeutung eines Terms X schreiben wir anstatt $\mu_{M(X)}$ abkürzend auch μ_X.

Wir unterscheiden atomare und abgeleitete Terme und später auch Aussageformen (auch Formeln genannt). **Atomare Terme** sind einzelne Wörter oder die Zusammensetzung von Adjektiv und Substantiv, z.B. groß, klein, hoher Gewinn, niedriger Gewinn usw. Die Zeichen einer Syntax sollen wie bereits bemerkt unterschiedliche Rollen in der Semantik spielen. Es ist daher zweckmäßig, diese Unterschiede bereits in der Syntax vorzubereiten. Zu einer solchen Unterscheidungsklasse gehören die Verknüpfungen „und", „oder" und „nicht", die wir **boolesche Verknüpfungen** nennen. Darüber hinaus existieren noch eine Vielzahl von semantischen Konstrukten, die die Bedeutung von Termen modifizieren. Dazu zählen beispielsweise „sehr", „mehr oder weniger", „regelrecht", „ungefähr", „im wörtlichen Sinne" usw. Sie können den Bedeutungseffekt eines Terms abschwächen, verstärken oder in komplizierterer Weise beeinflussen. Vereinfachend werden alle Wörter oder Ausdrücke, die in Verknüpfung mit einem Term eine Modifizierung seiner Bedeutung hervorrufen, **Attribute** genannt.

3.1.6 Definition

Sei T_m eine endliche Menge von Attributen. Eine **boolesche linguistische Variable** ist eine linguistische Variable ℓ, die nur folgende Arten von Termen enthalten darf :

- atomare Terme $\mathbf{X_a}$
- Verknüpfung von atomaren Termen mit Attributen $m \in T_m$: $\mathbf{mX_a}$
- Sind X, Y Terme der booleschen linguistischen Variable, dann sind auch **X und Y**, **X oder Y**, **nicht X** zugelassen.

3.1.6.1 Beispiel

Dieses Beispiel soll zeigen, dass es notwendig ist, eine generelle Methode zu finden, um die semantische Regel eines Fuzzy Modells für boolesche linguistische Variablen aufzustellen.

Betrachten wir wiederum die linguistische Variable ℓ = Alter. ℓ basiert allerdings nun auf einer anderen Term-Menge als zuvor :

$T(\ell)$:= {alt, jung, nicht alt, nicht jung, sehr alt, jung oder nicht sehr alt, ... }

$T(\ell)$ wird erzeugt durch die kontext-freie Grammatik $G:=(V_N,V_T,P,S)$ mit:

V_N := {S,A,B,C,D,E,F,G},
V_T := {jung, alt, sehr, nicht, und, oder}
P := $\{p_1,p_2,\ldots,p_{15}\}$.

Die Produktionsregeln sind:

p_1 : S $\mapsto$ A	p_6 : B $\mapsto$ nicht C	p_{11} : C $\mapsto$ G
p_2 : S $\mapsto$ S oder A	p_7 : C $\mapsto$ (S)	p_{12} : D $\mapsto$ sehr F
p_3 : A $\mapsto$ B	p_8 : C $\mapsto$ D	p_{13} : E $\mapsto$ sehr G
p_4 : A $\mapsto$ A und B	p_9 : C $\mapsto$ E	p_{14} : F $\mapsto$ jung
p_5 : B $\mapsto$ C	p_{10} : C $\mapsto$ F	p_{15} : G $\mapsto$ alt

In der gleichen Weise wie in den Produktionsregeln p_{12} und p_{13} können beliebige andere Attribute zu der Grammatik hinzugefügt werden.

Wenn die Anzahl der Terme unendlich ist, ist es nicht möglich, in einem Fuzzy Modell jedem Term direkt eine Bedeutung zuzuweisen. Es ist daher notwendig, die Bedeutungen algorithmisch zu finden wie im Beispiel 3.1.4.1. Wenn die semantische Regel eines Fuzzy Modells ein Algorithmus ist, dann nennen wir **M(ℓ)** ein **strukturiertes Fuzzy Modell**. Eine boolesche linguistische Variable ist gerade so definiert, dass sie sich gut für eine algorithmische Behandlung eignet. Daher wird sie zur Basis der später vorgestellten allgemeinen semantischen Regel ausersehen. In den nächsten beiden Abschnitten werden Methoden vorgestellt, wie man Termen, die durch Konjunktion, Disjunktion, Negation oder Verknüpfung mit Attributen entstanden sind, Bedeutungen zuordnen kann. Dadurch ist es schließlich möglich, eine allgemeine semantische Regel für kontext-freie Grammatiken aufzustellen.

3.1.7 Definition

Ein atomarer linguistischer Term ℓ heißt auch kurz **Syntagma**.

Jedes Syntagma einer vorgegebenen Problemsprache modellieren wir nun als Fuzzy Menge.

3.1.8 Definition

Ist S die Menge der Syntagmen einer vorgegebenen Problemsprache mit der Grundmenge U, auch **Subjektmenge** U genannt, dann heißt

$$m_s : U \mapsto [0, 1] \quad \text{für } s \in S$$

ein **Fuzzy Modell** oder eine **Bedeutung des Syntagmas** s.

3.1.8.1 Beispiel kleine Zahl

Die Subjektmenge sei die Menge der natürlichen Zahlen ℕ, und das Syntagma heiße „kleine Zahl“. Dann ist für alle $x \in \mathbb{N}$ die Fuzzy Menge

$$m_{\text{kleine Zahl}}(x) := \frac{1}{1+\frac{1}{10}(x-1)}$$

ein Fuzzy Modell für das Syntagma „kleine Zahl“.

Syntagmen einer Problemsprache können daher als Fuzzy Mengen modelliert werden. Es liegt somit nahe, auch die logischen Wörter „und“, „oder“, „nicht“, „wenn dann“ so fuzzy zu modellieren, dass wir eine Fuzzy Theorie des vorliegenden Problems erhalten, die auf einer Sprache J=L(G) mit Fuzzy Mengen definiert ist. Das fuzzy-logische Schließen in dem so erweiterten Modell ist dann durch den voran stehenden Abschnitt begründet. Die Fuzzy Wahrheitswerte lassen sich nun aus den obigen Axiomen und Regeln der Fuzzy Logik und den zusätzlichen Regeln des Modells für alle Aussagen über Syntagmen berechnen.

Wir definieren daher:

3.1.9 Definition

Ist U die Subjektmenge zur Menge S von Syntagmen, so heißt die Relation

$$R : S\times U \rightarrow [0,1] \quad \text{mit} \quad R(s,x) := m_s(x), \ (s,x)\in S\times U$$

die **semantische Relation** auf der Menge S der Syntagmen.

Wir haben nun noch die Bedeutungen der logischen Verknüpfungen zu definieren.

3.1.10 Definition

Ist U die Subjektmenge und sind $s, s_1, s_2 \in S$ Syntagmen und R die semantische Relation auf S, so definieren wir an jeder Stelle $x \in U$:

(a) $R(s_1 \text{ und } s_2, x) := R(s_1,x) \wedge R(s_2,x)$

(b) $R(s_1 \text{ oder } s_2, x) := R(s_1,x) \vee R(s_2,x)$

(c) $R(\text{nicht } s, x) := 1 - R(s,x)$

(d) $R(\text{wenn } s_1 \text{ dann } s_2, x) := R(s_1,x) \rightarrow R(s_2,x)$

bzw.

(a') $m_{s1 \text{ und } s2} := m_{s1} \cap m_{s2}$

(b') $m_{s1 \text{ oder } s2} := m_{s1} \cup m_{s2}$

(c') $m_{\text{nicht } s} := 1 - m_s$

(d') $m_{\text{wenn } s1 \text{ dann } s2} := m_{s1} \rightsquigarrow m_{s2}$

3.1.10.1 Beispiel

$$S := \{\text{klein, groß}\}, \qquad U := \{1,2,...,10\}.$$

Dann setzen wir für die Bedeutungen der Syntagmen „klein“ und „groß“:

M(klein) := {1/1, 0.7/2, 0.3/3, 0.2/4, 0.1/5, 0/6, 0/7, 0/8, 0/9, 0/10}

M(groß) := {0/1, 0/2, 0/3, 0/4, 0.1/5, 0.3/6, 0.7/7, 0.9/8, 1/9, 1/10}

M(klein und groß) := {0/1, 0/2, 0/3, 0/4, 0.1/5, 0/6, 0/7, 0/8, 0/9, 0/10}

M(klein oder groß) :=
{1/1, 0.7/2, 0.3/3, 0.2/4, 0.1/5, 0.3/6, 0.7/7, 0.9/8, 1/9, 1/10}

M(nicht klein) := {0/1, 0.3/2, 0.7/3, 0.8/4, 0.9/5, 1/6, 1/7, 1/8, 1/9, 1/10}.

Man kann die semantische Relation R in einer Matrix schreiben, da S und U endlich sind:

$$R = \begin{pmatrix} 1 & 0.7 & 0.3 & 0.2 & 0.1 & 0 & 0 & 0 & 0 & 0 \\ 0 & 0 & 0 & 0 & 0.1 & 0.3 & 0.7 & 0.9 & 1 & 1 \end{pmatrix}$$

Dabei gilt

$$R \circ U^T = \begin{pmatrix} M(\text{klein}) \\ M(\text{groß}) \end{pmatrix}$$

oder

$$m_{\text{klein}}(U) = M(\text{klein}), \quad m_{\text{groß}}(U) = M(\text{groß}), \quad m_{\text{klein und groß}}(U) = M(\text{klein und groß}).$$

3.2 Fuzzy linguistische Operatoren und Attribute

Es ist naheliegend, die booleschen Verknüpfungen durch die ihnen verwandten Mengen-Operationen zu erklären, d.h. die Negation durch Komplementbildung, Disjunktion durch Vereinigung und Konjunktion durch den Durchschnitt von Fuzzy Mengen.

Seien X und Y Terme einer linguistischen Variablen mit den Bedeutungen M(X) und M(Y) auf einer Grundmenge U. Dann können „NICHT X", „X ODER Y" und „X UND Y" wie folgt gedeutet werden:

(1) $M(\text{NICHT } X) := \neg M(X).$

(2) $M(X \text{ ODER } Y) := M(X) \cup M(Y).$

(3) $M(X \text{ UND } Y) := M(X) \cap M(Y).$

d.h. für die Zugehörigkeitsfunktionen können wir daher wie in Abschnitt 1.2:

(1') $\mu_{M(\text{NICHT } X)}(u) := 1 - \mu_{M(X)}(u) \quad \forall u \in U$

(2') $\mu_{M(X \text{ ODER } Y)}(u) := \mu_{M(X)}(u) \vee \mu_{M(Y)}(u) \quad \forall u \in U$

(3') $\mu_{MX \text{ UND } Y)}(u) := \mu_{M(X)}(u) \wedge \mu_{M(Y)}(u) \quad \forall u \in U$

Es gibt natürlich noch viele andere Möglichkeiten, die booleschen Verknüpfungen „nicht", „oder" und „und" zu interpretieren. Speziell der Operator „und" bietet auch in der natürlichen Sprache unterschiedliche Deutungsmöglichkeiten.

So kann z.B. der Fall auftreten, dass zwei durch „und" verknüpfte Eigenschaften in einem Zusammenhang stehen und sich dabei positiv beeinflussen. Das bedeutet, dass die Erfüllung der einen Eigenschaft automatisch auch die andere Eigenschaft fördert und umgekehrt, z.B. „junger und dynamischer Mensch", „altes und verrostetes Auto". Diese Interpretation von „und" läßt sich gut durch die oben genannte Durchschnittsbildung darstellen. „X und Y" ist nur so stark erfüllt wie beide Terme einzeln.

Zwei zusammenhängende Eigenschaften beeinflussen sich dagegen negativ, wenn die Erfüllung der einen Eigenschaft die andere abschwächt. Beispiele dafür wären „schnelles und überlegtes Handeln" oder „altes und zuverlässiges Auto". Dieses „und" kann so gedeutet werden, dass beide Eigenschaften zusammen eine gewisse Schwelle überschreiten müssen, und „X und Y" immer schwächer erfüllt ist als beide einzelnen Terme. Dieses kann z.B. durch das starke Produkt geschehen:

$$(4') \quad \begin{aligned} M(X \text{ UND } Y) &:= M(X) \odot M(Y) \quad \text{mit} \\ \mu_{M(X \text{ UND } Y)}(u) &:= \max(0, \mu_{M(X)}(u) + \mu_{M(Y)}(u) - 1) \end{aligned}$$

Zwei Eigenschaften können aber auch in ihrer Wirkung unabhängig voneinander sein, z.B. „junger und intelligenter Mensch". Beide Eigenschaften fließen zu gleichen Teilen in die Bedeutung der Verknüpfung ein und müssen wenigstens zu einem Teil erfüllt sein. Dazu kann man das algebraische Produkt von Fuzzy Mengen wählen:

$$(5') \quad \begin{aligned} M(X \text{ UND } Y) &:= M(X) \cdot M(Y) \quad \text{mit} \\ \mu_{M(X \text{ UND } Y)}(u) &:= \mu_{M(X)}(u) \cdot \mu_{M(Y)}(u) \end{aligned}$$

3.2.1 Satz

Die Fuzzy Mengen M(NICHT X), M(X ODER Y), M(X UND Y) mit den Bedeutungen (1') bis (5') erfüllen auf den Wahrheitswerten 0 und 1 der klassischen Mathematischen Logik die Operationen Komplement, Disjunktion und Konjunktion.

Beweis: durch Einsetzen. □

Sprachliche Attribute, zu denen u.a. „sehr", „ziemlich", „mehr oder weniger", „im wesentlichen", „im weitesten Sinne" gehören, werden vor Syntagmen oder Ausdrücken eingefügt, um ihre Bedeutung zu modifizieren. Da die sprachlichen Terme in dem Modell einer linguistischen Variablen durch Fuzzy Mengen repräsentiert wer-den, müssen die Bedeutungen von Attributen auf Fuzzy Mengen operieren. Es kann u.U. eine nicht leichte Aufgabe sein, das Verhalten der Attribute durch Operationen auf Fuzzy Mengen zu modellieren, weil schon die Analyse ihrer Wirkung auf der sprachlichen Ebene in manchen Fällen nicht einfach ist. Zusätzlich kann ihr Effekt vom Kontext abhängen. Außerdem genügt es häufig nicht, nur die Bedeutung eines zu modifizierenden Ausdruckes A in Form der Zugehörigkeitsfunktion $\mu_A : U \to [0, 1]$ zu kennen, sondern man benötigt noch zusätzlich eine Aufteilung der Bedeutung in verschiedene Komponenten.

Beispiel :

Aussage 1 : Im wörtlichen Sinne ist ein Pinguin ein Vogel.
Aussage 2 : Ein Pinguin ist ein typischer Vogel.

Aussage 1 ist sicherlich wahr, da ein Pinguin die biologischen Merkmale von Vögeln erfüllt. Aussage 2 dagegen dürfte mit „falsch" oder „ziemlich falsch" bewertet werden, weil ein Pinguin eine „typische", wenn auch nicht notwendige Eigenschaft von Vögeln nicht erfüllt, nämlich die Fähigkeit des Fliegens. Die beiden betrachteten Attribute erfordern daher eine Aufteilung der Charakteristika, die einen Begriff, in diesem Fall „Vogel“, ausmachen. „Im wörtlichen Sinn“ berücksichtigt ausschließlich die definierenden Merkmale einer Eigenschaft, während „typisch“ die definierenden Eigenschaften voraussetzt und bestimmte Nebenbedeutungen - hier z.B. Fliegen, Nester bauen - verstärkt.

Werden mehrere Komponenten der Bedeutung von Ausdrücken benötigt, um die Wirkung von Attributen ausdrücken zu können, so muss sich die entsprechende Zugehörigkeitsfunktion aus den einzelnen Komponenten berechnen lassen. Auf den Komponenten A_i operieren dann die Attribute, die bestimmte Merkmale hervorheben und andere ignorieren. Eine ausführliche Analyse von Attributen, die nicht in direkter Weise interpretiert werden können, findet sich in [Lak-73].

Aus diesen Betrachtungen ergibt sich, dass es unterschiedliche Methoden der Modellierung von Attributen als Operationen auf Fuzzy Mengen geben muß. Wir benutzen daher eine Einteilung von Attributen in 2 Klassen :

TYP I: Attribute in dieser Klasse können durch Operationen auf Fuzzy Mengen repräsentiert werden, weil sie direkt auf die Bedeutungen der Terme einwirken, wie sie etwa durch CON (sehr), DIL (mehr oder weniger) und INT (annähernd) bereits bekannt sind.
TYP II: Attribute in dieser Klasse benötigen eine komplexere Beschreibung, wie sie auf den einzelnen Komponenten der Bedeutungen operieren. Insbesoncre sollen sie nicht a priori Fuzzy Ähnlichkeit erhalten. Beispiele sind etwa: im wesentlichen, eigentlich, genau genommen, regelrecht, typisch, in gewisser Hinsicht, usw.

Im Folgenden geben wir einige Möglichkeiten der Modellierung von Attributen beider Typen an, ohne dass wir hierbei eine Vollständigkiet anstreben. Attribute vom Typ I

3.2.1.1 Beispiel Attribut „sehr“

Das Attribut „sehr“ hat die Eigenschaft, daß es einen Ausdruck verschärft. Dieses führt dazu, daß die Zugehörigkeitsgrade des modifizierten Terms kleiner sein müssen als die ursprünglichen. Die Eigenschaften eines Ausdrucks X müssen daher stärker erfüllt sein, um einen bestimmten Grad der Zugehörigkeit für „sehr X“ zu erlangen. Deshalb ist es naheliegend, die Zugehörigkeitsfunktion zu quadrieren, um niedrigere Zugehörigkeitsgrade zu erhalten.

Sei z.B. in einem Modell für die linguistische Variable „Größe eines Menschen“ die Grundmenge U:= [120, 220]. Die Bedeutungen der atomaren Terme „groß“ und „klein“ werden wie folgt aufgestellt.

$$\mu_{\text{groß}}(u) := \begin{cases} 0 & \text{für} \quad u \leq 160 \\ 2\left(\frac{u-160}{30}\right)^2 & \text{für} \quad 160 < u \leq 175 \\ 1-2\left(\frac{u-190}{30}\right)^2 & \text{für} \quad 175 < u \leq 190 \\ 1 & \text{für} \quad 190 < u \end{cases} \qquad \mu_{\text{klein}}(u) := \begin{cases} 0 & \text{für} \quad u \leq 150 \\ 2\left(\frac{u-150}{30}\right)^2 & \text{für} \quad 150 < u \leq 165 \\ 1-2\left(\frac{u-190}{30}\right)^2 & \text{für} \quad 165 < u \leq 180 \\ 1 & \text{für} \quad 180 < u \end{cases}$$

Die Zugehörigkeitsfunktionen von

$$M(\text{sehr groß}) := (M(\text{groß}))^2 \quad \text{und} \quad M(\text{sehr klein}) := (M(\text{klein}))^2$$

sollen das Aussehen haben:

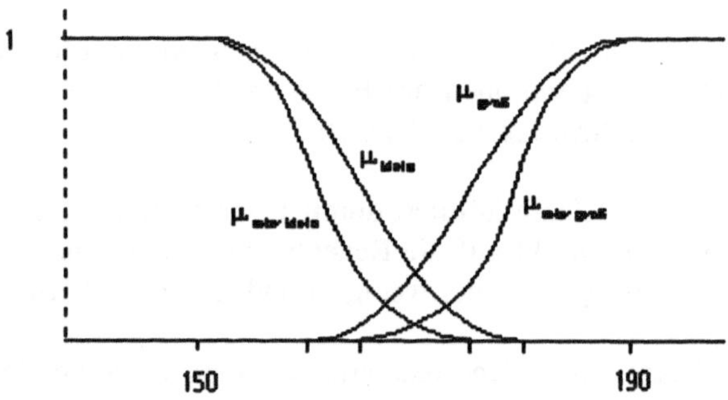

Die modifizierten Kurven liegen also immer unterhalb der ursprünglichen, nur für die Grade 0 und 1 fallen sie zusammen. Das bedeutet etwa für die Werte 188 und 190, bzw. 155 und 150 :

	$\mu_{\text{groß}}$	$\mu_{\text{sehr groß}}$
u_1 = 188	0.991	0.982
u_2 = 190	1	1

	μ_{klein}	$\mu_{\text{sehr klein}}$
u_1 = 155	0.944	0.892
u_2 = 150	1	1

Diese Ergebnisse entsprechen sicherlich nicht der intuitiven Interpretation von verstärkten Ausdrücken, denn auch die Randwerte des Trägers bzw. des Kerns der Fuzzy Mengen sollten sich verändern. Im Fall von „sehr groß“ müsste sowohl der Wert, an dem der Ausdruck zum ersten Mal absolut wahr wird (hier 190), als auch der linke Randwert der Kurve erhöht werden. Andererseits müssten diese Randwerte für „sehr klein“ niedriger werden, um die sprachliche Wirkung besser zu erfassen. Die modifizierten Kurven müssten etwa aussehen wie in den nachfolgenden Abbildungen.

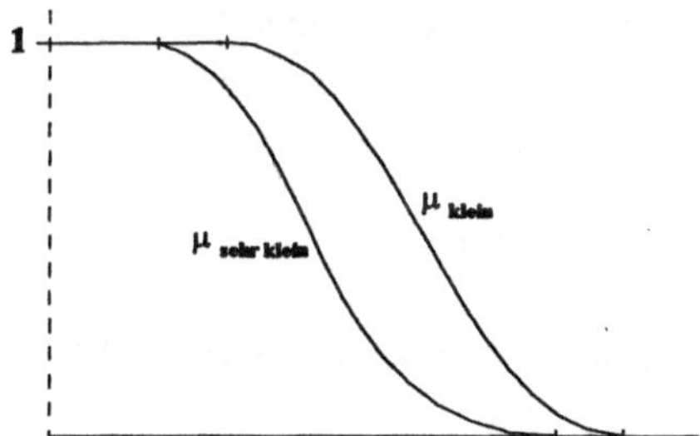

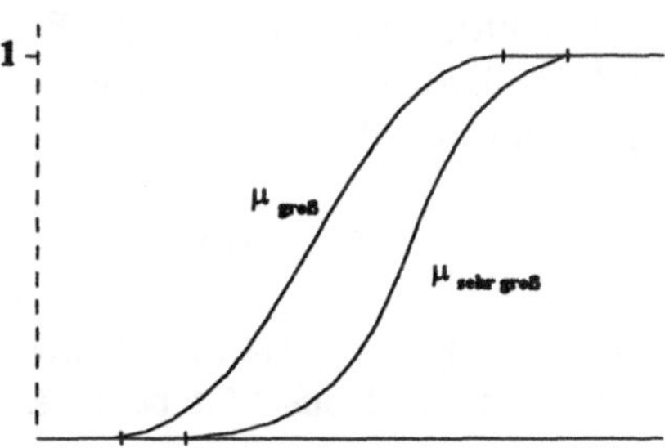

Dieses Beispiel hat gezeigt, dass es oft nicht genügt, die Zugehörigkeitsgrade durch nur eine Operation zu modifizieren. Es wird noch eine weitere Abbildung zur Repräsentation von Attributen benötigt, die eine Translation auf der Grundmenge durchführt. Deshalb wird sie auch als „Shift-Operation" bezeichnet. Der Term, der modifiziert wird, geht zusätzlich noch als Parameter in diese Funktion ein, weil die Richtung der Verschiebung von der ursprünglichen Fuzzy Menge abhängt. Die Bedeutung eines Attributs vom Typ I wird dann durch 2 Operationen charakterisiert.

Für ihre nachfolgende Definition benötgen wir

$$F(U) := \{f \mid f\colon U \to U\}$$

die Menge aller Selbstabbildngen der Grundmenge U.

3.2.2 Definition

Es sei m ein Attribut der linguistische Variable ℓ mit dem Fuzzy Modell $\mathbf{M}(\ell) = (U, M)$:

$$m : T(\ell) \to T(\ell)$$

$T_a \subset T(\ell)$ sei die Menge aller atomaren Terme, auf die dieses Attribut angewendet wird. Zu dem linguistischem Attribut m seien die Operationen gegeben:

$$\xi_m : T_a \to F(U) \quad \text{und} \quad \nu_m : [0, 1] \to [0, 1]$$

Ein atomarer Term $X_a \in T_a$ mit der Bedeutung $M(X_a)$ auf U wird durch m folgendermaßen modifiziert:

$$M(mX_a) := \nu_m \circ M(X_a) \circ \xi_m(X_a) \quad \text{mit}$$
$$\mu_{M(m\,X_a)}(u) := \nu_m\left(\mu_{M(X_a)}\left(\xi_m(X_a)(u)\right)\right) \quad \forall\, u \in U.$$

ξ_m ist eine Schiftfunktion, die z.B. die Fuzzy Menge X_a auf U verschiebt. Benötigt man keine Shift-Funktion ξ_m, weil z.B. die Grundmenge U nicht linear geordnet ist, so wird ξ_m als Identität gewählt ($\xi_m(X_a) := Id_U$). Ansonsten ist ξ_m eine Translation, z.B. in $\mathbb{R}$:

$$\xi_m(X_a)(u) := u + c, \quad c \in \mathbb{R} \text{ konstant } \forall u \in U.$$

Um die Abbildung ν_m zu bestimmen, werden häufig die Modifikatoren **CON** aus 1.2.4, **DIL** aus 1.2.5 und **INT** aus 1.2.6 benutzt.

Die Abbildung $\nu_m : [0, 1] \rightarrow [0, 1]$ kann man unabhängig vom Kontext für ein Attribut vom Typ I festlegen. Daher können diese Funktionen in allgemeiner Form erklärt werden. Die Shift-Funktionen ξ_m sind dagegen vom Kontext, d.h. von den atomaren Termen, abhängig. Sie erhalten insbesondere die Fuzzy Ähnlichkeit nicht, da der Kern einer Fuzzy Menge unter ξ_m verändert wird – siehe Beispiel 3.2.1.1, zweite Abbildung. Deshalb werden im weiteren Verlauf die Zugehörigkeitsfunktionen auf bestimmte Typen eingeschränkt, um dann eine allgemeine Definition von Shift-Funktionen treffen zu können. Bei Zugehörigkeitsfunktionen, die nicht zu diesen Typen zählen, kann man mit ähnlichen Methoden, wie im folgenden vorgestellt, arbeiten, oder man benötigt keine Translation und wählt darum ξ_m als Identität.

3.2.2.1 Beispiel Shift-Funktion „sehr"

Für eine trapezförmige Fuzzy Menge X_a mit $supp(X_a) = [a,d]$ und $Kern(X_a) = [b,c]$ wählen wir ein D mit $0 \le D \le (c-b)/2$. Dann definieren wir die Translation t_{X_a} durch:

$$t_{X_a}(u) := \begin{cases} u - D & \text{für} \quad u < b + D \\ u & \text{für} \quad b + D \le u \le c - D \\ u + D & \text{für} \quad u > c - D \end{cases} \quad \forall u \in U$$

Ist $U=\mathbb{R}$, dann setze $\xi_{sehr}(X_a) = t_{X_a}$. Falls U ein beschränktes Intervall ist, etwa $U=[\alpha,\beta]$, $\alpha,\beta \in \mathbb{R}$, dann muss die Translation noch auf U eingeschränkt werden :

$$\xi_{sehr}(X_a)(u) := \begin{cases} t_{X_a}(\alpha) & \text{für} \quad t_{X_a}(u) < \alpha \\ t_{X_a}(u) & \text{für} \quad t_{X_a} \in U \\ t_{X_a}(\beta) & \text{für} \quad t_{X_a}(u) > \beta \end{cases} \quad \forall u \in U, \forall X_a \in T_a$$

Wenden wir diese Modellierung ξ_{sehr} auf die Fuzzy Mengen M(klein) und M(groß) an, so erhalten wir das nachfolgende Bild.

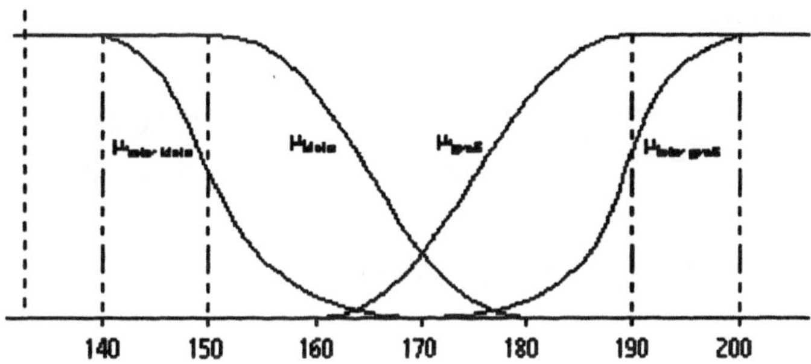

Für weitere Attribute geben wir noch Vorschläge an. Das Attribut „höchst“ wirkt ähnlich wie „sehr“ nur in stärkerem Maße:

$$\nu_{höchst}(u) := u^3 \quad \forall u \in [0, 1].$$

Da eine Verschiebung der Elemente aus der Grundmenge in die gleichen Richtungen erfolgt wie bei einer Translation für „sehr“, kann man für alle atomaren Terme X_a

$$\xi_{höchst}(X_a) := \xi_{sehr}(X_a)$$

wählen. Will man die stärkere Wirkung von „höchst“ noch zusätzlich hervorheben, so kann man die Translation verstärken, indem man die Konstante D in der Definition von $\xi_{höchst}$ größer als in dem Fall von ξ_{sehr} wählt.

Für das Attribut „mehr oder weniger“ haben wir bereits den Operator DIL und für „annähernd“ den Operator INT vorgeschlagen. Das Attribut „ziemlich“ fordert, dass die Eigenschaften des modifizierten Terms mindestens zu einem gewissen Grad erfüllt sein sollten. Hohe Grade werden abgeschwächt, da eine absolute Erfüllung der Eigenschaft durch „ziemlich“ nicht gefordert wird. Andererseits werden niedrige Werte noch verschärft, weil für sie die Erfüllung in einem gewissen Maße nicht gewährleistet ist. Dieses Verhalten führt zur Kontrast-Intensivierung der Fuzzy Menge, die den modifizierten Term beschreibt. Wir definieren

$$M(\text{ziemlich}X_a) := \text{INT}(\text{CON}(M(X_a))).$$

Diese Bedeutung von „ziemlich X_a“ ergibt sich durch die Abbildungen

$$\nu_{ziemlich}\,(\mu_{M(Xa)}\,(\xi_{ziemlich}(X_a)(u)\,)),\;\; u \in U$$

mit den Operatoren:

$$\nu_{ziemlich}\;(u) := \begin{cases} 2u^4, & \text{für} \quad 0 \le u \le 1/\sqrt{2} \\ 1-2(1-u^2)^2, & \text{sonst} \quad \text{für } u \in [0,1] \end{cases}$$

$$\xi_{ziemlich}\;(u) := u, \qquad \forall u \in U$$

3.3 Die Semantische Regel

Wir haben nun alle Hilfsmittel, um eine allgemeine semantische Regel eines Fuzzy Modells zu definieren. Diese weist jedem Term, der durch eine Grammatik aus einer booleschen linguistischen Variablen generiert wurde, eine Bedeutung auf der Grundmenge des Fuzzy Modells zu.

3.3.1 Definition

Es sei $(\ell, T(\ell), G)$ eine boolesche linguistische Variable mit der kontext-freien Grammatik $G = (V_N, V_T, P, S)$. $T_a \subset V_T$ sei die Menge aller atomarer Terme und $T_m \subset V_T$ die Menge aller Attribute. Weiterhin sei eine Grundmenge (Subjektmenge) U für diese linguistische Variable gegeben. Die Attribute $m \in T_m$ werden durch die Abbildungen

$$\nu_m : [0, 1] \rightarrow [0, 1] \text{ und } \xi_m : T_m \times U \rightarrow U$$

(siehe Definition 3.2.2) repräsentiert.

Dann wird die **mit G assoziierte semantische Regel M_G** durch das Tripel (V_N, V'_T, P') definiert, wobei V_N bereits durch G definiert ist und für V'_T und P' gilt:

1) Für alle $X_a \in T_a$ muss eine Bedeutung explizit definiert sein, d.h.
$$M(X_a) \in V'_T.$$
2) Zu jeder Ableitungsregel $p \in P$ enthält P' eine entsprechende Produktionsregel p' mit der Eigenschaft:

$p \in P$	$p' \in P'$
$\alpha \mapsto \beta$	$M(\alpha) \mapsto M(\beta)$
$\alpha \mapsto$ nicht β	$M(\alpha) \mapsto \neg M(\beta)$
$\alpha \mapsto \beta$ oder γ	$M(\alpha) \mapsto M(\beta) \cup M(\gamma)$
$\alpha \mapsto \beta$ und γ	$M(\alpha) \mapsto M(\beta) \cap M(\gamma)$
$\alpha \mapsto m\beta,\ m \in T_m$	$M(\alpha) \mapsto \nu_m \circ M(\beta) \circ \xi_m(\beta)$

wobei $\alpha \in V_N$, $\beta \in (V_N \cup V_T)^*$ und $\cap$, $\cup$ aus einem Verband $(\mathcal{F}(U), \cap, \cup)$ der Fuzzy Mengen über der Grundmenge U sind.

Da ℓ eine boolesche linguistische Variable ist, dürfen die Attribute $m \in T_m$ nur auf atomare Terme angewendet werden. Daher ist die letzte Produktionsregel (speziell $\xi_m(\beta)$) wohldefiniert.

Es sei X ein durch die Grammatik G generierter Ausdruck, $S \underset{G}{\Rightarrow} X$, d.h. es existieren Pro-duktionsregeln $p_1, p_2, \ldots, p_n \in P$ und Wörter $\alpha_1, \alpha_2, \ldots, \alpha_{n-1} \in (V_T \cup V_N)^*$ mit

$$S \;{}_{p_1}\!\!\mapsto\; \alpha_1 \;{}_{p_2}\!\!\mapsto\; \ldots \;{}_{p_{n-1}}\!\!\mapsto\; \alpha_{n-1} \;{}_{p_n}\!\!\mapsto\; X.$$

Dann gewinnt man die Bedeutung von X, M(X), indem man die entsprechenden Produktionregeln aus P' auf M(S) anwendet:

$$M(S) \;{}_{p'_1}\!\!\mapsto\; M(\alpha_1) \;{}_{p'_2}\!\!\mapsto\; \ldots \;{}_{p'_{n-1}}\!\!\mapsto\; M(\alpha_{n-1}) \;{}_{p'_n}\!\!\mapsto\; M(X).$$

3.3.1.1 Beispiel

Wir setzen das Beispiel 3.1.4.1 fort. Wir betrachten die linguistische Variable ℓ = Alter.

$T(\ell)$:= {alt, jung, nicht alt, nicht jung, sehr alt, jung oder nicht sehr alt, ... }

werde durch die kontext-freie Grammatik $G=(V_N, V_T, P, S)$ wie in Beispiel 3.1.4.1 erzeugt. Dazu wird ein Fuzzy Modell $M(\ell) = (U, M_G)$ angegeben auf der Grundmenge U:= [0, 120] mit der semantischen Regel $M_G = (V_N, V'_T, P')$ mit den Komponenten

V_N := {S,A,B,C, D,E,F,G} wie in der Grammatik G,

V'_T := {M(jung), M(alt)} mit den Bedeutungen

Wir definieren die Zugehörigkeitsfunktionen zu den atomaren Termen M(jung) und M(alt):

$$\mu_{jung}(u) := \begin{cases} 1 & \text{für} \quad 0 \le u < 25 \\ \left(\frac{u-75}{50}\right)^2 & \text{für} \quad 25 \le u < 75 \\ 0 & \text{für} \quad 75 \le u \le 120 \end{cases}$$

$$\mu_{alt}(u) := \begin{cases} 0 & \text{für} \quad 0 \le u < 50 \\ \sqrt{\frac{u-50}{50}} & \text{für} \quad 50 \le u < 100 \\ 1 & \text{für} \quad 100 \le u \le 120 \end{cases}$$

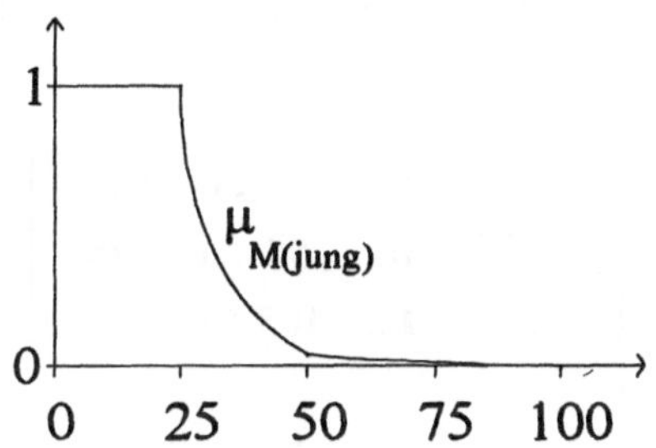

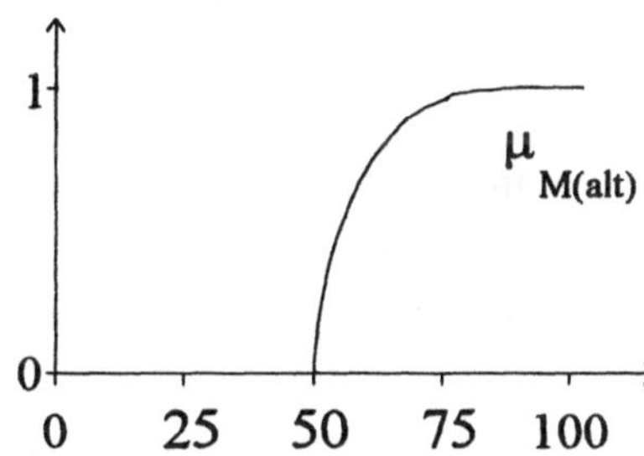

Die Produktionsregeln werden wie in der Definition 3.3.1 konstruiert:

p'_1 : $M(S) \mapsto M(A)$

p'_2 : $M(S) \mapsto M(S) \cup M(A)$

p'_3 : $M(A) \mapsto M(B)$

p'_4 : $M(A) \mapsto M(A) \cap M(B)$

p'_5 : $M(B) \mapsto M(C)$

p'_6 : $M(B) \mapsto \neg M(C)$

p'_7 : $M(C) \mapsto (M(S))$

p'_8 : $M(C) \mapsto M(D)$

p'_9 : $M(C) \mapsto M(E)$

p'_{10} : $M(C) \mapsto M(F)$

p'_{11} : $M(C) \mapsto M(G)$

p'_{12} : $M(D) \mapsto \nu_{sehr} \circ M(F) \circ \xi_{sehr}(F)$

p'_{13} : $M(E) \mapsto \nu_{sehr} \circ M(G) \circ \xi_{sehr}(G)$

p'_{14} : $M(F) \mapsto M(jung)$

p'_{15} : $M(G) \mapsto M(alt)$

Für die Interpretation der Konjunktion UND wählen wir $\cap$=min, für die Disjunktion ODER dann $\cup$=max, für ν_{sehr}=CON und für ξ_{sehr} die Transaltion aus 3.2.2.1 mit D=5. Dann können wir den Ausdruck

X := jung ODER nicht sehr alt

mit der Grammatik G wie folgt ableiten:

S $_{P2}\mapsto$ S ODER A $_{P1}\mapsto$ A ODER A $_{P3}\mapsto$ B ODER A $_{P5}\mapsto$ C ODER A $_{P10}\mapsto$ F ODER A $_{P14}\mapsto$ jung ODER A $_{P3}\mapsto$ jung ODER B $_{P6}\mapsto$ jung ODER nicht C $_{P9}\mapsto$ jung ODER nicht E $_{P13}\mapsto$ jung ODER nicht sehr G $_{P15}\mapsto$ jung ODER nicht sehr alt

Wenden wir nun die semantische Regel in derselben Weise an, so erhaten wir:

M(S) $_{P'2}\mapsto$ M(S) $\cup$ M(A) $_{P'1}\mapsto$ M(A) $\cup$ M(A) $_{P'3}\mapsto$ M(B) $\cup$ M(A) $_{P'5}\mapsto$ M(C) $\cup$ M(A) $_{P'10}\mapsto$ M(F) $\cup$ M(A) $_{P'14}\mapsto$ M(jung) $\cup$ M(A) $_{P'3}\mapsto$ M(jung) $\cup$ M(B) $_{P'6}\mapsto$ M(jung) $\cup \neg$M(C) $_{P'4}\mapsto$ M(jung) $\cup \neg$M(E) $_{P'13}\mapsto$ M(jung) $\cup \neg(\nu_{sehr}$ o M(G) o ξ_{sehr}(G)) $_{P'15}\mapsto$ M(jung) $\cup \neg(\nu_{sehr}$ o M(alt) o ξ_{sehr}(alt)) =

$$\begin{cases} 1 & \text{für} \quad 0 \le u < 25 \\ \left(\frac{u-75}{50}\right)^2 & \text{für} \quad 25 \le u < 75 \\ 0 & \text{für} \quad 75 \le u \le 120 \end{cases} \cup \neg \left[\nu_{sehr} \circ \begin{cases} 0 & \text{für} \quad 0 \le u < 55 \\ \sqrt{\frac{(u-5)-50}{50}} & \text{für} \quad 55 \le u < 105 \\ 1 & \text{für} \quad 105 \le u \le 120 \end{cases} \right] =$$

$$\begin{cases} 1 & \text{für} \quad 0 \le u < 25 \\ \left(\frac{u-75}{50}\right)^2 & \text{für} \quad 25 \le u < 75 \\ 0 & \text{für} \quad 75 \le u \le 120 \end{cases} \cup \neg \left[\begin{cases} 0 & \text{für} \quad 0 \le u < 55 \\ \frac{u-55}{50} & \text{für} \quad 55 \le u < 105 \\ 1 & \text{für} \quad 105 \le u \le 120 \end{cases} \right] =$$

$$\begin{cases} 1 & \text{für} \quad 0 \le u < 25 \\ \left(\frac{u-75}{50}\right)^2 & \text{für} \quad 25 \le u < 75 \\ 0 & \text{für} \quad 75 \le u \le 120 \end{cases} \cup \begin{cases} 1 & \text{für} \quad 0 \le u < 55 \\ \frac{105-u}{50} & \text{für} \quad 55 \le u < 105 \\ 0 & \text{für} \quad 105 \le u \le 120 \end{cases} =$$

$$\begin{cases} 1 & \text{für} \quad 0 \le u < 55 \\ \frac{105-u}{50} & \text{für} \quad 55 \le u < 105 \\ 0 & \text{für} \quad 105 \le u \le 120 \end{cases} = \text{M(nicht sehr alt)}$$

Zu jedem sprachlichen Term, der durch eine kontext-freie Grammatik generiert wurde, ergibt sich seine Bedeutung, indem analog zu den Produktionen der Grammatik die entsprechenden Herleitungsregeln der semantischen Regel angewendet werden. Dieses Verfahren führt schließlich dazu, dass die formalen Verknüpfungen aus der Grammatik durch Operationen auf Fuzzy Mengen repräsentiert werden.

3.4 Fuzzy Linguistisches Schließen und Inferenzschemata

Das fuzzy-logische Schließen können wir nun auf das in Abschnitt 2.4 behandelte aussagenlogische Schließen mittels der **Ersetzungsregel**, auch lateinisch **Modus Ponens** genannt, zurückführen. Eine **Inferenz** besteht aus einer oder mehreren Regeln, die auch als **Implikationen** bezeichnet werden, einem **Faktum**, das einen aktuellen Zustand oder ein aktuelles Ereignis feststellt, und einem **Schluß**, der das Faktum unter Berücksichtigung der Implikation(en) durch ein neues Faktum ersetzt.

Ein Beispiel aus einer Aussagenlogik auf unscharfen Informationen ist die von Zadeh [ZAD73] stammende Inferenz von Farbe und Reifegrad von Tomaten:

Implikation:	WENN eine Tomate rot ist, DANN ist sie reif.
Faktum:	Die (vorliegende) Tomate ist hellrot.
Schluß:	Die (vorliegende) Tomate ist weniger reif.

Diese Art des Schließens wurde von Zadeh als **approximate reasoning** auf Fuzzy Mengen modelliert.

Zunächst stellen wir fest, dass es in den syntaktischen Regeln oder der Grammatik der linguistischen Variable ein Terminal-Symbol geben muss, das den **Implikationsoperator "WENN ... , DANN ..."** bestimmt. Wir können diesen als **Fuzzy Pfeil** ~> angeben. In der klassischen mathematischen Logik steht hierfür der Implikationspfeil ⇒, der als „aus ... folgt ..." oder „WENN ... , DANN ..." gelesen wird.

Der **Schluß** bedingt eine Zuordnung von Termen der **Implikation** und des **Faktums**, so dass daraus der Term des **Schlusses** erzeugt werden kann. Diese Zuordnung werden wir als **Kontext-Operator** bezeichnen und hier mit dem Terminal-Symbol ⊗ belegen. Die Ersetzungsregel

WENN A, DANN B
A' gilt
―――――――――
B' gilt

wird geschrieben in der Form

$$A' \otimes (A \rightsquigarrow B) = B'$$

In einem Fuzzy Modell sind dann die Operatoren $\otimes$ und ~> als Fuzzy Operatoren zu modellieren. Diese Modellierungen führen die voranstehende Gleichung in ein **Fuzzy Inferenzschema** über, also in eine Berechnungsvorschrift auf Fuzzy Mengen für den Modus Ponens.

Das aus Fuzzy Control bekannteste Fuzzy Inferenzschema ist das von Zadeh und Mamdani gefundene **MAX-MIN-Inferenzschema** (siehe Definition 3.4.2). Da das MAX-MIN-Inferenzschema ausführlich in Fuzzy Control behandelt wurde, werden wir hier zunächst das MAX-PROD-Inferenzschema näher untersuchen.

Nach den Kenntnissen über Fuzzy Relationen wissen wir, dass Fuzzy Pfeil-Operatoren als Fuzzy Relationen beschrieben werden können. Insbesondere ergibt sich die Fuzzy Relation für eine Fuzzy Implikation beim MAX-MIN-Inferenzschema, wenn die Fuzzy Mengen der Prämissen normal sind, als Kreuzprodukt: $\times$ = min.

3.4.1.1 Beispiel

Betrachte die Bedeutungen von „klein", „mehr oder weniger klein", „annähernd klein", „sehr klein", „groß", „nicht groß".

M(klein) = {1/1, 0.7/2, 0.3/3, 0.2/4, 0.1/5, 0/6, 0/7, 0/8, 0/9, 0/10}

M(groß) = {0/1, 0/2, 0/3, 0/4, 0.1/5, 0.3/6, 0.7/7, 0.9/8, 1/9, 1/10}

M(nicht groß) = {1/1, 1/2, 1/3, 1/4, 0.9/5, 0.7/6, 0.3/7, 0.1/8, 0/9, 0/10}

M(sehr klein) = {1/1, 0.49/2, 0.09/3, 0.04/4, 0.01/5, 0/6, 0/7, 0/8, 0/9, 0/10}

M(mehr oder weniger klein) = {1/1,0.83/2,0.54/3,0.44/4,0.32/5,0/6,0/7,0/8,0/9, 0/10}

M(annähernd klein) = {1/1, 0.82/2, 0.18/3, 0.08/4, 0.02/5, 0/6, 0/7, 0/8, 0/9, 0/10}

Für „nicht groß" können wir die Fuzzy Implikation

M(klein) ~> M(nicht groß)

zeigen. Da M(klein) und M(groß) normale Fuzzy Mengen sind, können wir den Pfeil-Operator ~> als Fuzzy Relationsmatrix [R] (siehe Satz 1.5.5) darstellen:

$$[R] = M(\text{klein}) \times M(\text{nicht groß}) = \begin{pmatrix} 1 & 1 & 1 & 1 & 0.9 & 0.7 & 0.3 & 0.1 & 0 & 0 \\ 0.7 & 0.7 & 0.7 & 0.7 & 0.7 & 0.7 & 0.3 & 0.1 & 0 & 0 \\ 0.3 & 0.3 & 0.3 & 0.3 & 0.3 & 0.3 & 0.3 & 0.1 & 0 & 0 \\ 0.2 & 0.2 & 0.2 & 0.2 & 0.2 & 0.2 & 0.2 & 0.1 & 0 & 0 \\ 0.1 & 0.1 & 0.1 & 0.1 & 0.1 & 0.1 & 0.1 & 0.1 & 0 & 0 \\ 0 & 0 & 0 & 0 & 0 & 0 & 0 & 0 & 0 & 0 \\ 0 & 0 & 0 & 0 & 0 & 0 & 0 & 0 & 0 & 0 \\ 0 & 0 & 0 & 0 & 0 & 0 & 0 & 0 & 0 & 0 \\ 0 & 0 & 0 & 0 & 0 & 0 & 0 & 0 & 0 & 0 \\ 0 & 0 & 0 & 0 & 0 & 0 & 0 & 0 & 0 & 0 \end{pmatrix}$$

Mit der Verknüpfung von Fuzzy Relationen erhält man:

$$M(\text{klein}) \circ R = M(\text{nicht groß})$$

also

$$M(\text{klein}) \rightsquigarrow M(\text{nicht groß}).$$

Ebenso zeigt man:

$$M(\text{sehr klein}) \rightsquigarrow M(\text{nicht groß})$$
$$M(\text{mehr oder weniger klein}) \rightsquigarrow M(\text{nicht groß})$$
$$M(\text{annähernd klein}) \rightsquigarrow M(\text{nicht groß}).$$

3.4.2 Definition — Inferenzschema

Es seien a, a' Fuzzy Mengen auf U_1 zu den Aussagen A, A' und b eine Fuzzy Menge auf U_2 zur Aussage B. Dann heißt

$$a' \circ (a \rightarrow b) = b'$$

mit der Fuzzy Menge b' zum **Inferenzschluß** B' und einer Fuzzy Relation R mit b = a∘R ein **Inferenzschema** zur **Inferenzregel „WENN A, DANN B“** oder

$$A' \otimes (A \rightsquigarrow B) = B',$$

wenn gilt:

$$\mu_{b'}(y) = \sup_{x \in U_1} \left(\min\left(\mu_{a'}(x), \mu_R(x,y)\right)\right)$$

Ist die Fuzzy Relation R mit b = a ∘ R definiert durch

$$\mu_R(x,y) := \min(\mu_a(x), \mu_b(y)) \quad \forall x \in U_1 \ \forall y \in U_2,$$

so heißt das Inferenzschema auch **MAX-MIN-Inferenzschema** und für R mit

$$\mu_R(x,y) := \mu_a(x)\, \mu_b(y) \quad \forall x \in U_1 \ \forall y \in U_2$$

das **MAX-PROD-Inferenzschema**.

Zunächst können wir zeigen:

3.4.3 Satz über Inferenzschemata

Ist die WENN-DANN-Implikation

$$A \rightsquigarrow B$$

mit einer **normalen** Fuzzy Menge a zur Aussage A modelliert

$$\mu_a : U_1 \to [0, 1]$$

dann gilt

$$a \circ (a \rightsquigarrow b) = b, \text{ also } A \otimes (A \rightsquigarrow B) = B.$$

Beweis :

Der Beweis des Satzes folgt für das MAX-MIN-Inferenzschema nach dem Inferenzsatz 1.5.5. Wegen der Normalität der Fuzzy Menge a zur Aussage A existiert mindestens ein x_0 aus U_1 mit $\mu(x_0) = 1$. Dann folgt entsprechend auch die Behauptung des Satzes für das MAX-PROD-Inferenzschema. □

Wie bei Fuzzy Control möchte man ein möglichst einfaches Inferenzschema für die Berechnungen haben. Setzen wir in das MAX-PROD-Inferenzschema ein normales Fuzzy Singleton für das Faktum A' zum scharfen Wert x', d.h. $\mu_{a'}(x') = 1$, so gilt nach der Definition 3.4.2:

$$(a' \circ (a \rightsquigarrow b))(x',y) = \mu_a(x')\, \mu_b(y) \qquad \text{für alle } y \in U_2$$

d.h. die Fuzzy Menge b auf U_2 wird mit dem Erfüllungsgrad der Prämisse a an der Stelle x' mutipliziert. Eine solche einfache Berechnung der Fuzzy Menge der Konklusion wünscht man sich häufig. Es liegt daher nahe das MAX-PROD-Inferenzschema durch ein vereinfachtes Schema zu verkürzen, bei dem allerdings der Kern der Konklusion erhalten bleiben soll. Liegt als Faktum für eine Inferenzregel kein Fuzzy Singleton, sondern allgemeiner eine normale Fuzzy Menge a' zur Aussage A' vor, so definieren wir ein schwächeres Inferenzschema:

3.4.4 Definition

Ist eine WENN-DANN-Implikation A' ⊗ (A ~> B) = B' mit dem Faktum A' gegeben, und sind a, a' die dazu gehörenden Fuzzy Mengen auf U_1 und b, b', b* auf U_2, so heißt das verkürzte Inferenzschema mit

$$b^* := H(a' \cap a)\, b$$

das **FL-Inferenzschema**. Die resultierende Fuzzy Menge b* auf U_2 des FL-Inferenzschemas nennen wir **fuzzy-linguistisches Resultat** oder kurz **FL-Resultat.**

Das FL-Inferenzschema liefert eine schwächere Aussage als das MAX-MIN- und das Max-Prod-Inferenzschema.

3.4.5 Satz

Ist eine WENN-DANN-Implikation A' ⊗ (A ~> B) = B' mit dem Faktum A' gegeben und sind a, a' die dazu gehörenden Fuzzy Mengen auf U_1 und b, b' auf U_2, dann gilt:

$$b^* = H(a' \cap a)\, b \subseteq a' \circ (a \rightsquigarrow b) = b'.$$

Beweis:

Für das MAX-PROD-Inferenzschema gilt für alle $y \in U_2$:

$$b'(y) = (a' \circ (a \rightsquigarrow b))(y) =$$

$$= \sup_{x \in U_1} \left(\min\left(\mu_{a'}(x), \mu_a(x)\, \mu_b(y) \right) \right)$$

$$\geq \sup_{x \in U_1} \left(\min\left(\mu_{a'}(x)\, \mu_b(y), \mu_a(x)\, \mu_b(y) \right) \right)$$

$$= \sup_{x \in U_1} \left(\min\left(\mu_{a'}(x), \mu_a(x) \right) \right) \mu_b(y)$$

$$= H(a' \cap a)\, \mu_b(y)$$

Für das MAX-MIN-Inferenzschema gilt:

$$b' = \sup_{x \in U_1} \left(\min\left(\mu_{a'}(x), \mu_a(x), \mu_b(y)\right)\right) = H(a' \cap a)\, \mu_b(y) = b^*$$

□

Bemerkung:

Wir haben einen ähnlichen Effekt wie beim Mamdanischen MAX-MIN-Inferenzschema, wenn die Aggregation von mehreren WENN-DANN-Regen mit dem Operator $\cup$=max geschieht, allerdings hier bereits bei nur einer Regel. Das Ergebnis verschlechtert sich daher nicht mehr, wenn wir auch beim MAX-PROD-Inferenzschema das Ergebnis mehrerer Regeln mit dem ODER-Operator $\cup$=max verbinden.

Sind die Regeln

$$A_i \sim> B_i \qquad (i=1,\ldots,n)$$

gegeben und durch den ODER-Operator $\cup$=max im MAX-PROD-Inferenzschema verbunden, so gilt für die dazu modellierten Fuzzy Mengen:

$$\bigcup_{i=1}^{n} (a'_i \circ (a_i \sim\succ b_i)) \supseteq \bigcup_{i=1}^{n} H(a'_i \cap a_i)\, b_i$$

Das Resultat der Aggregation auf der rechten Seite nennen wir wieder FL-Resultat.

Bemerkung:

Sind die Fuzzy Mengen der Prämisse und der Konklusion einer WENN-DANN-Regel beide normale Fuzzy Mengen, dann stimmt der Kern des FL-Resultats mit dem Kern des Resultats des MAX-PROD-Inferenzschemas überein. Dies folgt unmittelbar aus den Beziehungen im Beweis zu Satz 3.4.5 für $\mu_a(x)=1$ und $\mu_b(y)=1$:

$$\sup_{x \in U_1} \left(\min\left(\mu_{a'}(x), \mu_a(x)\, \mu_b(y)\right)\right) = \sup_{x \in U_1} \left(\min\left(\mu_{a'}(x), \mu_a(x)\right)\right) \mu_b(y)$$

Die Resultate sind daher fuzzy ähnlich.

Wir erhalten den

3.4.6 Satz

Das Resultat für das MAX-PROD-Inferenzschema und das FL-Resultat sind fuzzy-ähnlich, wenn die Fuzzy Mengen für die Prämisse und die Konklusion als normale Fuzzy Mengen modelliert sind.

Bemerkung:

Dieses Ergebnis ist besonders wichtig für den Aufbau und die Realisierung von Expertensystemen, da bei real auftretenden Ereignissen nach den voran stehenden Sätzen immer solche Ereignisse auf ebensolche abgebildet werden – d.h. auf solche geschlossen wird. Die Fuzzy Modellierung betrifft dann vor allem die Grauzonen. Es kann also vereinfacht nach dem FL-Inferenzschema gerechnet werden, ohne dass dabei ein realer Verlust eintritt.

3.4.6.1 Beispiel

Auf der Grundmenge U={1,2,3,4} seien die Fuzzy Mengen durch die Zugehörigkeitsgrade gegeben:

$$A' = \{0, 0.5, 1, 0.7, 0\}$$
$$A = \{0.5, 1, 0.3, 0, 0\}$$
$$B = \{0, 0, 0.3, 0.8, 1\}$$

$$H(A' \cap A)\, B = H(\{0,0.5,0.3,0,0\})\, B = 0.5\, B = \{0,0,0.15,0.24,0.5\}$$

Mit der Fuzzy Relationsmarix R definiert durch

$$R := A^T \circ B = \begin{pmatrix} 0 & 0 & 0.15 & 0.4 & 0.5 \\ 0 & 0 & 0.3 & 0.8 & 1 \\ 0 & 0 & 0.09 & 0.24 & 0.3 \\ 0 & 0 & 0 & 0 & 0 \\ 0 & 0 & 0 & 0 & 0 \end{pmatrix}$$

erhalten wir nach dem MAX-MIN-Inferenzschema

$$A' \circ (A \rightarrow B) = \{0,0, 0.3, 0.5, 0.5\} \geq \{0,0, 0.15, 0.24, 0.5\} = H\,(A' \cap A\,)\, B.$$

Die beiden voran stehend besprochenen Inferenzschemata sind von allgemeiner Natur, das heißt generell einsetzbar. Weitere Inferenzschemata können mit Hilfe von T-Normen und T-Konormen (siehe Definitionen 3.6.2 und 3.6.3) gebildet werden. Solche Schemata wurden jedoch bisher nicht in der Fuzzy Linguistik verwendet. Aber auch bei speziellen Entscheidungsverfahren auf unscharfen Informationen können problemorientierte Inferenzschemata gebildet werden, wie wir dies am Beispiel 1.8.20.1 gezeigt haben.

Entscheidungsregeln können modifiziert werden, indem man sogenannte Konvexkombinationen auf die Fuzzy Wahrheitswerte der Ergebnisse der Regeln anwendet.

3.4.7 Definition

Sind a, b Fuzzy Mengen über derselben Grundmenge G und $0 \leq \lambda \leq 1$, so ist die Verknüpfung $\circ_\lambda$ definiert durch:

$$a \circ_\lambda b := (1-\lambda)(a \cap b) + \lambda(a \cup b)$$

λ heißt der **Kompensationsgrad**.

λ kann in der Problemumgebung geeignet gewählt werden. Eine weitere Möglichkeit der Modifizierung der Verknüpfungen besteht darin, den zu verknüpfenden Fuzzy Mengen **Gewichte** beizufügen und dann **gewichteten Regeln** zu betrachten. Diese beiden Verfahren sind nach den voran stehenden Sätzen problematisch, da die Normalität der modellierten Fuzzy Mengen teilweise nicht erhalten bleibt, z.B. wenn der Durchschnitt leer ist.

Bemerkung:

Kompensationsgrade und Gewichte können in Problemumgebungen dem Problem angepaßt werden. Eine Realisierung von Entscheidungen auf der Basis von Regeln über Fuzzy Mengen in einem neuronalen Netz bringt zusätzlich den Vorteil, dass diese Größen in einem Lernprozeß ermittelt werden können (siehe etwa Kohonen „Selforganisation ..." Springer Verlag Heidelberg 1984). Weiterhin kann sich dabei die Möglichkeit eröffnen, durch Rückkoppelungsverfahren das Regelsystem einem permanenten Änderungsprozeß zu unterwerfen. Im Sinne des fuzzy-logischen Schließens ändert sich dabei in der mathematischen Entscheidungszuverlässigkeit nichts, da nur Kombinationen der ursprünglichen Operatoren über dem Inter-vall [0,1] benutzt werden.

3.5 Beispiele für Fuzzy Expertensysteme

Wir beginnen mit einem

3.5.1.1 Beispiel Normalgewichtigkeit

Wenn ein Arzt die Normalität des Gewichtes für einen Patienten feststellt, so verfährt er i.a. nach Regeln. Zwei dieser Regeln mögen lauten:

Regel 1:
WENN „die Körpergröße eines Mannes mittel ist"
UND „das Körpergewicht mittel ist"
DANN „liegt Normalgewichtigkeit vor"

Regel 2:
WENN „die Körpergröße eines Mannes groß ist"
UND „das Körpergewicht mittel ist"
DANN „liegt Untergewichtigkeit vor"

Wir geben hierfür eine Fuzzy Modellierung an, die in den folgenden Bildern verdeutlicht ist.

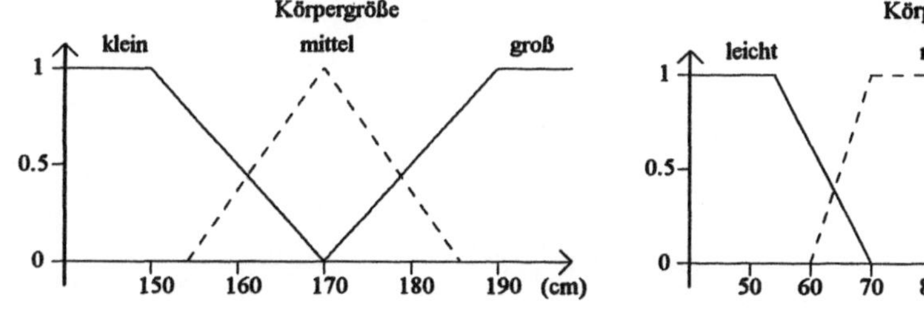

Dazu modellieren wir die Abweichung vom Normalgewicht.

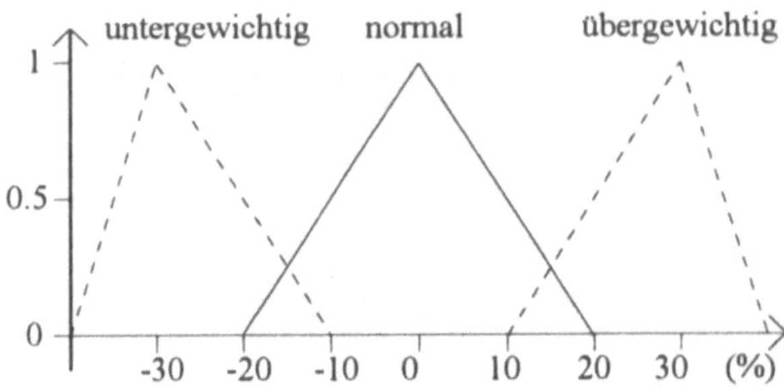

Wir nehmen einen Mann von 180 cm Körpergröße und 68 kg Körpergewicht. Die Prämissen der Regeln entscheiden wir mit dem MIN-Operator für UND:

Regel 1:

$$\min\{\mu_{mittel}(180), \mu_{mittel}(68)\} = \min\{0.3, 0.8\} = 0.3$$

Regel 2:

$$\min\{\mu_{groß}(180), \mu_{mittel}(68)\} = \min\{0.5, 0.8\} = 0.5$$

Nun haben wir nach den obigen zwei Inferenzschemata (siehe Definition 3.4.2) die resultierende Fuzzy Menge für die beiden Regeln zu bilden.

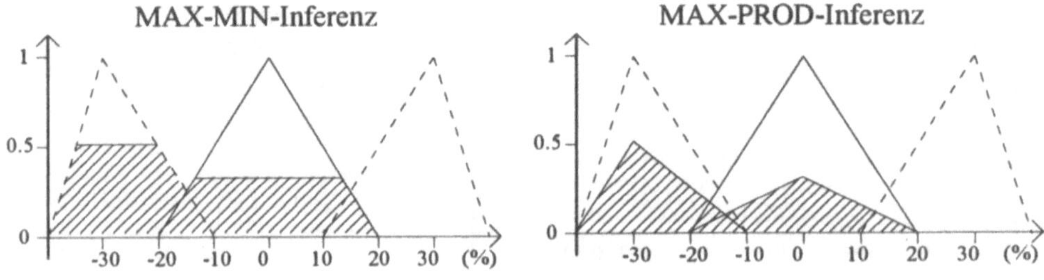

Dann haben wir die resultierende Fuzzy Menge für jedes Fuzzy Inferenzschema zu defuzzifizieren, d.h. zu decodieren.

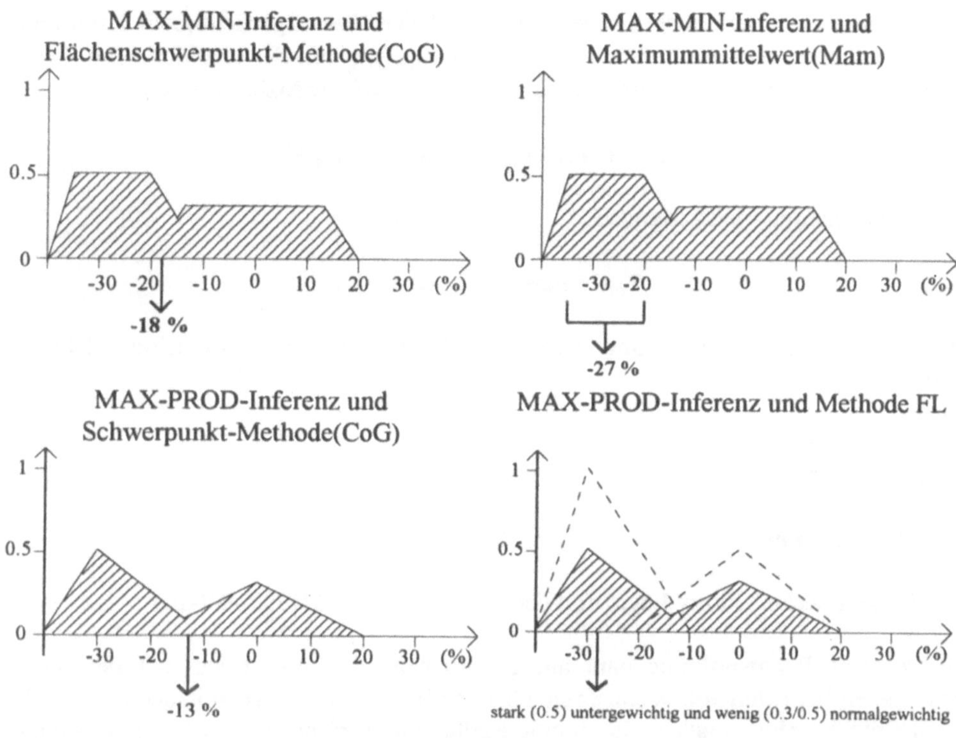

Nur das FL-Resultat zusammen mit dem MAX-PROD-Inferenzschema ergibt linguistische Terme, die dank der Entscheidungsformel

$$\mu_{\text{untergewichtig}} \leq \frac{1}{\text{MAX}} \mu_{\text{resultat}}$$

mit

$$\text{MAX} := \text{MAX}\{\text{Erfüllungsgrad aller Regeln}\}$$

zurück interpretiert werden können.

Dabei kann MAX decodiert werden nach der harten 4-Partition auf dem Intervall [0,1]:

$$\mu_{\text{voll}}(t) = \begin{cases} 1 & 0.9 < t \leq 1 \\ 0 & \text{sonst} \end{cases} \qquad \mu_{\text{stark}}(t) = \begin{cases} 1 & 0.6 < t \leq 0.9 \\ 0 & \text{sonst} \end{cases}$$

$$\mu_{\text{wenig}}(t) = \begin{cases} 1 & 0.4 < t \leq 0.6 \\ 0 & \text{sonst} \end{cases} \qquad \mu_{\text{nicht}}(t) = \begin{cases} 1 & 0 \leq t \leq 0.4 \\ 0 & \text{sonst} \end{cases}$$

Für die zusätzliche Information über den Anteil der Normalgewichtigkeit kann man nun so verfahren, dass nach dem Abzug von $\mu_{untergewichtig}$ von der resultierenden Fuzzy Menge $\mu_{resultat}$ die restlichen Bestandteile in Schritten auf 0 reduziert werden.

$$\mu_{rest} = \max\{0, \mu_{resultat} - \mu_{untergewichtig}\}$$

Die transformierten Fuzzy Mengen

$$T_n\mu = \max\{0, \mu_{rest} - 0.1 \cdot n\}$$

werden nach der Mustererkennungsmethode der obigen harten 4-Partition defuzzifiziert.

3.5.1.2 Beispiel Tierhalter

(aus Jan Heithecker: Fuzzy Logic und der „Tierhalter“, KI 3/1993, S.7-10)

Die Deutsche Rechtsordnung baut auf geschriebenen Rechtsnormen und den darin verwendeten Begriffen auf. Wenn es sich bei den Begriffen um Typen handelt, die nicht klar definierbar sind, sondern durch eine Reihe von Merkmalen umschrieben werden, so verbleibt es dem Richter aufgrund der gängigen Rechtspraxis und seines „gesunden Menschenverstandes“ die in Frage kommenden Begriffe auf einen vorliegenden Fall anzuwenden.

Ein solcher Begriff ist der „Halter“ eines Tieres, der nach §833 BGB (Bürgerliches Gesetzbuch) unabhängig vom Verschulden für Schäden durch das Tier haftet. Mit Hilfe der Fuzzy Logik und der gängigen Rechtspraxis kann man versuchen, ein Fuzzy Entscheidungssystem „Tierhalter“ für die richterliche Entscheidungspraxis zur Einordnung einer Person als Halter eines Tieres nach §833 aufzubauen. Dies ist in dem obigen Artikel geschehen, allerdings ohne ausreichende Kenntnis der Fuzzy Logik.

Zunächst wurde von J. Heithecker die in der juristischen Literatur angebotenen Merkmale gesammelt und zu Hauptmerkmalen verdichtet, die in einem Entscheidungsbaum zusammengefaßt werden.

In der nachfolgenden Tabelle werden die natürlichen Merkmale wiederholt paarweise bis zur Tierhaltereigenschaft kumuliert. Die Zahlen bezeichnen die Nummer der jeweiligen Schließungsregel.

Tierhaltereigenschaft 5					
Interesse 3				Verantwortung 4	
Unmittelbare Interessen 1		Langfristige Interessen 2		(Mittelbare) Besitzstellung	Verfügungsberechtigung
Unterhaltskosten	Nutzungsvorteile	Langfristige Gewinnchance	Verlustrisiko		
Obdach, Futter, Pflege, Arzt etc.	Arbeitsleistung, Vermietungserlös etc.	Weiterverkaufs- und Erhaltungsinteresse	Anschaffungs- und Erhaltungskosten	Tatsächliche Gewalt; Nutzung, Obdach und Pflege im eigenen Haushalt oder Wirtschaftsbetrieb	Entscheidung über die Existenz der Tiergefahr, also über Leben und Verwendung des Tieres

Zu diesem Entscheidungsbaum werden Schließungsregeln angegeben, die immer jeweils zwei Merkmale zu einem übergeordneten Merkmal zusammenfassen und mit Nummern im Baum belegt sind:

Regel 1: In dem Maße, in dem die Person die Unterhaltungskosten trägt oder ihr die Nutzungsvorteile zugutekommen, hat sie unmittelbare Interessen an dem Tier.

Regel 2: In dem Maße, in dem das Tier für die Person eine langfristige Gewinnchance und/oder ein Verlustrisiko darstellt, hat sie langfristige Interessen an dem Tier.

Regel 3: In dem Maße, in dem die Person unmittelbare oder langfristige Interessen an dem Tier hat, hat sie Interesse an dem Tier.

Regel 4: In dem Maße, in dem die Person eine (mittelbare) Besitzstellung oder eine Verfügungsberechtigung hat, hat sie Verantwortung für das Tier.

Regel 5: In dem Maße, in dem die Person Interesse an und Verantwortung für das Tier hat, erfüllt sie die Tierhaltereigenschaft.

Diese Schließungsregeln wurden von J. Heithecker aus dem Datenmaterial der Rechtsprechung beginnend 1902 extrahiert. Das Fuzzy Entscheidungsmodell wird hier an insgesamt 18 prototypischen Beispielen überprüft.

Von J. Heithecker wurden aufgrund dieser Regeln die beiden Inferenzschemata gebildet:

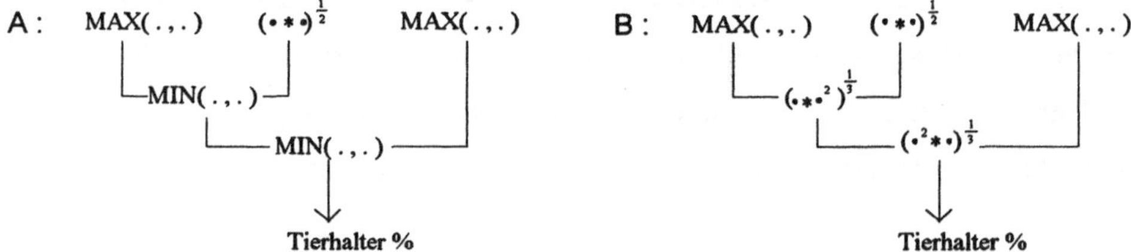

Bei der sprachlichen Beschreibung werden die Fälle mit sprachlichen Attributen der Merkmale bewertet, denen wir die nachfolgende Fuzzy Bewertungen geben:

null = 0, sehr gering = 0.1, gering = 0.25, mittel = 0.5,
hoch = 0.75, sehr hoch = 0.9, voll = 1.

Wir zeigen zunächst 18 Fälle, die in Gerichtsverfahren entschieden wurden (letzte Spalte). In den Spalten A und B sind die Entscheidungen nach den voran stehenden Inferenzverfahren eingetragen. Das nachfolgende Schema der 18 prototypischen Fälle ist so aufgezeichnet, dass die Zugehörigkeitswerte der Fuzzy Modellierung für die Merkmale der Reihenfolge nach in das Inferenzschema eingesetzt werden.

Lfd Nr.	Fallgruppe	Beurteilte Person	Unterhaltskosten	Nutzungsvorteile	Langfr. Gewinnchance	Verlustrisiko	(Mitb.) Besitzstellung	Verf. berechtigung	A	B	F	Richterurteil
1	Streunende	Gem. Tierschutzverein, Finder	sehr gering	gering	gering	null	voll	mittel	0.05	0.19	0.46	N
2	Hunde	Eigentümer	voll	null	gering	hoch	null	hoch	0.43	0.63	0.83	J
3	Hunde	Finder	gering	mittel	mittel	mittel	voll	mittel	0.5	0.63	0.66	J
4	Unterstel-	Eigentümer	voll	gering	voll	voll	null	hoch	0.75	0.91	0.93	J
5	len bzw. in	Förster	null	sehr hoch	mittel	hoch	sehr hoch	sehr hoch	0.61	0.76	0.86	J
6	Obhut	Arzt	voll	sehr gering	mittel	gering	sehr gering	sehr gering	0.1	0.29	0.32*	J
7	geben	Eigentümer	null	null	mittel	gering	sehr gering	mittel	0.01	0.18	0.28	N
8	Verleihen	Entleiher	mittel	hoch	gering	hoch	voll	mittel	0.43	0.65	0.73	J
9	Verleihen	Entleiher	gering	mittel	voll	null	voll	null	0.1	0.31	0.45	N
10	Vermieten	Vermieter	voll	voll	hoch	hoch	null	voll	0.75	0.88	0.93	J
11	Schlachtvieh	Komissio Transportfirma	gering	mittel	null	sehr gering	voll	sehr gering	0.03	0.18	0.55*	N
12	Schlachtvieh	Eigentümer	voll	voll	voll	voll	voll	voll	1	1	1	J
13	Übergabe nach	Verkäufer	null	mittel	gering	voll	voll	null	0.5	0.63	0.61	J
14	Verkauf	Käufer	voll	mittel	hoch	null	null	voll	0.09	0.34	0.75	J
15	Tier-Sharing	(Mit-) Nutzer	null	mittel	sehr gering	hoch	gering	voll	0.27	0.48	0.57	J
16	Wachhund	Bewachte Person	null	gering	null	sehr gering	mittel	gering	0.03	0.13	0.3	N
17	Wachhund	Bewachte Person	gering	hoch	sehr gering	mittel	voll	mittel	0.22	0.48	0.8	J
18	Beim Tierarzt	Eigentümer	voll	voll	voll	voll	mittel	voll	1	1	1	J

Nach den Gesetzen der mathematischen Fuzzy Logik werden in beiden Inferenzschemata A und B Operatoren verwendet, die nicht möglich sind. Wir geben daher mit

$$m_1 \circ_g m_2 := (1-g)\min(m_1, m_2) + g\max(m_1, m_2)$$

ein neues Inferenzschema F an, das nur die beiden zueinander dualen Operatoren MIN für UND und MAX für ODER und einen Operator $\circ_g$ benutzt, der das Ergebnis von UND und ODER gewichtet zusammensetzt.

Wir definieren daher zusätzlich das neue Inferenzschema F:

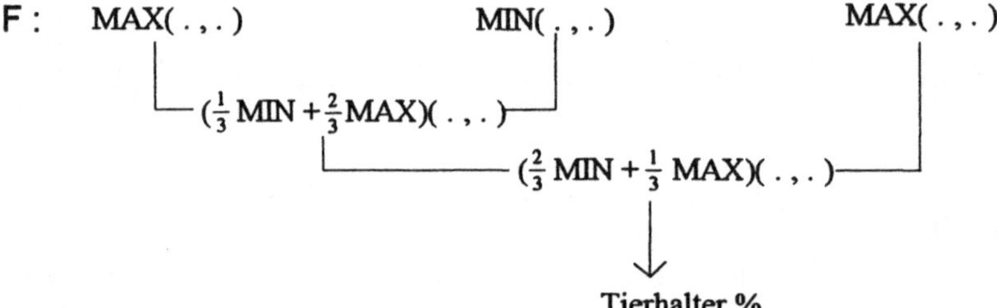

Die mit diesem Inferenzverfahren erzielten Ergebnisse befinden sich in der Spalte F der voran-stehenden Tabelle. Dann ist in der Tabelle für jede als Tierhalter in Frage kommende Person in jeder der Fallgruppen zum Vergleich die natürlichsprachliche Bewertung der Ausgangsmerkmale, die Ergebnisse der Kumulation nach den Verknüpfungsmustern A und B, die Gegenhaltung nach dem Schema F und die tatsächliche richterliche Entscheidung angegeben.

Das Ergebnis beim Fuzzy Inferenzschema F stimmt mit den richterlichen Entscheidungen besser überein als bei den Inferenzschemata A und B, wenn man den Wert 0.5 als Abgrenzung zwischen „Ja“ und „Nein“ interpretiert. Es ist anzunehmen, dass insbesondere im Fall 11 noch andere Kriterien bei der richterlichen Entscheidung eine Rolle spielten. Im Fall 6 der Obhut bringt in der 5. Regel der Operator $\circ_g$ mit g=2/3 eine bessere Entscheidung im Sinne des gefällten Urteils. Man kann daher auch daran denken, diese Wahl von g für die Regel 5 zusätzlich von der Fallgruppe abhängig zu machen.

Die **Defuzzifizierug** ist bei der mathematischen Modellbildung von entscheidender Bedeutung. Das fuzzy-linguistische Schließen mit Hilfe eines Inferenzschemas liefert zunächst eine resultierende Fuzzy Menge, die nun im Rahmen der Sprache decodiert werden muss, die auf den gegebenen Fuzzy Variablen durch linguistische Regeln und eine Grammatik erzeugt ist.

Diese Decodierung wird **linguistische Defuzzifizierung** genannt, wobei wir hier „linguistisch" i.a. weglassen, da es keine Verwechslung mit Fuzzy Control gibt. Die Defuzzifizierung besteht aus einem Berechnungsverfahren, das die Fuzzy Ähnlichkeit zu bekannten linguistischen Termen und deren Verknüpfungen mit UND und ODER herstellt.

Am geeignetsten für eine Defuzzifizierung ist die resultierende Fuzzy Menge, die beim FL-Inferenzschema erhalten wird. Nach dem voran stehenden Abschnitt stimmen auf den Toleranzmengen der Fuzzy Mengen in den Konklusionen der Regeln die resultierenden Fuzzy Mengen für die beiden Inferenzschemata FL- und MAX-PROD-Inferenz überein. Im Sinne der Fuzzy Ähnlichkeit wird es daher bei der nachfolgend beschriebenen Defuzzifizierung keine Unterschiede geben.

3.5.2 Definition

Die **FL-Defuzzifizierung** besteht in der Bestimmung der Fuzzy Ähnlichkeit der mit dem Faktor 1/H (Höhe H des FL-Resultats) multiplizierten resultierenden Fuzzy Menge $\mu_{resultat}$ zu einem linguistischen Term oder zur ODER-Kombination oder zur UND-Kombination von linguistischen Termen.

Hierzu betrachten wir das

3.5.2.1 Beispiel schöner Tag

Wir betrachten die beiden linguistischen Variablen „Sonnenscheindauer" S und „Temperatur" C mit den Termen

T(S) = {niedrige S = S_n, mittlere S = S_m, hohe S = S_h}
T(C) = {niedrige Temperatur = C_n, mittlere Temperatur = C_m, hohe Temperatur = C_h}

Ein „schöner Tag" ist ein Term D_s auf der linguistischen Variablen $D = S\times C$. Wir setzen:

$$D_s := S_h\times C_m.$$

Wir definieren noch weitere Terme auf der linguistischen Variable D.

$$T(D) = \{\text{schöner Tag} = D_s := S_h \times C_m,\ \text{angenehmer Tag} = D_a := S_m \times C_m,$$
$$\text{heißer Tag} = D_h := S_h \times C_h,\ \text{kühler Tag} = D_k := S_m \times C_n,$$
$$\text{mieser Tag} = D_m := S_n \times C_n\}.$$

Die Fuzzy Modellierungen stellen wir in der nach stehenden Graphik dar.

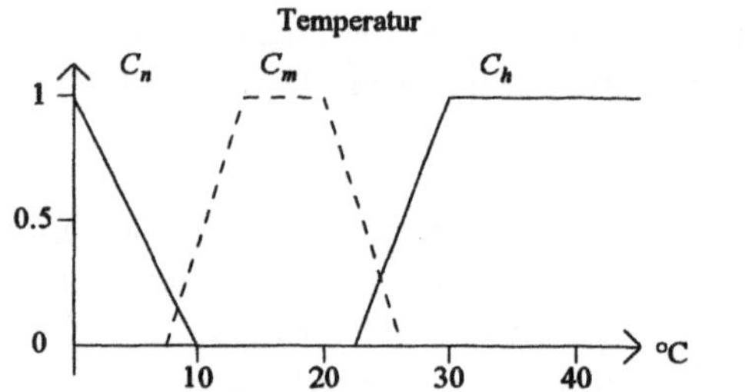

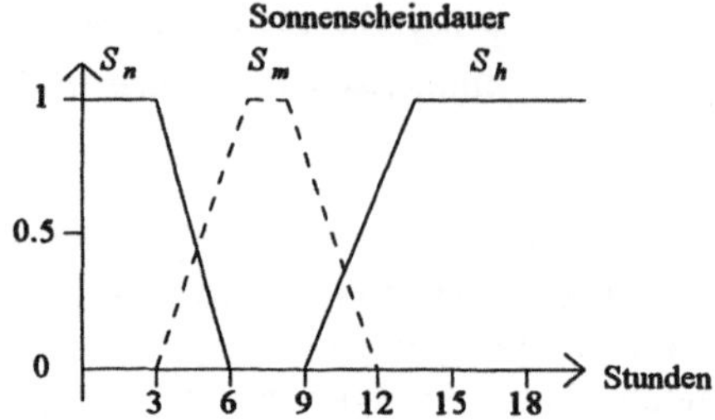

Das nachfolgende linke Bild zeigt eine prototypische Modellierung eines Tages mit den Temperaturen zwischen 15° und 25° und einer Sonnenscheindauer von 6 bis 9 Stunden. Es sind die (Höhen-)Linien 1, 0.5 und 0 eingezeichnet. Im rechten Bild finden sich die linguistischen Terme „angenehmer Tag", „schöner Tag" und „heißer Tag".

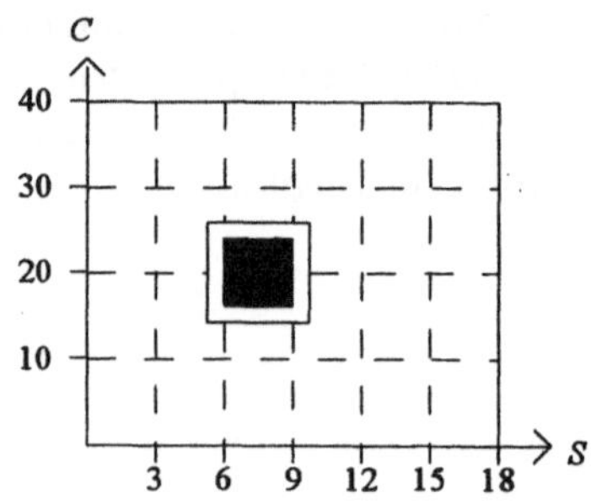

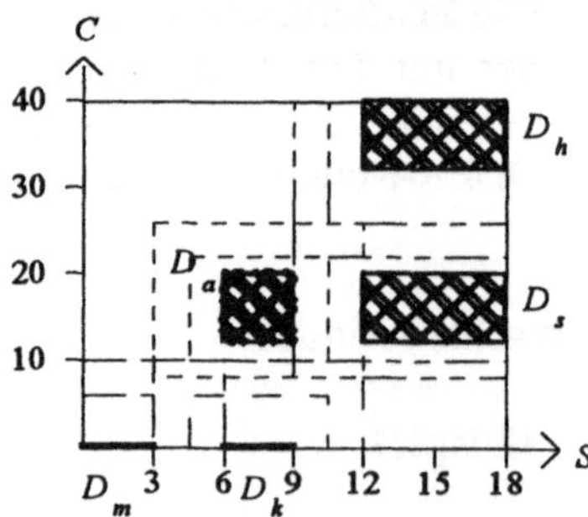

Die Paare (S,C) bilden Cluster in der Graphik, die einen Term auf der linguistischen Variablen „Tag" D beschreiben. In der Regel

WENN S UND C, DANN D

Können für (S,C) als Faktum entweder Paare scharfer Werte oder unscharfe Informationen im Sinne von Fuzzy Zahlen eingesetzt werden:

$$\mu_{resultat} = (11\ \text{Stunden}, 20°C) \circ (S\times C) = 0.33 * D_a + 0.67 * D_s.$$

Die FL-Defuzzifizierung ergibt als linguistisches Resultat D_s. Der Schnitt des FL-Resultats $\mu_{resultat}$ für 20°C ist in der nach stehenden Abbildung zu sehen.

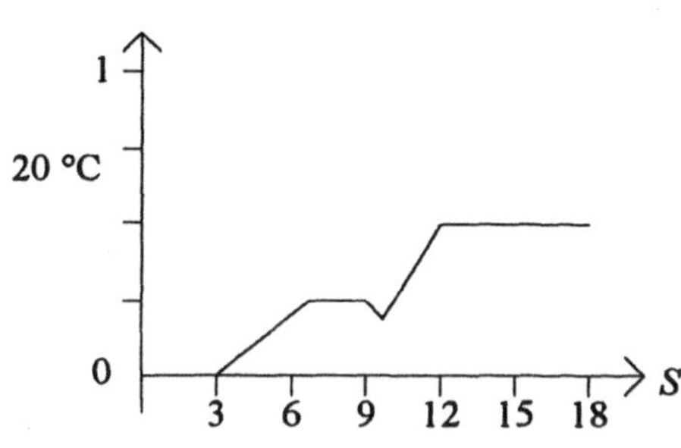

Will man den Höcker links noch als Attribut, etwa „annähernd", in der FL-Defuzzifizierung berücksichtigen, so benötigt man zusätzliche Algorithmen, die den Abstand eines Clusters von defi-nierten Clustern feststellen können. Fuzzy Linguistik benötigt daher auch Verfahren der Clusteranalyse. Im obigen Beispiel ist die Anzahl der Konzentrat-ionsschritte bis zur Reduktion des FL- Resultats auf die Fuzzy Menge $0.67 * D_s$ ein Maß für die Abschwächung der Aus-sage D_s.

3.6 Ersetzungregel der Fuzzy Inferenz

Wir betrachten noch einmal den Ansatz von Zadeh. Es ist eine Regel „Aus A folgt B" gegeben und die Prämisse A wird durch das Faktum A' erfüllt, das nicht mit A voll übereinstimmen muss. Dann soll nach Zadeh für die Ersetzungsregel der Inferenz das MAX-MIN-Inferenzschema (siehe Definition 3.4.2) auf den zu A, B und A' gehörenden Fuzzy Mengen a, b und a' gelten.

Es ergibt sich das Resultat B', das auf den modellierten Fuzzy Mengen nach der Formel

3.6.1.1 $$a' \circ (a \rightsquigarrow b) = b'$$

berechnet wird. Durch Einsetzen von Operatoren für $\circ$ und $\rightsquigarrow$ erhalten wir allgemeiner wie in Abschnitt 3.4 jeweils ein Inferenzschema. Für jede Regel kann ein eigenes Inferenzschema definiert werden. Für eine Problemumgebung wird man i.a. bei einem Inferenzschema für alle Regeln bleiben und höchstens in Ausnahmefällen das Inferenzschema wechseln. Die geeignete Auswahl der Opertoren soll nun untersucht werden.

Wir betrachten zunächst nur eine Regel. Später werden wir die Aggregation mehrerer Regeln behandeln.

Nach den Überlegungen zur Algebra der Fuzzy Wahrheitswerte (siehe Abschnitt 2.3) kommen für die Wahl der logischen Operatoren $\wedge$, $\vee$, $\otimes$, $\rightsquigarrow$ bei einem allgemeinen Ansatz im wesentlichen die nachfolgend definierten Operatoren in Frage:

3.6.2 Definition

Eine Funktion $T : [0,1]\times[0,1] \rightarrow [0,1]$ heißt eine **T-Norm**, wenn gilt:
(K) T ist kommutativ
(A) T ist assoziativ
(L) T ist in beiden Argumenten monoton steigend:
Aus $y \leq z$ folgt $T(x,y) \leq T(x,z)$ für alle $x,y,z\in[0,1]$
(R) Für alle $x\in[0,1]$ gilt $T(1,x) = x$

Dual hierzu definieren wir:

3.6.3 Definition

Eine Funktion $S : [0,1]\times[0,1] \rightarrow [0,1]$ heißt eine **T-Konorm** oder **S-Norm**, wenn gilt:

(K') S ist kommutative

(A') S ist assoziativ

(L') S ist in beiden Argumenten monoton steigend:
Aus $y \leq z$ folgt $S(x,y) \leq S(x,z)$ für alle $x,y,z \in [0,1]$

(R') Für alle $x \in [0,1]$ gilt $S(0,x) = x$

T-Normen und S-Normen treten immer paarweise auf wie UND und ODER. Denn es gibt den Zusammenhang:

3.6.4 $S(x,y) = 1 - T(1-x,1-y)$ für alle $x,y \in [0,1]$

Solche Paare von T- und S-Normen sind:

Beispiele:

3.6.4.1 Die Lukasiewicz Operatoren

$T_L(x,y) = \max(x + y - 1,0)$, $S_L(x,y) = \min(x+y,1)$

3.6.4.2 Die Zadeh-Mamdani Operatoren

$T_M(x,y) = \min(x,y)$, $S_M(x,y) = \max(x,y)$

3.6.4.3 Die probabilistischen Operatoren

$T_P(x,y) = x*y$, $S_P(x,y) = x + y - x*y$

wobei $*$ die Multiplikation der reellen Zahlen ist.

3.6.4.4 T_W und S_W definiert durch:

$$T_W(x,y) = \begin{cases} x & \text{für } y = 1 \\ y & \text{für } x = 1 \\ 0 & \text{sonst} \end{cases} \qquad S_W(x,y) = \begin{cases} x & \text{für } y = 0 \\ y & \text{für } x = 0 \\ 1 & \text{sonst} \end{cases}$$

Das letzte Beispiel 3.6.4.4 weist als wesentlichen Unterschied zu den voran stehenden die Eigenschaft auf, dass die Operatoren nicht stetig sind. Es ist jedoch unter dem Gesichtspunkt der numerischen Stabilität eines Entscheidungsalgorithmus zweckmäßig, sich auf stetige Operatoren zu beschränken. Wir bevorzugen eine etwas feinere Unterscheidung, die wir mit den nachfolgenden Begriffen der strengen und der nicht strengen Archimedizität verbinden werden.

3.6.5 Definition

Eine T-Norm T heißt **archimedisch**, wenn gilt:

$$T \text{ stetig und } T(x,x) < x \quad \text{für alle } x \in (0,1)$$

Eine archimedische T-Norm T heißt **streng archimedische**, wenn T in beiden Argumenten streng monoton steigend ist:

$$\text{Aus } y < z \text{ folgt } T(x,y) < T(x,z) \quad \text{für alle } x,y,z \in (0,1].$$

Eine T-Konorm S heißt **archimedisch**, wenn gilt:

$$S \text{ stetig und } S(x,x) > x \quad \text{für alle } x \in (0,1)$$

Eine archimedische T-Konorm S heißt **streng archimedische**, wenn S in beiden Argumenten streng monoton steigend ist:

$$\text{Aus } y < z \text{ folgt } S(x,y) < S(x,z) \quad \text{für alle } x,y,z \in [0,1).$$

Die probabilistischen Operatoren sind streng archimedisch, während die Lukasiewic Operatoren zwar archimedisch aber nicht streng sind. T_W und S_W sind nicht archimedische Operatoren, da sie beide nicht stetig sind.

Wichtige Feststellung: Die streng achimedischen T-Normen haben keine Nullteiler. Denn:

$$\text{Aus } T(x,y) = 0 \text{ folgt } x = 0 \text{ oder } y = 0.$$

Und streng archimedische Konormen S haben keine Einsteiler. Denn:

$$\text{Aus } S(x,y) = 1 \text{ folgt } x = 1 \text{ und } y = 1$$

Diese Feststellung ist von grundlegender Bedeutung bei Modellierungen mit Fuzzy Logik. Bei nicht strengen archimedischen Operatoren gibt es Nullteiler bzw. Einsteiler, d.h. es gehen Informationen beim Durchlaufen des Inferenzschemas verloren. Bei den Lukasiewicz Operatoren ist dies sofort zu sehen. Nach 3.6.4.1 verschwindet die T-Norm für alle Werte x, y mit $x+y-1=0$ und die S-Norm ist 1 für alle x, y mit $x+y=1$. Dieser Informationsverlust muss bei einer Modellierung mit Fuzzy Mengen bedacht werden und kann nur mit voller Absicht in eine Problemlösung eingebaut werden.

Merke: Ohne Informationsverlust arbeiten nur die streng archimedischen Operatoren und die Zadeh-Mamdani Operatoren MIN und MAX.

Bereits der Mathematiker Niels Henrik Abel fand 1926, dass die archimedischen T-Normen und T-Konormen sich sämtlich in einfacher Weise erzeugen lassen (siehe [KLE99]):

3.6.6 Satz

T ist genau dann eine archimedische T-Norm, wenn eine stetige, streng monoton fallende Funktion $g : [0,1] \rightarrow [0,\infty]$ mit $g(1) = 0$ existiert, so dass für alle $x,y \in [0,1]$ gilt:

$$T(x,y) = g^{-1}(\min(g(x) + g(y), g(0)))$$

T ist genau dann streng, wenn $g(0) = \infty$ ist.

S ist genau dann eine archimedische T-Konorm, wenn eine stetige, streng monoton steigende Funktion $f : [0,1] \rightarrow [0,\infty]$ mit $f(0) = 0$ existiert, so dass für alle $x,y \in [0,1]$ gilt:

$$S(x,y) = f^{-1}(\min(f(x) + f(y), f(1))),$$

T ist genau dann streng, wenn $f(1) = \infty$ ist.

Die Abelsche Erzeugungsweise der archimedischen T-Normen und T-Konormen läßt die große Vielfalt dieser Funktionen erahnen. Für die Modellierung einer Problemumgebung ist eine solche Vielfalt eher hinderlich als unterstützend. Man wird daher danach suchen, in dieses Dickicht Licht und Übersicht zu bringen. Dies gelingt mit Hilfe von Deformationen des Bereichs der Fuzzy Wahrheitswerte, so dass sich die Anzahl der Repräsentantenpaare auf drei reduziert. Die Repräsentantenpaare sind gerade durch die Beispiele 3.6.4.1 (Lukasiewicz Operatoren), 3.6.4.2 (Zadeh-Mamdani Operatoren min und max) und 3.6.4.3 (probabilistische Operatoren) gegeben. Dazu betrachten wir geeignete Deformationen der Skala der Fuzzy Wahrheitswerte:

3.6.7 Definition

Eine stetige und streng monoton steigende Abbildung $\Phi : [0,1] \rightarrow [0,1]$ mit $\Phi(0)=0$ und $\Phi(1)=1$ heißt **ordnungserhaltender Automorphismus des Einheitsintervalls**.

Eine T-Norm T und eine T-Konorm S werden bei einem ordnungserhaltenden Automorphismus Φ des Einheitsintervalls nach den Formeln transformiert:

3.6.7.1 $T_\Phi(x,y) = \Phi^{-1}(T(\Phi(x),\Phi(y)))$, $S_\Phi(x,y) = \Phi^{-1}(S(\Phi(x),\Phi(y)))$

Die transformierten Operatoren T_Φ, S_Φ sind wieder T-Norm und T-Konorm. Sie heißen **ähnlich** zu den gegebenen Normen T und S. Es gilt der fundamentale

3.6.8 Satz

Jede streng archimedische T-Norm und die dazu gehörende streng archimedische T-Konorm sind ähnlich zur probabilistischen T-Norm und T-Konorm. Jede nicht strenge archimedische T-Norm und T-Konorm ist ähnlich zur Lukasiewiczschen T-Norm und T-Konorm. Die stetigen T-Norm und T-Konorm MIN und MAX sind zu sich selbst ähnlich bezüglich jedes ordnungserhaltenden Automorphismus des Einheitsintervalls.

Beweis: siehe [NEU98].

Merke: Für den ersten Ansatz einer Modellierung mit Fuzzy Logik genügt es, entweder die probabilistischen Operatoren oder die Lukasiewicz Operatoren oder die Zadeh-Mamdani Operatoren MIN, MAX zu verwenden. Das Feineinstellen der Modellierung kann dann über einen ordnungserhaltenden Automorphismus der Fuzzy Wahrheitswerte erfolgen.

Für die Praxis ist es von Vorteil, dass zwischen den deformierenden Automorphismen der Skala der Fuzzy Wahrheitswerte und den erzeugenden Funktionen archimedischer T-Normen der einfache Zusammenhang besteht:

$\Phi(x) = \exp(-g(x))$ mit $\Phi(0)=0$ für strenge archimedische T-Normen

$\Phi(x) = 1 - g(x)/g(0)$ für nicht strenge archimedische T-Normen

Wir betrachten hierzu die wichtigsten Beispiele.

3.6.8.1 Beispiel

Die Hamacher Operatoren

$$T_H(x,y) = \frac{xy}{p+(1-p)(x+y-xy)},$$
$$S_H(x,y) = \frac{x+y-2xy}{p+(1-p)(1-xy)},\ p>0$$

sind ähnlich zu den Probabilistischen Operatoren. Der ordnungserhaltende Automorphismus der Fuzzy Wahrheitswerte ist

$$\Phi(x) = \frac{x}{p+(1-p)x},\ p>0$$

3.6.8.2 Beispiel

Die Zadeh-Mamdani Operatoren MIN und MAX sind invariant bei ordnungserhaltenden Automorphismen der Fuzzy Wahrheitswerte

$$\min_\Phi = \min, \quad \max_\Phi = \max$$

3.6.8.3 Beispiel

Die Yager Operatoren

$$T_Y(x,y) = [\max\{0, x^p + y^p - 1\}]^{\frac{1}{p}},$$
$$S_Y(x,y) = \min\{[x^p + y^p]^{\frac{1}{p}}, 1\}, p>0$$

sind ähnlich zu den Lukasiewicz Operatoren. Der ordnungserhaltende Automorphismus der Fuzzy Wahrheitswerte ist

$$\Phi(x) = x^p,\ p>0$$

3.6.8.4 Beispiel

Die Operatoren T_W und S_W aus 3.6.4.4 sind invariant bei ordnungserhaltenden Automorphismen der Fuzzy Wahrheitswerte.

$$T_{W,\Phi} = T_W , \quad S_{W,\Phi} = S_W$$

Für den Pfeiloperator könnten wir entsprechend der klassische Mathematischen Logik die zu einer T-Norm T, die als UND fungiert, gehörende **adjungierte Implikation** $\rightarrow_T$ verwenden, die definiert ist durch:

$$\rightarrow_T : \qquad a \rightarrow_T b := \sup\{x \in [0,1] \mid T(a,x) \leq b;\ a,b \in [0,1]\}$$

Dann gilt jedoch (siehe [NEU98], Abschnitt 3.2)

3.6.9 Satz

Ist $\otimes$ eine stetige T-Norm und $\rightarrow_\otimes$ die zu T adjungierte Implikation, so gilt für alle $a,b \in [0,1]$:

$$a \otimes (a \rightarrow_\otimes b) = \min(a,b)$$

Beweis:

Aus der Definition der adjungierten Implikation $\rightarrow_\otimes$ folgt für $a \leq b$ wegen $a \otimes 1 = a \leq b$, dass $a \rightarrow_\otimes b = 1$ gilt. Daher ist a das Minimum von a und b und gleich dem Resultat der linken Seite der Gleichung.

Ist $a > b$, so gilt wegen der Stetigkeit der T-Norm $\otimes$:

$$a \otimes (a \rightarrow_\otimes b) = a \otimes \sup\{x \in [0,1] \mid a \otimes x \leq b\} = \sup\{a \otimes x \mid x \in [0,1],\ a \otimes x \leq b\}$$

Wegen $a \otimes 0 = 0$ und $a \otimes 1 = a > b$ und der Stetigkeit von $\otimes$ existiert nach dem Zwischenwertsatz der Analysis ein $x_0 \in [0,1]$ mit $a \otimes x_0 = b$. Daher ist

$$a \otimes (a \rightarrow_\otimes b) = \sup\{a \otimes x \mid x \in [0,1],\ a \otimes x \leq b\} = b = \min(a,b).$$

□

Wir haben daher mit der direkten Verallgemeinerung der klassischen Mathematischen Logik im wesentlichen nicht mehr als die Festlegung der Operatoren nach Zadeh und Mamdani erhalten. In das Inferenzschema 3.4.2

$$a' \circ (a \rightsquigarrow b) = b'$$

können wir an Stelle des Pfeilopertors $\rightsquigarrow$ auch eine beliebige T-Norm oder den zu einer T-Norm $\otimes$ adjungierten Pfeiloperator $a \to_{\otimes} b$ einsetzen. Der voran stehende Satz 3.6.9 zeigt, dass die gleichzeitige Wahl der verwendeten T-Norm für den Operators $\circ$ und den adjungierten Pfeilopeator kein interessantes Ergebnis bringt. Es ist daher sinnvoll, entweder nur den Pfeiloperator $\rightsquigarrow$ durch eine beliebige T-Norm in der Formel zu ersetzen oder die Operatoren $\circ$ und $\rightsquigarrow$ unabhängig voneinander als T-Normen zu wählen. Die Auswahl unterschiedlicher Paare von T-Normen zeigt bereits beispiehaft das MAX-PROD-Inferenzschema. Im Folgenden wird es nun darum gehen, die Möglichkeiten neuer Inferenzschemata aufzuzeigen. Der Einfachheit halber schreiben wir die Opertorkombination sup$\otimes$ kurz als $\otimes$ im Inferenzschema.

Zunächst gilt der

3.6.10 Satz

Sind $\otimes$ und $\rightsquigarrow$ T-Normen, so gilt für das dadurch defnierte Inferenzschema zu einer Regel „Aus A folgt B“ und der Prämisse A' bei jeder Modellierung mit Fuzzy Mengen die Ungleichung:

3.6.10.1
$$a' \otimes (a \rightsquigarrow b) = b' \leq b$$

Beweis:

Der Beweis kann unmittelbar für Fuzzy Mengen erbracht werden und gilt damit auch für jede Bewertung mit Fuzzy Wahrheitswerten. Die Aussage der Ungleichung stimmt mit der in Abschnitt 2.3 geforderten Modus-Ponens-Eigenschaft überein.

Es seien a und a' Fuzzy Mengen auf der Grundmenge X und b eine Fuzzy Menge auf der Grundmenge Y. Für alle $y \in Y$ gilt wegen der T-Norm-Eigenschaften:

$$b'(y) = \sup_{x \in X}\{a'(x) \otimes (a(x) \to b(y))\} \leq \sup_{x \in X}\{a'(x) \otimes b(y)\} \leq b(y)$$

Und

$$b'(y) = \sup_{x \in X}\{a'(x) \otimes (a(x) \to b(y))\} \leq \sup_{x \in X}\{a'(x) \otimes (a(x)\} = H(a' \otimes a)$$

Daher ist

$$b'(y) \leq \min\{H(a' \otimes a), b(y)\}$$

Die Höhe der resultierenden Fuzzy Menge bei der Eingabe a' ist also abhängig von der Erfüllungshöhe, die aus der Prämisse a bei der Eingabe a' unter dem Operator ⊗ entsteht, wobei der Operator ⊗ als logisches UND oder als Wertezuweisung zur Prämisse der Regel gedeutet werden kann. □

Merke: Werden in das Inferenzschema für eine Regel

$$a' \otimes (a \rightsquigarrow b) = b'$$

beliebige T-Normen für die Operatoren ⊗ und ⇝ eingesetzt, so ist die Eigenschaft des Modus Ponens erfüllt und es gilt $b' \leq b$.

Das Verhalten der unterschiedlichen T-Normen in einem Fuzzy Inferenzschema können wir gut durch Einsetzen von Dreiecks Fuzzy Mengen demonstrieren.

3.6.10.2 Beispiel

Wird die Lukasiewicz T-Norm für ⊗ in das Inferenzschema eingesetzt, so erbringt die Erfüllungsmenge a' ⊗ a des Eingabefaktums a' mit der Prämisse a der Regel einen Informationsverlust, der durch die Grauzone in der unten stehenden Abbildung hervorgehoben ist.

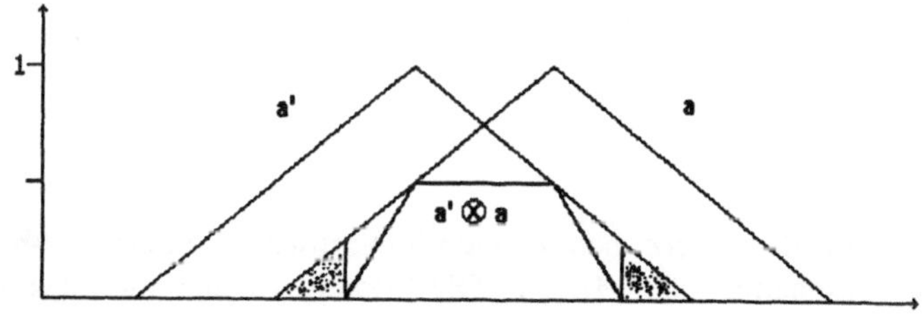

3.6.10.3 Beispiel

Die resultierende Fuzzy Menge bei der T-Norm ⊗ = min berücksichtigt alle Werte auf dem Durchschnitt der beiden Fuzzy Mengen a' und a. Es wird allerdings der Zugehörigkeitsgrad 1 i.a. an keiner Stelle erreicht. Bei der T-Norm MIN im Inferenzschema von Zadeh-Mamdani ist daher nicht wie im voran stehenden Beispiel unmittelbar ein Informationsverlust gegeben.

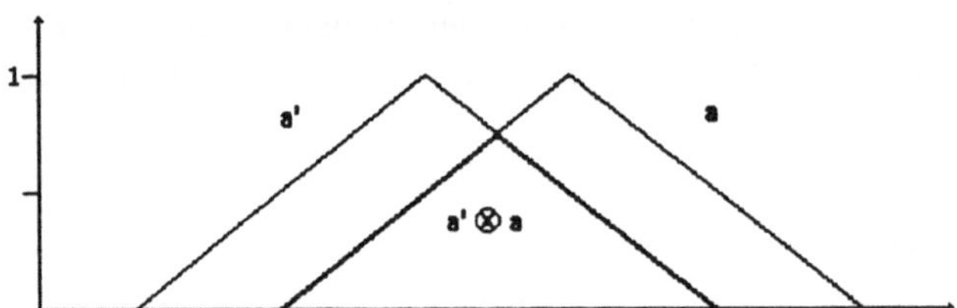

3.6.10.4 Beispiel

Wird die probabilistische T-Norm (äquivalent zur Multiplikation der reellen Zahlen) für ⊗ benutzt, so weist die Erfüllungsmenge ebenso wie im voran stehenden Fall keinen Informationsverlust aus. Die beiden letzten Beispiele sind daher für die Modellierung eines Inferenzschemas besonders geeignet.

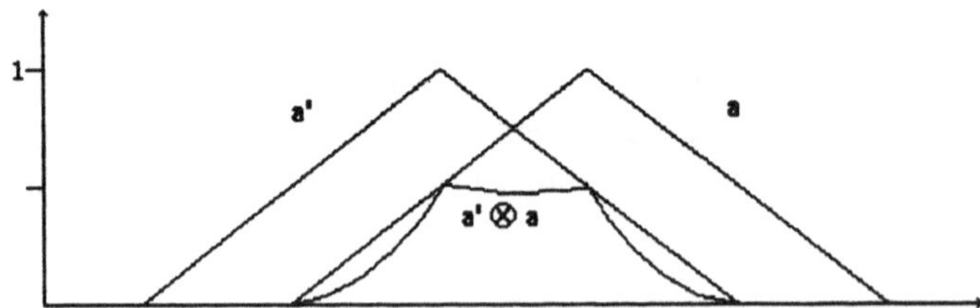

Aus der Kombination der zuletzt betrachteten T-Normen resultieren insbesondere das MAX-MIN-Inferenzschema, das MAX-PROD-Inferenzschema und das FL-Inferenzschema (siehe 3.4.4), das ein vereinfachtes MAX-PROD-Inferenzschema ist.

Der nachfolgende Satz gilt für diese drei Inferenzschemata und für allgemeinere Inferenzschemata, die mit beliebigen T-Normen konstruiert sind.

3.6.11 Satz

Das Inferenzschema für die Fuzzy Menge a auf X und die Fuzzy Menge b auf Y mit beliebigen T-Normen $\otimes$ und $\rightarrow$ hat die Eigenschaft:

$$a \otimes (a \rightarrow b) = b$$

wenn a normal ist, und die Eigenschaft:

$$a' \otimes (a \rightarrow b) = b$$

wenn ein $x' \in X$ existiert mit $a'(x') = a(x') = 1$.

Beweis:

Die beiden Aussagen folgen unmittelbar aus Satz 3.6.10 und der nachfolgenden Ungleichung. Wenn ein $x' \in X$ mit $a'(x') = a(x') = 1$existiert, dann gilt für alle $y \in Y$

$$\begin{aligned} a' \otimes (a \rightarrow b)(y) &:= \sup_{x \in X} \{a'(x) \otimes (a(x) \rightarrow b(y))\} \\ &\geq a'(x') \otimes (a(x') \rightarrow b(y)) \\ &= 1 \otimes (1 \rightarrow b(y)) = b(y) \end{aligned}$$

□

Merke: Enthält die Prämisse einer Regel mindestens einen Fall der klassischen Mengenlehre (d.h. mit Zugehörigkeitsgrad 1) und ist dieser Fall im Faktum enthalten, dann kann die Prämisse a durch die Konklusion b der Regel „Aus A folgt B“ ersetzt werden. In Anwendungen genügt es daher oft, das Faktum – z.B. ein Messwert oder ein einzelnes Ereignis – als Singleton zu modellieren, damit das Erfülltsein der Prämisse einer Regel durch das Inferenzschema festgestellt wird.

LITERATUR

[ABE26] ABEL, N.H.
Untersuchungen der Funktionen zweier unabhängiger veränderlicher Größen x und y wie f(x,y), welche die Eigenschaft haben, daß f(z,f(x,y)) eine symmetrische Funktion von x, y und z ist.
J. Reine Angew. Mathematik 1 (1926), 11-15

[B+H79] BEDZDEK, ; HARRIS;
Convex decompositions of fuzzy partitions.
J. Math. Anal. Appl. 67-2 (1979), 490-512

[BED80] BEDZDEK, J.C.
A convergence theorem for the Fuzzy ISODATA clustering algorithm.
IEEE Trans. Pattern Anal. Machine Intell., Jan. 1980, PAMI 2, No.1, 1-8

[B+H87] BEDZDEK; HATHAWAY; SABIN; TUCKER
Convergence theory for fuzzy c-means counterexamples and repairs.
IEEE Trans. Syst. Man Cybern., Sept/Okt. 1987, vol SMC-17, No. 5, 873-877

[BED87] BEZDEK, J.C.
Pattern recognition with fuzzy objective function algorithms.
Plenum Press, New York 1981/97

[BÖH81] BÖHME, G.
Einstieg in die Mathematische Logik.
München, Wien: Carl Hanser Verlag 1981

[C+W66] COLLATZ, L.; WETTERLING, W.
Optimierungsaufgaben.
Springer Verl., Berlin 1966

[D+P80] DUBOIS, D.; PRADE, H.
Fuzzy sets and systems: Theory and Applications.
Acad. Press, Boston 1980

[DUN73] DUNN, J.C.
A fuzzy-relative of the ISODATA process and its use in detecting compact well separated clusters.
J. Cybern. 3, 1973, 32-57

[DUN74] DUNN, J.C.
Well separated clusters and optimal fuzzy partitions.
J. Cybern. 4, 1974, 95-104

[DUN74] DUNN, J.C.
Some recent investigations of a new fuzzy partition algorithm and its application to pattern classification problems.
J. Cybern. 4, 1974, 1-15

[DUN73] DUNN, J.C.
Indices of partition fuzziness and detection of clusters in large data sets.
Fuzzy Automata and Decision Processes, N.Y. Elsevier, 1977

[FRA89] FRANK, H.
Ein Diagnosesystem für ebene Kurven auf der Basis von Fuzzy-Mengen.
Angew. Inf. 6 (1989), 255-260

[FRA92] FRANK, H.
Fuzzy-Mengen, Fuzzy-Logik und ihre Anwendungen
Ergebnisbericht der Lehrstühle III und VIII, Nr. 104 (1992) Dortmund

[FRA94] FRANK, H.
Fuzzy-Logik in Fuzzy-Control und Fuzzy-Expertensystemen.
Workshop ‚Fuzzy-Systeme 94‘, Siemens, München 20.-21.10.94

[FRA96] FRANK, H.
A new axiom system of fuzzy logic.
FSS 77 (1996), 203-205

[GOG69] GOGUEN, J.A.
The logic of inexact concepts.
Synthese 19 (1968-69), 325-347

[G+T56] GOLDMANN, A.J.; TUCKER, A.W.
Theory of linear programming. In: Linear inequalities and related systems.
Ann. Math. Stud. 38 (Princeton Univ. Press, N.J.) 1956, p. 53-97

[GUN78] GUNDERSON, R.
Application of fuzzy ISODATA algorithm to star tracker pointing systems.
Proc. 7th Triennal World IFAC Congr., Helsinki 1978, 1319-1323

[G+W80] GUNDERSON, R.; WATSON, J.
Sampling and interpretation of atmospheric science experimental data.
Fuzzy Sets: Theory and applications to policy analysis and information
Systems (Chang, S.; Wang, P. eds) Plenum, N.Y. 1980

[G+K79] GUSTAFSON, D.E.; KESSEL, W.C.
Fuzzy clustering with a fuzzy covariance matrix.
Proc. IEEE-CDC, San Diego, CA, Jan. 10-12 1979, 761-766

[HER61] HERMES, H.
Aufzählbarkeit, Entscheidbarkeit, Berechenbarkeit.
Springer Verlag, Berlin 1961

[K+F94] KAHLERT, J.; FRANK, H.
Fuzzy-Logik und Fuzzy-Control.
Vieweg Verl. Wiesbaden 1994

[KAF92] KACPRZYK, J.; FEDRIZZI, M.
Fuzzy regression analysis.
Physica-Ver., Heidelberg 1992

[KAN86] KANDEL, A.
Mathematical techniques with applications.
Addison-Wesley 1986

[KAN91] KANDEL, A.
Fuzzy expert systems. CRC Press, Boca Raton 1991

[KLE99] KLEMENT, P.; MESIAR, R.; PAP, E.
Bausteine der Fuzzy Logik: t-Normen - Eigenschaften und Darstellungssätze.
In Fuzzy Theorie und Stochastik, Vieweg-Verl. Wiesbaden 1999

[KLI80] KLIR, G.; FOLGER, T.A.
Fuzzy Sets, Uncertainty and Information.
Englewood, New Jersey: Prentice Hall 1980

[LUK20] LUKASIEWICZ, J.
Logike trojwartosieweg. Ruch. Filosofiece 169, 1920

[M+A75] MAMDANI, E.H.; ASSILIAN, S.
An experiment in linguistic synthesis with a fuzzy logic controller.
Int. J. Man-Machine Studies 7 (1975), 1-13

[MAM76] MAMDANI, E.H.
Advances in the linguistic synthesis of fuzzy controllers.
Int. J. Man-Machine Studies 8 (1976), 669-678

[MEI90] MEIER, T.
Fuzzy–Controller und ihre Anwendungsmöglichkeiten.
Diplom Dortmund 1990

[MIL92] MILDENBERGER, O
Informationstheorie und Codierung. 1992

[MOL71] MOLES, A.
Informationstheorie und ästhetische Wahrnehmung.
Schauberg, Köln 1971

[NOV89] NOVÁK, V.
Fuzzy-sets and their Applications.
A. Hilger Verl., Bristol, Philadelphia 1989

[NEU94] NEUHAUS, P.
The use of generalized classical implications in the compositional rule of inference.
EUFIT 1994, 517-521

[NEU98] NEUHAUS, P.
Fuzzy-Inferenz mit allgemeinen Operationen
Diss. Dortmund 1998

[NOV89] NOVAK, V.
Fuzzy sets and their applications.
Adam Hilger, Bristol 989

[PRE86] PRESTEL, A.
Einführung in die Mathematische Logik und Modelltheorie.
Vieweg Verlag, Wiesbaden 1986

[R+S68] RASIOWA, H.; SIKORSKI, R.
The mathematics of metamathematics.
PWN-Polish Scientific Publishers, 2nd edition, 1968

[ROM94] ROMMELFANGER, H.
Fuzzy decision support systems.
Springer Verl., Berlin 1994

[RUB93] RUBENS, M
Some properties of choice functions based on valued binary relations.
In DUBOIS, D: (Ed.): Readings in fuzzy sets for intelligent systems.
M. Kaufmann, San Mateo, Calif. (1993), 738-750

[SEI99] SEISING, R.
Fuzzy Theorie und Stochastik. Vieweg-Verl. Wiesbaden 1999

[SHA48] SHANNON, C.E.
A mathematical theory of communication.
The Bell Systems Technical Journal 27 (1948), 379-423

[TON76] TONG, R.M.
Analysis and fuzzy control algorithms using the relation matrix.
Intern. J. Man Machine Studies 8, 1976, 679-686

[ORL78] ORLOVSKY, S.A.
Decision making with a fuzzy preference relation.
FSS 1 (1978), 155-167

[WC199] WANG, W.-J.; CHIU, C.-H.
The entropy change in extension principle.
FSS 103 (1999), 153-162

[WC299] WANG, W.-J.; CHIU, C.-H.
Entropy variation on the fuzzy numbers with arithmetic operations.
FSS 103 (1999), 443-455

[WC399] WANG, W.-J.; CHIU, C.-H.
Entropy and information energy for fuzzy sets.
FSS 108 (1999), 333-339

[WEC78] WECHLER, W.
The concept of fuzziness in automata and language theory.
Akad. Verlag, Berlin 1978

[W+G94] WERNER, B.; GABRIEL, R.
Operations Research. Festschrift zum 60. Geburtstag von H.-J. Zimmermannn
Springer Verl., Berlin 1994

[WIN82] WINDHAM, M.P.
Cluster validity for the fuzzy c-means clustering algorithm.
IEEE Trans. Pattern Anal. Machine Intell., Jul. 1982 PAMI 4, 357-363

[WIN83] WINDHAM, M.P.
Geometrical fuzzy clustering algorithm.
FSS 10, 1983, 271-279

[Z+K92] ZADEH, L.A., KACPRZYK, J.
Fuzzy logic for the management of uncertainty.
J. Wiley, New York 1992

[ZAD71] ZADEH, L. A.
Similarity relations and fuzzy orderings.
Inf. Sciences 3 (1971), 177-200

[ZAD73] ZADEH, L. A.
Outline of a new approach to the analysis of complex systems and decision processes.
IEEE Trans. Systems Man and Cybern, Vol. SMC-3 1973, 28-44

[ZIA96] ZIMA, J.
Fuzzy-Partitionen und deren Anwendungen bei fuzzy-linearen Modellen.
Dissertation 1996, Verlag Dr. Köster, Berlin 1996

[ZIM86] ZIMMERMANN, H.-J.
Fuzzy sets, decision making, and expert systems.
Kluwer Acad. Press, Boston 1986

[ZIM91] ZIMMERMANN, H.-J.
Fuzzy sets theory and ist applications.
Kluwer Acad. Press, Boston 1991

Sachwortverzeichnis